"十二五"普通高等教育本科国家级规划教材

普通高等教育"十一五"国家级规划教材

高等学校计算机基础教育教材精选

C程序设计教程

（第5版）

李红豫　主编

李青　鞠慧敏　和青芳　编著

清华大学出版社

北京

内 容 简 介

本书主要面向程序设计零起点的学习者,2015 年 6 月出版的第 4 版,是普通高等教育"十一五"和"十二五"国家级规划教材。本次再版继承了上一版"教师方便教,学生容易学"的特点,同时为了更好地体现 C 语言的底层优势,特别增加了位运算的相关内容。

全书采用例题组织所有的教学内容,并用一个实例贯穿整个教学过程,循序渐进地将所学内容贯穿其中。本书整体内容编排独特,组织形式新颖,全书共分 10 章,分别是 C 语言基础知识、顺序结构程序设计、分支结构程序设计、循环结构程序设计、数组、指针、函数、结构体和其他构造类型、文件以及位运算。

本书配备了动画丰富、内容生动的电子教案,所有程序的运行环境均为 Visual C++ 6.0。

本书既可作为高等院校 C 程序设计类课程的教材,也可作为 C 语言自学者的参考书。

本书封面贴有清华大学出版社防伪标签,无标签者不得销售。

版权所有,侵权必究。举报:010-62782989,beiqinquan@tup.tsinghua.edu.cn。

图书在版编目(CIP)数据

C 程序设计教程/李红豫主编 . —5 版 . —北京:清华大学出版社,2018(2024.8 重印)
(高等学校计算机基础教育教材精选)
ISBN 978-7-302-50630-0

Ⅰ. ①C… Ⅱ. ①李… Ⅲ. ①C 语言—程序设计—高等学校—教材 Ⅳ. ①TP312.8

中国版本图书馆 CIP 数据核字(2018)第 151637 号

责任编辑:谢 琛 李 晔
封面设计:傅瑞学
责任校对:李建庄
责任印制:杨 艳

出版发行:清华大学出版社
    网   址:https://www.tup.com.cn,https://www.wqxuetang.com
    地   址:北京清华大学学研大厦 A 座   邮 编:100084
    社 总 机:010-83470000   邮 购:010-62786544
    投稿与读者服务:010-62776969,c-service@tup.tsinghua.edu.cn
    质 量 反 馈:010-62772015,zhiliang@tup.tsinghua.edu.cn
    课 件 下 载:https://www.tup.com.cn,010-83470236
印 装 者:天津安泰印刷有限公司
经 销:全国新华书店
开 本:185mm×260mm   印 张:22.25   字 数:511 千字
版 次:2003 年 7 月第 1 版 2018 年 9 月第 5 版   印 次:2024 年 8 月第 12 次印刷
定 价:69.00 元

产品编号:080221-02

前　　言

　　本书是作者以"教师方便教,学生容易学"为主题,开展一系列探索与课程教学改革后,以 C 语言程序设计零起点的读者作为主要对象而编写的程序设计教程。本书自 2003 年出版以来,已更新 4 版,先后被评为"北京高等教育精品教材""全国高等学校出版社优秀畅销书""普通高等教育'十一五'国家级规划教材""'十二五'普通高等教育本科国家级规划教材"。本次再版继承了上一版的特点,同时为了更好地体现 C 语言的底层优势,特增加了位运算的相关内容。本书整体内容编排独特,组织形式新颖,能使读者在较短时间内掌握 C 程序设计的精华,本书既可作为高等院校 C 程序设计类课程的教材,也可作为 C 语言自学者的参考书。

1. 本书特点

　　(1) 每章内容分成基础部分和提高部分。考虑到 C 语言的语法规则较多,初学者往往难以接受,故本书将每章内容分成基础和提高两部分。将常识性的、基础类的、必须掌握的内容安排在基础部分中;将具有扩展性、提高性的内容安排在提高部分中。通过基础部分的学习,能够掌握最基本的语法,初步建立程序设计的思维方式和编写基本程序的能力,同时培养学生的学习兴趣。即使因学时不足跳过提高部分,也不会影响后续内容的学习。

　　(2) 采用例题组织所有教学内容。在遵循 C 语言教学体系的情况下,用例题组织所有教学内容。根据要介绍的内容精心编写相应的例题,每个例题尽可能贴近实际。在讲解例题的过程中,使学生学习语法、了解概念、掌握算法。做到在解决实际问题中教授语法,而不是为了教语法而举例。为了方便检索,在各章开头为每道例题添加了知识要点。

　　(3) 涉及算法的例题均有编程点拨。针对学生"读程序容易,编程序难"的情况,书中凡涉及算法的例题,在给出其完整程序之前,都增设了编程点拨,部分算法还提供多种解法。

　　(4) 强调实践能力,注重个性化教育。在每章之后设有上机训练内容,每个训练题目均设有目标、步骤、提示和扩展。为了培养学生调试程序、排除错误的能力,书中分阶段通过具体例题介绍了调试程序的方法,程序的运行环境是 Visual C++ 6.0(在 1.6.4 节中补充介绍了 Visual C++ 2010 环境)。

　　(5) 在指针和函数章节不涉及新算法。指针和函数是 C 语言中的重点和难点,为了使学生能够顺利接受新知识,该章节只是在实现前面的算法,不仅可避免学生分散注意力,也有利于巩固已学知识。

（6）贯穿实例，贯穿整个教学过程。为了使学生了解程序开发的思想，并与课本内容相结合。每章实例均随着讲授内容而增多，并分在 8 章中补充和完善该实例的功能，充分体现学以致用的思想。

（7）完备的习题、讨论题和思考题，提供单号习题答案。与教材内容相对应，各章习题也分为基础和提高两部分，可供学习者练习。书中单号习题提供参考答案，以方便学生自测和教师布置作业。为了促进互动教学，各章备有讨论题和思考题。

（8）配备全书电子教案、源代码等课程资料。为了减轻教师备课的负担，制作好了生动的电子教案、全书的例题源代码和贯穿实例的源代码。

2. 使用建议

（1）必学基础部分。基础部分是学生必须掌握的知识，但在教学过程中，教师可将部分例题留给学生自学。

（2）选学提高部分。书中提高部分是为了帮助读者更上一层楼，教师可以根据实际情况，选择其中部分内容进行介绍（标有 * 的例题有一定难度）。

（3）兼顾学时和学生编程能力的提高需求，建议课堂上介绍贯穿实例，安排学生课外自行完成贯穿实例，并延续至期末。

（4）单、双号习题成对做。单号习题提供参考答案，双号习题与前一个单号习题知识点基本一致。基础部分中提供的习题都是最基本的，题量也不多，建议读者全部做完。提高部分中的习题可根据情况选做（标有 * 的习题有一定难度）。

（5）选做上机训练题中的扩展题。在完成训练的基础上，可根据不同层次的学生情况，选做扩展题。

全书由李红豫主编并统稿，李青负责本书第 1、2、3 章内容的编写，鞠慧敏负责本书第 4、5、6 章内容的编写，和青芳负责第 9、10 章和贯穿实例内容的编写，李红豫负责第 7、8 章内容的编写。在此特别要感谢本书上一版主编崔武子教授对本书的大力支持和协助；感谢对该书上一版提出宝贵意见的教学团队的教师；感谢北京联合大学规划教材建设项目对本书的资助。

限于作者水平，书中难免有错误和疏漏之处，恳请读者批评和指正。

作　者
2018 年 3 月

目　　录

第 **1** 章 C 语言基础知识

本章将介绍的内容

基础部分：

- C 程序的基本概念、上机步骤和 Visual C++ 6.0 集成环境。
- 整型、实型、字符型数据类型的常量和变量。
- 算术运算、赋值运算和逗号运算。

提高部分：

- 不带参数的主函数。
- 进一步学习赋值运算符。
- 进一步学习数据类型。
- Visual C++ 2010 集成环境。

各例题的知识要点

例 1.1 C 程序形式和程序执行过程。

例 1.2 主函数、函数体和输出控制。

例 1.3 函数体包括多条语句；换行控制；C 程序的书写格式。

例 1.4 正确选用数据类型的重要性。

例 1.5 常量和变量的概念；符号常量的概念。

例 1.6 合法与非法的变量名。

例 1.7 整型数据的输出格式说明符。

例 1.8 整型变量的定义和数据的溢出现象。

例 1.9 实型常量的不同输出形式。

例 1.10 实型变量的定义；有效数字。

例 1.11 常规字符不同的格式输出以及字符常量的算术运算。

例 1.12 字符型变量的定义和赋值。

例 1.13 将代数式转换为 C 语言表达式。

例 1.14 强制类型转换。

例 1.15 逗号表达式。

（以下为提高部分例题）

例 1.16 复合赋值运算符。

例 1.17 整型常量的不同进制表示法及相应输出说明符。

例 1.18 特殊字符的输出和转义字符的概念。

例 1.19 Visual C++ 集合环境。

1.1 C 语言概述

1.1.1 C 语言与程序设计

人与人之间交换信息需要借助于语言工具，人与计算机交换信息也同样要用语言工具，这一工具就是计算机语言。用计算机语言编写的代码叫作程序。所谓程序，就是一系列的指令集合。计算机的一切操作都是由程序控制的，在运行程序时，程序中的指令集决定计算机如何对用户的输入进行处理。

随着计算机技术的发展，计算机语言逐步得到完善。最初使用的计算机语言是用二进制代码表达的语言——机器语言，后来采用与机器语言相对应的助记符表达的语言——汇编语言。我们称这两种计算机语言为低级语言。虽然用低级语言编写的程序执行效率高，但程序代码长，并且这些程序都依赖于具体的计算机，因此编码、调试、阅读程序很困难，通用性也差。现在使用最广的计算机语言是高级语言——用更接近于人类自然语言和数学语言的表达语言。用高级语言编写的程序独立于机器，编码相对短，可读性强，但必须通过编译和连接后，才能被计算机执行。用高级语言编写的程序叫作源程序。

由上可见，低级语言和高级语言各有利弊。C 语言是高级语言，它是一种用途广泛、功能强大、使用灵活的面向过程的语言，它不仅具有高级语言的功能，还具有低级语言的许多功能，因此是国际上广泛流行的计算机语言。Windows、Linux 和 UNIX 等操作系统都是用 C 语言编写的。

C 语言的主要特点有：语言简洁，使用方便，编程自由度大，具有结构化的控制语句，运算符和数据类型丰富，而且允许直接访问物理地址，能实现汇编语言的大部分功能，可以直接对硬件进行操作，用 C 语言编写的程序可移植性好，生成目标代码质量高，程序执行效率高。

要得到 C 语言程序的运行结果，首先将源程序输入计算机内（在计算机上输入或修改源程序的过程叫作编辑），然后将源程序翻译（叫作编译）成机器能识别的目标程序，最后还要把目标程序和系统提供的库函数等连接起来生成可执行文件，这时才可以运行程序，并看到运行结果。C 程序的编辑、编译、连接、运行过程可用图 1.1 表示（以文件名为 e1.c 的 C 程序为例）。

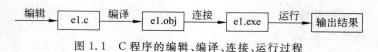

图 1.1 C 程序的编辑、编译、连接、运行过程

C 程序的编辑、编译、连接、运行过程可以在不同的环境中进行,本书中的所有例题都是在 Visual C++ 6.0 集成环境下运行通过的。

程序设计是指从确定任务到得到结果、写出文档的全过程。程序设计的步骤大体上分为:①问题定义;②算法设计;③流程图设计;④编写程序代码;⑤测试与调试;⑥整理文档;⑦系统维护。限于篇幅,本书将重点放在前 5 项。

1.1.2 C 程序形式和程序执行过程

下面举一个 C 程序的完整例题,用此例说明 C 程序的一般形式和程序的执行过程。程序中的具体语法规则和其他细节将在后续章节中陆续介绍。

【例 1.1】 编写一个完整的 C 语言程序示例。

【解】 程序如下:

```
#include <stdio.h>              //包含文件
#include <math.h>               //包含文件
int mysum(int m,int n);         //函数原型说明
int main(void)                  //主函数首部
{   int a,b,x;                  //声明部分
    double c,y,z;               //声明部分

    c=4.0;                      //以下各行均为语句部分
    y=sqrt(c);
    a=10;
    b=20;
    x=mysum(a,b);
    z=x+y;
    printf("z=%lf\n",z);
    return 0;
}                               //主函数到此结束

int mysum(int m,int n)          //mysum 函数首部
{   int k=0,i;                  //声明部分

    for(i=m;i<=n;i++) k=k+i;    //以下各行均为语句部分
    return k;
}
```

运行结果:

```
z=167.000000
```

程序说明:

(1) 正如本例所示,C 语言程序是由若干函数构成的,函数中至少包含一个主函数,C 程序从主函数开始执行,主函数名必须是 main。例 1.1 中程序的执行过程如图 1.2 所

示,程序按①到⑨的顺序执行。

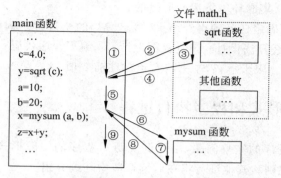

图 1.2　例 1.1 程序的执行过程

（2）程序中从"//"到本行结束是注释部分，用此对该行代码进行说明，注释对程序的运行无任何作用，注释的目的是方便阅读程序。注释还可以用"/＊　　＊/"括起，例如：

```
#include <stdio.h>     /* 包含文件 */
```

1.2　简单 C 程序及其上机步骤

本节将给出几个最简单的 C 程序，通过这些例题，介绍 C 语言的基本概念，以及在 Visual C++ 6.0 集成环境下的上机步骤。

1.2.1　简单 C 程序和编程风格

【例 1.2】　编写在屏幕上显示一行句子"Let's study the C language."的程序。
【解】　程序如下：

```
#include <stdio.h>
int main(void)
{
    printf("Let's study the C language.");
    return 0;
}
```

运行结果：

```
Let's study the C language.
```

程序说明：

（1）程序中 main 是主函数名，每一个 C 程序都必须包含而且只能包含一个主函数。本书按照 C99 标准，所有程序中的主函数框架均采用如下形式：

```
int main(void)
{
    ⋮
    return 0;
}
```

主函数框架中的 int、void、return 0 的含义和作用将在 1.6.1 节中介绍，初学者不必深究。

（2）用一对花括号"{ }"括起来的部分是函数体。本例函数体中的语句"printf ("Let's study the C language.");"是输出语句，其作用是按原样输出双引号内的字符串 "Let's study the C language."（详见 2.3.1 节）。语句最后的";"不能丢。

（3）C 语言中区分大小写，即 main 不能写成 Main，printf 也不能写成 Printf。若程序中有此类错误，则很难发现。

（4）printf 是 C 语言标准库中提供的输出函数。需要在程序中使用输入、输出函数，程序的开头要加"♯include ＜stdio. h＞"命令行。实际上，每个程序中必定会有输出操作，因此编写程序时，在程序的第一行都写此命令行。

【例 1.3】 编写输出两行句子"Let's study the C language."和"It's interesting."的程序。

【解】 程序如下：

```
#include <stdio.h>
int main(void)
{
    printf("Let's study the C language.\n");        //输出字符串后换行
    printf("It's interesting.\n");
    return 0;
}
```

运行结果：

```
Let's study the C language.
It's interesting.
```

程序说明：

（1）本程序的函数体包括两条输出语句，此两条语句可写为一条语句，即"printf ("Let's study the C language. \nIt's interesting. \n ");"。

（2）"\n"是换行符，如果程序中去掉"\n"，则输出形式为：

```
Let's study the C language.It's interesting.
```

（3）C 程序的书写格式比较自由。例如，一行内可以包括多条语句，一条语句可以写在多行上，每行的内容可以从任何一列开始写，等等，但提倡学习者在编写程序时要形成良好的程序设计风格。良好的编程风格能提高程序的可读性、可维护性，也有助于促进技术交流，便于团队合作。在此介绍如下几点风格，其他风格在后续章节陆续介绍。

① 合理安排各成分的位置。一般♯include命令行在程序的最前面,接着依次为♯define命令行、类型声明(如结构体类型声明)、函数原型说明、各函数定义等。

② 适当加注释。一般在程序的开头加注释,解释本程序的功能和一些说明,在函数或程序段的开头加注释,解释其要实现的功能、算法、参数等,在变量的定义行后面加注释,解释该变量的用途等。

③ 在程序中适当加上空行。在命令行和类型声明之间、类型声明和函数原型之间、函数原型与函数定义之间、函数内部变量定义与其下执行语句之间均空一行,有些地方视情况可空两行。

④ 采用缩进格式。一般用Tab键将某些行向右缩进,这样可使程序的逻辑结构更加清晰,层次分明,显著提高程序的可读性。例如,

```c
int main(void)
{   int i=0,n=0,s=0;

    for(i=1; i<10; i++)
    {   if(i%3==0)
            n++;
        s=s+i;
    }

    printf("s=%d,n=%d\n",s,n);
    return 0;
}
```

在多人共同完成一项任务时,如果不用Tab键而用空格键缩进,则可能对统一格式带来不便。

⑤ 标识符要见名知意。可用英文单词、拼音或缩写作为标识符的一部分,一般标识符的第一个字符用字母,其余字符用字母、数字或下画线。

⑥ 一行写一条语句。

⑦ 算法简单明了。尽量采用简单易懂的算法,不使用过分复杂的算法。

⑧ 用户界面友好。一般使用计算机解决问题时,采用人机对话形式。当要求用户输入数据时,给出提示信息,而且输入格式要一致,如果用户误操作,输入的数据有错误,则应进行相应的处理,保证软件不崩溃(使程序具有健壮性)。输出数据时适当控制输出格式,使显示的数据清晰、美观。

需要注意的是,在编写代码时应时刻注意编程风格。作者曾经遇到不少学习者先按普通格式编完所有代码并运行通过后,再统一修改程序风格,这种做法只能应付交作业的需要,实际上良好的风格是为编程者服务的。

【讨论题1.1】 程序中最后一个输出语句中的换行符"\n"的作用是什么?

1.2.2　上机步骤

下面在Visual C++ 6.0集成环境下,给出例1.2和例1.3的上机步骤。更多的上机

操作方法将在后续章节中陆续介绍。

先介绍例 1.2 的上机步骤。

第 1 步：安装 Visual C++ 6.0。如果已经安装,则跳过此步。

第 2 步：启动 Visual C++ 6.0。为了编写 C 程序,首先应启动 Visual C++ 6.0 集成环境,其方法是：在 Windows 的"开始"菜单中,依次选择"程序"|Microsoft Visual Studio 6.0|Microsoft Visual C++ 6.0 菜单项,此时弹出 Visual C++ 6.0 的主窗口。

第 3 步：新建 C 源程序。在 Visual C++ 6.0 的主窗口选择"文件"|"新建"菜单项,出现"新建"对话框,在此选择"文件"选项卡中的 C++ Source File,在右侧"位置"栏中输入"D:\C 语言"或通过 按钮选择 D 盘上的"C 语言"文件夹,在"文件名"栏中输入 ex1_2.c(如图 1.3 所示),再单击"确定"按钮,便建立了新的 C 源程序,如图 1.4 所示。该界面的右侧为编辑窗口,这时编辑窗口是空的。如果在图 1.3 右侧"文件名"栏中输入文件名时省略扩展名,则系统建立的文件不是 C 程序,而是 C++ 程序(扩展名为.cpp)。

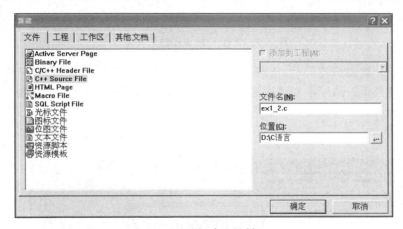

图 1.3　"新建"对话框

第 4 步：编辑源程序。在编辑窗口中输入例 1.2 的代码,即

```
#include <stdio.h>
int main(void)
{
    printf("Let's study the C language.");
    return 0;
}
```

第 5 步：保存文件。因为上机时经常会发生预料不到的事情,一定要养成随时存盘的好习惯。单击工具栏中的"保存"按钮,按原名存盘文件。

第 6 步：编译和连接程序。C 源程序通过编译和连接之后才能运行。执行"组建"|"编译 ex1_2.c"菜单项或单击编译按钮进行编译(在出现的提示信息框中单击"是"按钮)。系统在编译前自动将程序保存,然后进行编译。如果在编译的过程中发现错误,则将在下方窗口中列出所有错误和警告。双击显示错误或警告的第一行,则光标自动跳到

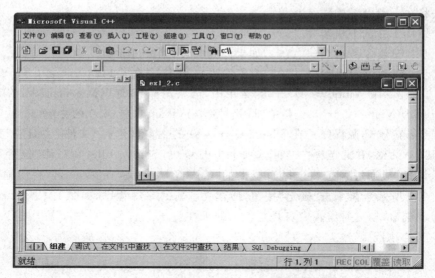

图 1.4　新建 C 源程序后的界面

代码的错误行。修改该错误后,重新进行编译,若程序还有错误或警告,继续修改和编译,直到没有错误为止。编译本实例时没有出现任何错误和警告,所以错误和警告数都为 0,如图 1.5 所示。

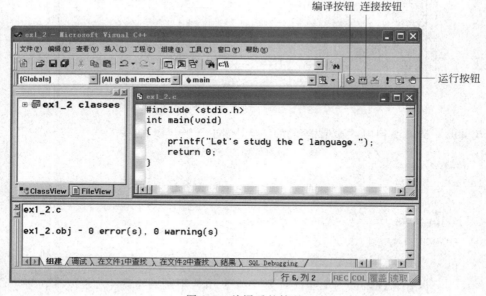

图 1.5　编译后的情况

执行"组建"|"组建 ex1_2.exe"菜单项或单击连接按钮,与编译时一样,如果在连接的过程中系统发现错误,则将在下面窗口中列出所有错误和警告。修改错误后重新编译和连接,直到编译和连接都没有错误为止。

第 7 步：运行程序。执行"组建"|"执行 ex1_2.exe"菜单项或单击运行按钮，在出现的黑屏中显示运行结果，如图 1.6 所示。按任意键回到编辑窗口。运行程序时按 Shift 键切换中英文输入法。

图 1.6　例 1.2 的运行窗口

如果运行结果与预期的结果不相符，则修改程序后重复第 6 步和第 7 步的操作，直到结果正确为止。

如果退出 Visual C++ 6.0 环境后需要重新打开已建立的 C 程序 ex1_2.c，则在资源管理器中双击 ex1_2.c 或在启动 Visual C++ 6.0 环境后通过"文件"|"打开"菜单项打开。

下面介绍例 1.3 的上机步骤。

在完成例 1.2 的上机操作后，不必退出 Visual C++ 6.0 环境，可继续进行例 1.3 的上机操作，其步骤如下：

第 1 步，关闭工作区。执行"文件"|"关闭工作空间"菜单项，回到刚启动 Visual C++ 6.0 环境时的主窗口。

第 2 步，新建 C 源程序并编辑程序。按照例 1.2 上机步骤中的第 3 步新建 C 源程序后，输入例 1.3 中的程序，也可以先通过"文件"|"打开"菜单项打开 ex1_2.c 后，通过"文件"|"另存为"菜单项，将文件名改为 ex1_3.c，再按照例 1.3 将函数体改为：

```
printf("Let's study the C language.\n");
printf("It's interesting.\n");
```

第 3 步，参照例 1.2 上机操作步骤，依次编译、连接、运行程序。

注意：由于例 1.3 中两条输出函数的字符串后面都有"\n"，因此输出两行字符串，如图 1.7 所示。

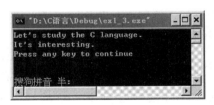

图 1.7　例 1.3 的运行窗口

1.3　数　据　类　型

C 语言中常用的数据类型有整型、实型、字符型、数组、结构体类型、指针类型等。在程序设计中，根据不同的需要正确选用数据类型是至关重要的。本节将通过一个例题说明这一点。

【例 1.4】　编写输出 5 和 6 的和与平均值的程序。

【解】　程序如下：

```
#include <stdio.h>
int main(void)
{   int a,b,sum;                           //指定变量 a、b、sum 为整型
    double ave;                            //指定变量 ave 为实型

    a=5;                                   //给整型变量 a 赋值 5
    b=6;                                   //给整型变量 b 赋值 6
    sum=a+b;                               //将 a 中值 5 和 b 中值 6 之和 11 赋给整型变量 sum
    ave=sum/2;                             //将 sum 中值 11 和 2 之商 5 赋给实型变量 ave
    printf("sum=%d,ave=%lf\n",sum,ave);       //按指定格式输出 sum 和 ave 的值
    return 0;
}
```

运行结果：

```
sum=11,ave=5.000000
```

注意：输出结果不是：sum＝11,ave＝5.500000。

程序说明：

(1) a、b、sum 和 ave 是变量，其中 a、b、sum 是整型变量，而 ave 是实型变量，整型变量中只能存放整型值，实型变量中只能存放实型值。

(2) 为什么输出结果不是 sum＝11, ave＝5.500000 呢？其原因是程序中第 8 行 sum 中的值 11 和除数 2 都是整数，在 C 语言中两个整数的商仍为整数，表达式 11/2 的值为 5。由于 ave 是实型变量，因此其中只能存放实型数 5.0 而不能存放整型数 5（参见 1.4.3 节）。如果将此行改成"ave＝sum/2.0;"，则输出：sum＝11, ave＝5.500000。

在处理数据和输出数据时，一定要选择合适的数据类型和正确的输出格式说明，否则将得到错误的运行结果或程序出错。如果在上面的程序中将 sum 的数据类型改为实型，ave 的数据类型改为整型，则在执行"ave＝sum/2;"后，sum/2 的值为 5.5，但 ave 值为 5。

(3) 程序中最后一条语句"printf("sum＝%d,ave＝%lf\n",sum,ave);"与例 1.2 中的输出语句格式不同。本语句的作用是按原样输出双引号内除%d 和%lf 以外的内容，而在%d 的位置上输出 sum 的值，%lf 的位置上输出 ave 的值（小数点后保留 6 位）。%d 和%lf 是输出函数的格式说明，分别用于输出整型数和实型数（详见 2.3.1 节）。

1.4　常量与变量

C 语言中的数据有常量与变量之分。

1.4.1　常量与变量的概念

【例 1.5】 编写输出 1000 与 50 的和、1000 的两倍的程序。

C 程序设计教程（第 5 版）

【解】 程序如下：

```
#include <stdio.h>
#define TMP 1000                       //定义符号常量 TMP
int main(void)
{   int s;                             //定义整型变量 s

    s=TMP+50;                          //相当于 s=1000+50;
    printf("First:%d\n",s);
    s=2*TMP;                           //相当于 s=2*1000;
    printf("Second:%d\n",s);
    return 0;
}
```

运行结果：

```
First:1050
Second:2000
```

程序说明：

(1) 程序中第二行的作用是用#define命令行定义符号名TMP，并用它代表1000。以后在本程序中出现的所有TMP都代表1000。如果在一个程序中经常使用同一个量，而且这个量较长，则用符号名代替此量比较方便，当然也有其他用处(如例5.1)。请读者注意#define命令行的定义形式和位置。

(2) 程序中TMP(代替1000)、50和2是固定不变的，而s中的值可以改变，执行语句"s=TMP+50;"后，s得到两数之和1050，执行语句"s=2*TMP;"后，s的值又由1050变为2000。

以上例题中出现了两种量：一种是在程序运行过程中其值不能变的量，如50和2，这种量称为常量；TMP在程序运行过程中其值也不能改变，因此也是常量，这种用符号名表示的常量称为符号常量；另一种是在运行过程中其值可以改变的量，如s，这种量称为变量。注意，由于TMP是常量，企图通过语句"TMP=5;"给它赋一个新值是错误的。

每个变量都应该有一个名字，其名字由用户命名。变量的命名规则如下：

(1) 变量名由a～z、A～Z、0～9、_(下画线)组成，并区分大小写。

(2) 变量名的第一个字符不能是数字。

(3) C语言中的关键字不能作为变量名。C语言中的关键字见附录A。

变量名是一个标识符。在C语言中，用来标识变量名、符号常量名、标号名、数组名、函数名、类型名、文件名等的有效字符序列称为标识符，这些标识符的命名规则与变量名的命名规则相同。标识符一般使用小写字母。

【例1.6】 下面变量名中哪些是合法的？哪些是不合法的？

Int、double、_123、9k、qbasic、printf、a.b、year、business

【解】 合法的变量名有Int、_123、qbasic、printf、year、business。

注意：printf也可作为变量名使用，在C语言中printf(库函数名)、define(预编译处理命令)等都有特定的含义,称为预定义标识符,它们不是关键字,C 语法允许将它们作为自定义标识符,但这样做将使它们失去系统规定的原意,例如,若将 printf 定义为变量名,系统就不能再通过 printf 调用输出函数。因此,我们不提倡将预定义标识符改为自定义标识符使用。

不合法的变量名有 double(关键字)、9k(数字开头)、a. b(出现非法字符)。

说明:

(1) 变量必须先定义后使用。变量就像一个可以存放"物品"的容器,定义的含义如同制造容器,通过定义的变量,系统就会为其分配一个存储单元。因此变量的定义部分必须放在本函数体内其他语句之前。

(2) 应该注意,变量中存放的"物品"只能是数据,而且只能是一个数据。向变量中存放数据的操作称为赋值,只经定义而未赋值的变量,其值是不确定的。

可以给同一个变量多次赋值,每进行一次赋值操作,系统都会用新数据替代变量中的原有数据,因此变量的值应该是最后一次存放的数据。图 1.8 表示了一个变量的定义、多次赋值以及输出的全过程。

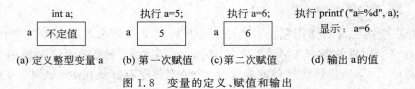

图 1.8 变量的定义、赋值和输出

(3) 变量的"名"和变量的"值"有区别。变量的"名"是该变量所代表的存储单元的标志,而变量的"值"是指存储单元中的内容。

【讨论题 1.2】 假设有"int a; a＝5;",则"a＝a+10;"是合法的语句吗? 该语句的两个 a 中,哪个 a 代表变量的"名"? 哪个 a 代表变量的"值"?

常量和变量都有类型的区分,如整型、实型、字符型等,下面分别介绍。

1.4.2 整型常量与变量

整型常量不能带小数点。

1. 整型常量

【例 1.7】 编写程序,用%d 格式说明符输出一个整型常量和实数,并观察其结果。

【解】 程序如下:

```
#include <stdio.h>
int main(void)
{
    printf("%d,%d\n",21,21.5);
    return 0;
}
```

运行结果:

`21.0`

程序说明：

格式说明符％d用于输出整型数据,所以21的输出结果是正确的,但21.5是实型数据,所以试图用％d输出,得到了错误的输出结果。

【讨论题1.3】 语句"printf("％d,％lf",21,21);"的运行结果是什么?

在C语言中的整型常量常按十进制形式(即用％d)输出。有关整型数据的进一步讨论请参见1.6.3节。

2. 整型变量

整型变量中只能存放整型数据。整型变量的常用类型有基本型(int型)和长整型(long型)。由于在Visual C++ 6.0环境中,基本型和长整型所占字节数相同(4字节),因此本书只介绍基本整型。定义变量时必须根据需要给出其类型。

【例1.8】 编写一个整型变量的定义、赋值和输出的程序。

【解】 程序如下:

```
#include <stdio.h>
int main(void)
{   int a,b;                    //定义基本整型变量a和b
    a=2147483647;
    b=a+1;
    printf("a=%d,b=%d\n",a,b);
    return 0;
}
```

运行结果:

`a=2147483647,b=-2147483648` (注:b的值不是2147483648,产生溢出现象)

程序说明:

(1) 定义基本整型变量要用关键字int,％d用于输出基本整型数据。

(2) 在Visual C++ 6.0环境中,基本整型占4字节(32个位),取值范围是$-2\,147\,483\,648 \sim 2\,147\,483\,647$,因此$2\,147\,483\,647 + 1$的值产生溢出现象,得不到预期的值$2\,147\,483\,648$。

(3) 程序中定义了变量a和b,其名称由编程者给出。在实际开发软件时,为了增加程序的可读性,命名变量时应做到变量名"简单明了""见名知意"。例如,表示年份的变量名可用iYear,其中第一个字母i表示该变量的数据类型,Year表示年份。

3. 变量初始化

在定义变量的同时给变量赋值,如"int a＝5;"称为变量的初始化。"int a＝5;"的作用与"int a;a＝5;"相同。C语言允许在同一个定义部分中定义多个变量,并同时对它们进行初始化,如"int a＝5,b＝6;"是合法的。

由于只经定义而未赋值的变量,其值不确定,为了防止使用这些无意义的变量,建议对那些暂时不必赋值的变量均清零,如"int a＝0;"。

【讨论题 1.4】 在 C 语言中，"int a＝5；b＝6；"合法吗？

为了防止产生数据溢出的现象，必须先估计所要处理的数据范围，再根据其范围选择合适的数据类别。整型变量可以精确地存放数据，但取值范围较小。当预计数据超出整型数据范围时，可以考虑选用实型变量。

1.4.3 实型常量与变量

1. 实型常量

在 C 语言中将实型常量作为双精度类型处理。

【例 1.9】 编写程序，将实型常量按小数形式和指数形式输出。

【解】 程序如下：

```
#include <stdio.h>
int main(void)
{
    printf("%lf\n",123451234512345.1);
    printf("%le\n",12345.6788885);
    printf("%le\n",0.0);
    return 0;
}
```

运行结果：

```
123451234512345.090000
1.234568e+004
0.000000e+000
```

程序说明：

(1) 实型常量有两种不同形式的输出，使用％lf 按十进制小数形式输出，小数点后有 6 位；使用％le，按指数形式输出，小数点前有一位非零数字，小数点后输出 6 位；如果用％le 格式说明符输出 0.0，则输出形式为 0.000000e＋000。

(2) 由第一个实型常量的输出结果可以看出，前 15 位的数字准确无误。

在 C 语言中实型常量有两种表示形式，即十进制小数形式和指数形式。

(1) 十进制小数形式必须包括数字和小数点。如 12.3、12、12.、0.0 都是合法的十进制小数形式，而 123 和.（只有小数点）是非法的小数形式。

(2) 指数形式类似于数学中的科学记数法。如 3.15e1、315e－1、0.315E＋2 分别相当于 $3.15×10$、$315×10^{-1}$、$0.315×10^2$，而且都表示 31.5。使用指数形式时要注意 e（或 E）前面必须有数字，且 e 后面的指数必须为整数，如 E－1、3e1.1、.3e、e 等都是不合法的指数形式，而 3.e2、1E＋3 都是合法的。

2. 实型变量

实型变量中只能存放实型数据，实型变量按其所能保证的精度分为单精度型（float）和双精度型（double）。

【例 1.10】 编写一个实型变量的定义、赋值和输出的程序。

【解】 程序如下：

```
#include <stdio.h>
int main(void)
{   float a=12.3,b=0.0;              //初始化两个单精度型变量
    double c=12345.67;              //初始化双精度型变量

    b=12345.67;
    printf("a=%f,b=%f,c=%lf\n",a,b,c);
    return 0;
}
```

运行结果：

```
a=12.300000,b=12345.669922,c=12345.670000
```

程序说明：

(1) 定义单精度型变量要用关键字 float，%f 用于输出单精度或双精度型数据；定义双精度型变量要用关键字 double，%lf 用于输出双精度型数据。不论用%f 还是%lf，都输出 6 位小数。

(2) 用单精度型变量存放数据时，能保证 6 位有效数字，而双精度型变量能保证 15 位有效数字。由运行结果可以看出，b 保证了前 6 位数字（从第 7 位起数字已不准确），而 c 保证了所有数字（因为不大于 15 位）。

实型变量取值范围较大，但由于不能保证有效数字以外的数字，无法精确地存放数据，往往出现误差。表 1.1 中列出了实型变量 a 的定义形式、a 在 Visual C++ 6.0 环境中所占的字节数和 a 的取值范围。

表 1.1　实型变量的定义

定义形式	a 类型	字节数	有效数字	a 的取值范围
float a;	单精度	4	6 位	$-3.4 \times 10^{-38} \leqslant$ ∣a 中的值∣ $\leqslant 3.4 \times 10^{38}$
double a;	双精度	8	15 位	$-1.7 \times 10^{-308} \leqslant$ ∣a 中的值∣ $\leqslant 1.7 \times 10^{308}$

1.4.4　字符型常量与变量

1. 字符型常量

【例 1.11】 编写程序，将字符按不同格式输出。

【解】 程序如下：

```
#include <stdio.h>
int main(void)
{   printf("%c---%d,%c---%d\n",'a','a','A','A');
```

```
    printf("%d---%c,%d---%c\n",'a'+1,'a'+1,'A'+1,'A'+1);
    printf("小写-大写字母=%d\n",'a'-'A');
    return 0;
}
```

运行结果：

```
a---97,A---65
98---b,66---B
小写-大写字母=32
```

程序说明：

（1）格式说明%c用于输出一个字符，字符常量用单引号括起来，但输出时不输出单引号。字符也可以按整型形式输出，输出的是该字符的 ASCII 码值。字符 a 和 A 的 ASCII 码值分别为 97 和 65（参见附录 B）。

（2）字符常量可以参加运算，表达式'a'+1 的值是字符 a 的 ASCII 码值 97 和 1 之和 98（即 b 的 ASCII 码值），而'A'+1 的值是 A 的 ASCII 码值 65 和 1 之和 66（即 B 的 ASCII 码值）。

（3）小写字母与其相对应的大写字母的 ASCII 码值之差都是 32，因此字母 H 可表示为'h'—32，字母 m 可表示为'M'+32。

【讨论题 1.5】 已知字母 g 的 ASCII 码值为 103，如何计算字母 L 的 ASCII 码值？

字符常量是 ASCII 字符集中的一个字符，但其中有些字符在键盘上是找不到的，例如，字符☺、§等，这时可以使用转义字符形式，参见 1.6.3 节。

2. 字符型变量

字符型变量（char）中存放 ASCII 字符集中的任何一个字符，字符变量在内存中占一个字节。

【例 1.12】 编写一个字符型变量的定义、赋值和输出程序。

【解】 程序如下：

```
#include <stdio.h>
int main(void)
{   char ch='a';              //初始化 1 个字符型变量
    int s=0;

    ch=ch-32;                 //将小写字母'a'转换成大写字母'A'
    s='5'-'0';                //将数字字符'5'转换成对应数字 5
    printf("ch=%c,s=%d\n",ch,s);
    return 0;
}
```

运行结果：

```
ch=A,s=5
```

程序说明：

（1）定义字符型变量要用关键字 char，%c 用于输出字符型数据。

（2）小写字母和对应大写字母的 ASCII 码值均相差 32，用此规律可以进行字母的大小写转换。

（3）数字字符 5 和 0 的 ASCII 码值分别为 53 和 48，其差值是 5，正好是数字字符 5 对应的数字，用此规律可以进行数字字符和对应数字间的转换。

（4）编写程序时，定义字符型变量时建议用 c 作为变量名的第一个字符，表示该变量为字符型。

1.5　运算符和表达式

C 语言提供了非常丰富的运算符（参见附录 C），由这些运算符可组成相应的表达式。请记住，任何 C 语言表达式都有一个确定的值。本节将介绍算术运算符、赋值运算符及其相应的表达式，而其他运算符和表达式将在后面陆续介绍。

1.5.1　算术运算符和表达式

1. 算术运算符

C 语言中提供的算术运算符如表 1.2 所示。

表 1.2　算术运算符

运算符	含义	优先级	运算量类型	举　　例
＋	加	4	整型或实型	2＋3.5 的结果为 5.5
－	减	4	整型或实型	10－5.0 的结果为 5.0
＊	乘	3	整型或实型	3＊4 的结果为 12
/	除	3	整型或实型	1/2 的结果为 0，1/2.0 的结果为 0.5
％	求余	3	整型	5％2 的结果为 1，2％5 的结果为 2
－	负号	2	整型或实型	－11.3

从上面例题可以看到，如果 ＋、－、＊、/ 运算符的两侧运算量都是整型，则按整型计算，且运算结果为整型，例如，1/2 的结果是 0，不是 0.5；如果两侧运算量中至少有一个运算量为实型，则先将两个运算量都转化为双精度型后计算，且运行结果为双精度型。另外运算符"％"两侧的运算量必须是整型。

使用算术运算符时应注意，在进行 ＋、－、＊、/ 算术运算时，系统自动先将数据的类型按一定的规则转换（即统一到同一种数据类型），然后再进行运算，运算结果类型是转换后的类型。图 1.9 给出了数据类型的转换规则，可根据

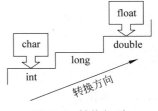

图 1.9　转换规则

"垂直降落，向上位移"的原理辅助理解。

1) 垂直降落

如果运算量是 char 型，则必须先转换成 int 型，如果运算量是 float 型，则必须先转换成 double 型，然后再进行下一步运算。char 型的指定地点是位于阶梯最低级的 int 型，而 float 型的指定地点是位于阶梯最高级的 double 型。

2) 向上位移

将 int 型、long 型和 double 型看成是由低到高的 3 个台阶，如果数据类型相同，也就是处于同一阶层，则系统不进行转换，而直接运算，其运算结果类型是该数据类型。如果数据类型不同，即处于不同阶层，则系统将其中低级别类型的数据统一到高级别类型，然后再运算，而且其运算结果类型是高级别类型。

类型转换通常一步到位。例如，int 型或 long 型与 double 型进行运算，则先将 int 型或 long 型直接转换为 double 型，然后再对两个 double 型数据进行运算，其运算结果为 double 型。再如，int 型与 long 型进行运算时，要将 int 型转换为 long 型，接着再对两个 long 型数据进行运算，其运算结果为 long 型。

另外，如果两个运算量是 int 型和 float 型，由于系统必须先把 float 型转换为 double 型，因此进行运算之前 int 型也要随之转换为 double 型，其运算结果也为 double 型。

2. 算术表达式

−2∗((a＋sqrt(4.0))−1) 是一个算术表达式，其中 sqrt(4.0) 是利用系统提供的求平方根函数计算 4.0 的平方根。在 C 语言中，将由算术运算符、圆括号和运算对象(包括常量、变量、函数等)组成，且符合 C 语言语法规则的表达式称为算术表达式。算术表达式的计算结果是一个数值。

算术表达式的计算示例如表 1.3 所示。

表 1.3 算术表达式的计算

算术表达式	运算过程	算术表达式的值
−2＋18/3∗5％8	第 1 步：(−2)＋6∗5％8 第 2 步：(−2)＋30％8 第 3 步：(−2)＋6 第 4 步：4	4
a∗((6＋sqrt(9.0))/2) (假设 a 的值为 5)	第 1 步：5∗((6＋3.0)/2) 第 2 步：5∗(9.0/2) 第 3 步：5∗4.5 第 4 步：22.5	22.5

说明：

(1) 一个算术表达式中可以有多个运算符，因此对算术表达式进行计算时，要注意运算的先后顺序。在附录 C 中列出了 C 语言中所有运算符的优先级和结合方向。优先级的数值越小，运算顺序就越在先，其优先级别也就越高。例如，圆括号、加法和乘法运算符优先级的数值分别为 1、4、3，因此表达式 2＋3∗5 相当于 2＋(3∗5)，其结果为 17。对于同一优先级的运算符，一定要按其结合方向进行运算，例如，运算符/和 ∗ 的优先级都是

3,结合方向为自左至右,因此表达式 12/2 * 3 相当于(12/2) * 3,而不是 12/(2 * 3)。

(2) 算术表达式中出现的变量必须有确定的值。

(3) C 语言表达式中不能使用数学中的方括号"[ ]"和花括号"{ }"。C 语言只允许使用圆括号,且可以用多层形式。

【例 1.13】 将代数式 $\dfrac{\pi r^2}{a+b}$ 改写成 C 语言算术表达式。

【解】 C 语言算术表达式为 3.14159 * (r * r)/(a+b)。

说明:

(1) C 语言不提供乘方运算符,因此只能用" * "计算乘方的值。

(2) 在 C 语言中,不能出现 π,因为它既不是变量,也不是常量,因此改写时根据所需精度用 3.141 59 或 3.14 等代替。

(3)(a+b)中的圆括号不能省略。

1.5.2 赋值运算符和表达式

1. 赋值运算符

C 语言中提供的赋值运算符有 =、+ =、- =、* =、/=、%= 等,其中后 5 个运算符是复合的赋值运算符(将在 1.6.2 节中介绍)。赋值运算符的优先级数值为 14,结合方向是自右至左。

2. 赋值表达式

用赋值运算符把一个变量和一个 C 语言表达式连接起来的表达式称为赋值表达式。赋值表达式的一般形式是:

变量=表达式

例如,i=3 * 2 是赋值表达式,其含义是将 3 和 2 的乘积 6 赋给变量 i。

说明:

(1) 赋值表达式的处理过程是先计算赋值运算符右边表达式的值,然后把该值赋给左边的变量。

(2) 赋值运算符的左边必须是变量(代表存储单元),右边可以是 C 语言的任何合法表达式。假设 i 中的值为 3,则 i=i * 2 是合法的赋值表达式,其处理过程是先计算表达式 i * 2 的值(3 * 2 的值为 6),然后把 6 赋给 i。

注意:赋值运算符左边变量代表一个存储单元,而右边出现的变量应理解为该变量中的值,其值必须是事先被赋予的。

(3) 赋值表达式的值是赋值运算符左边的变量的值,例如,赋值表达式 a=3 * 2 的值为 6;当 b 的值为 5 时,赋值表达式 b=b+2 的值为 7;当 a 的值为 1,b 的值为 2 时,赋值表达式 a=b 的值是 2,但同样当 a 的值为 1,b 的值为 2 时,b=a 的值却为 1;表达式 y=8 的值为 8,因此赋值表达式 x=(y=8)+1 的值为 9(即 8+1)。

(4) 由于赋值运算符的结合方向是自右至左,因此 x=y=5 等价于 x=(y=5)。

(5) 在合法的赋值表达式中,如果赋值运算符的两边数据类型不一致,则系统先将右边表达式值的类型自动转换成左边变量的类型,然后再进行赋值。赋值时的转换规则参见 1.6.1 节。在不同数据类型之间进行赋值处理时,容易产生意想不到的错误。例如,将double 型数据赋给 float 型变量时,由于数值范围不同,容易产生数据溢出现象,因此尽量避免使用这种赋值形式。

数据的类型也可以利用强制类型转换的方法,其一般形式为:

(类型名)(表达式)

【例 1.14】 编写一个强制类型转换的程序。

【解】 程序如下:

```c
#include <stdio.h>
int main(void)
{   int i=0,j=0,k=0;
    float x=5.8,y=3.7,f=8.56;

    i=(int)(x+y);           //将 x+y 的结果 9.5(即 5.8+3.7)转换成 int 型
    j=(int)x+y;             //将从 x 中取出的值 5.8 转换成 int 型后,与 y 相加
    k=(int)f%3;
    printf("i=%d,j=%d,k=%d,x=%f\n",i,j,k,x);   //x 中的值还是 5.8
    return 0;
}
```

运行结果:

```
i=9,j=8,k=2,x=5.800000
```

程序说明:

(1) 强制类型转换运算符(int)类型名外的一对圆括号不可少,例如,将 i=(int)(x+y)写成 i = int(x+y)是错误的。

(2) (int)(x+y)和(int)x+y 的含义不同,因此不要随意去掉(x+y)中的括号。

(3) (int)x 的作用是将从 x 中取出的值 5.8 转换成整型 5,但没把 5 存入变量 x 中(即 x 中的值没变),也没有将 x 的类型转换成整型。

(4) %为求余运算符,要求两个运算量都是整型,因此 f%3 是不合法的表达式,但(int)f%3 是合法的,因为(int)f 的值是整型值 8。

1.5.3 逗号运算符和表达式

1. 逗号运算符

C 语言中提供的逗号运算符是“,”。逗号运算符的优先级数值为 15,是所有运算符中优先级最低的运算符,逗号运算符的结合方向是自左至右。

2. 逗号表达式

用逗号运算符把 C 语言表达式连接起来的表达式称为逗号表达式。

【例 1.15】 编写一个使用逗号表达式的程序。

【解】 程序如下：

```
#include <stdio.h>
int main(void)
{   int a=0,b=0,x=0,y=0;

    a=(x=8,x%5);                  //将逗号表达式(x=8,x%5)的值赋给 a
    b=x=8,x%5;                    //先将赋值表达式 x=8 的值赋给 b，再求 x%5 的值
    printf("%d,%d,%d\n",a,b,(y=2,y*3));        //输出 a、b 和表达式(y=2,y*3)的值
    return 0;
}
```

运行结果：

```
3,8,6
```

程序说明：

(1) 逗号表达式（x＝8，x％5）的求解过程是先将 8 赋给 x，再求 8％5 的值（值为 3）。3 是此逗号表达式的值。

(2) 程序中 a＝（x＝8，x％5）和 b＝x＝8，x％5 的作用不同。a＝（x＝8，x％5）的求解过程是：先求逗号表达式（x＝8，x％5）的值，后给 a 赋值，这是一个赋值表达式。b＝x＝8，x％5 的求解过程是：先将 8 赋给变量 x，再将赋值表达式 x＝8 的值 8 赋给 b，最后求 8％5 的值（赋值运算符的优先级比逗号运算符高），即先求解第一个表达式，再求解第二个表达式，这是一个逗号表达式。因此在程序中不要随意添加或舍去圆括号。

(3) 程序中的有些逗号作为分隔符使用，例如，在最后一条输出语句中 a，b，（y＝2，y＊3）的前两个逗号是分隔符，后一个才是逗号运算符。

逗号表达式的一般形式为：

表达式 1，表达式 2，表达式 3，…，表达式 n

其求解过程是：从表达式 1 到表达式 n 按顺序求值。表达式 n 的值是逗号表达式的值。

1.6 提 高 部 分

1.6.1 不带参数的主函数

主函数是被操作系统调用的。C99 标准提供两种主函数形式：一种是不带参数的主函数，另一种是带参数的主函数。带参数的主函数形式将在 7.7.2 节介绍。不带参数的主函数框架是：

```
int main(void)
{
    ⋮
```

```
        return 0;
    }
```

其中,int 表示返回给调用主函数的操作系统的函数值类型是整型,void 表示主函数不带参数。"return 0;"的作用是:当主函数的执行正常结束时,将整数 0 作为函数值,返回给调用主函数的操作系统;当主函数的执行出现异常或错误时,将非 0 的整数作为函数值,返回给调用主函数的操作系统。程序员可通过这一返回值判断主函数的执行是否正常结束,以此决定后续的操作。

1.6.2　赋值运算符的进一步讨论

在 1.5.2 节中已介绍了简单赋值运算符"=",C 语言中还提供复合赋值运算符＋＝、－＝、＊＝、/＝、％＝、>>＝、<<＝、&＝、^＝、|＝,其中由前 5 种赋值运算符组成的赋值表达式的一般形式与含义如表 1.4 所示,而后 5 种运算符将在第 10 章介绍。

表 1.4　赋值表达式的一般形式

运算符	一 般 形 式	等 价 形 式	举例(j＝2)	含 义
＝	变量＝表达式		j＝6/3	将 6/3 的值 2 赋给 j
＋＝	变量＋＝表达式	变量＝变量＋(表达式)	j＋＝1	将 j＋1 的值 3 赋给 j
－＝	变量－＝表达式	变量＝变量－(表达式)	j－＝1	将 j－1 的值 1 赋给 j
＊＝	变量＊＝表达式	变量＝变量＊(表达式)	j＊＝1＋3	将 j＊(1＋3)的值 8 赋给 j
/＝	变量/＝表达式	变量＝变量/(表达式)	j/＝1＋3	将 j/(1＋3)的值 0 赋给 j
％＝	变量％＝表达式	变量＝变量％(表达式)	j％＝5	将 j％5 的值 2 赋给 j

说明:

(1) 表中第一个赋值表达式的处理过程是,先计算赋值运算符右边表达式的值,然后把其结果值赋给左边的变量。后面 5 个赋值表达式可用其等价形式代替。

(2) 运算符 ＊＝ 和＋的优先级数值分别为 14 和 4,因此赋值表达式 j＊＝1＋3 等价于 j＊＝(1＋3),也等价于 j＝j＊(1＋3),另外赋值运算符的结合方向是自右至左,所以 x＝y＝5 等价于 x＝(y＝5)。

(3) 在合法的赋值表达式中,如果赋值运算符的两边数据类型不一致,则系统先将赋值运算符右边表达式值的类型自动转换成左边变量的类型,然后再进行赋值。赋值时的转换规则如表 1.5 所示(假设赋值表达式为"a＝表达式")。

表 1.5　转换规则

a 的类型	表达式值的类型	转 换 规 则	举 例	a 的值
int 型	float 型或 double 型	只赋整数部分	a＝3.5	3
float 型	int	只转成 float 类型	a＝150	150.0000

a 的类型	表达式值的类型	转 换 规 则	举　　例	a 的值
double 型	int	只转成 double 类型	a＝150	150.0000000000000
double 型	float 型	有效位扩展到 16 位	a＝(float)12345.67	12345.67000000000
float 型	double 型	截取前面 6 位有效位	a＝(double)12345.67	12345.669922

在不同数据类型之间进行赋值处理时,容易产生意想不到的错误,因此尽量避免使用这种赋值形式。

【例 1.16】 写出下面程序的执行结果。

```c
#include <stdio.h>
int main(void)
{   int a=1,b=0,c=0;

    a+=a*=a+(b=2);
    printf("a=%d,b=%d,c=%d\n",a,b,c=a);
    return 0;
}
```

【解】 运行结果:

```
a=6,b=2,c=6
```

程序说明:

(1) 根据运算符的优先级和结合性,程序中语句 a+=a*=a+(b=2)的处理过程是:先计算圆括号中表达式 b=2 的值,此表达式的值是 b 的值 2;接着进行 a+2 的运算,其结果为 3;表达式变为 a+=a*=3,由于赋值运算符的结合性是从右至左,接着进行的是 a=a*3 运算(a=1*3),此时表达式又变为 a=a+3,全过程处理完毕,a 的值变为 6。注意,在整个处理过程中 a 多次被赋值,但最终的值是最后一次被赋的值。

(2) printf 函数中的最后一个输出项表是赋值表达式,该表达式的值为变量 c 得到的值 6。

1.6.3　数据类型的进一步讨论

1. 整型数据类型的进一步讨论

在 C 语言中整型常量有 3 种表示形式,即十进制形式、八进制形式、十六进制形式。整型常量不带小数点。

【例 1.17】 编写程序,用十进制、八进制、十六进制表示的一个整型常量按不同形式输出。

【解】 程序如下:

```c
#include <stdio.h>
```

```
int main(void)
{   printf("%d--%o--%x\n",21,21,21);
    printf("%d--%o--%x\n",035,035,035);          //035 是八进制整型常量
    printf("%d--%o--%x\n",0x1a,0x1a,0x1a);        //0x1a 是十六进制整型常量
    return 0;
}
```

运行结果：

```
21--25--15
29--35--1d
26--32--1a
```

程序说明：

（1）程序中 21、035、0x1a 都是整型常量，其中 21 是十进制整型常量；035 是八进制整型常量（相当于十进制的 29），八进制整型常量以数字 0 开头；0x1a（或 0x1A）是十六进制整型常量（相当于十进制的 26），十六进制整型常量以数字 0 和小写字母 x 开头。

（2）%d、%o、%x 是输出格式说明，分别用于输出十进制、八进制、十六进制整型常量。当按八进制和十六进制形式输出时，不输出前导的 0 和 0x。

（3）一种形式的整型常量可以按其他形式输出，例如，十进制整型常量除了可以按十进制形式输出外，还可以按八进制、十六进制形式输出。

整型数据分基本型、短整型、长整型、无符号基本型、无符号短整型和无符号长整型，此内容的详细介绍参见参考文献[1]。

2. 字符型数据类型的进一步讨论

字符常量有两种形式：一是常规字符（用单引号括起来的单个字符），二是转义字符（用"\"开头的字符序列）。

【例 1.18】 编写程序，在屏幕上显示特殊字符。

【解】 程序如下：

```
#include <stdio.h>
int main(void)
{   char c1='\0',c2='\0';          //定义 2 个字符型变量

    c1='\1';                        //用八进制表示的转义字符赋给 c1
    c2='\x1';                       //用十六进制表示的转义字符赋给 c2
    printf("%c---%c\n",c1,c2);
    printf("%c---%c\n",'\25','\x15');
    printf("I am \"OK\"\n");
    return 0;
}
```

运行结果：

　　　　　　　　　　　　　　　　　C 程序设计教程（第 5 版）

程序说明：

(1) 用"\"开头的字符序列称为转义字符，表 1.6 列出了常用转义字符。

表 1.6　常用转义字符

转义字符形式	转义字符功能	十进制 ASCII 码值
\n	换行	10
\t	横向跳格（即跳到下一个输出区）	9
\v	竖向跳格	11
\b	退格	8
\r	回车	13
\f	走纸换页	12
\\	反斜杠字符	92
\'	单引号字符	39
\"	双引号字符	34
\ddd	1～3 位八进制数所代表的字符，如\1 代表☺	1（☺）
\xhh	1～2 位十六进制数所代表的字符，如\x15 代表§	21（§）

在键盘上找不到的一些字符可以使用转义字符的形式处理，如在"\"后加该字符的八进制 ASCII 码值（最多 3 位）或在"\x"后加该字符的十六进制 ASCII 码值（最多两位）。如果需要输出双引号""""，也要使用转义字符的形式，如"\""。若将程序中最后一条输出语句写成"printf("I am "OK"\n");"则是错误的。

(2) 将常规字符或转义字符赋给字符变量时，都需要在其两侧加单引号。

(3) 转义字符"\0"的 ASCII 码值为 0。

1.6.4　用 Visual C++ 2010 编写 C 程序

【例 1.19】　用 Visual C++ 编写 C 程序。

【解】　在 1.2.2 节中介绍了 Visual C++ 6.0 集成环境下编写和运行 C 程序的方法，下面以 Visual C++ 2010 学习版为例，简要介绍用 Visual C++ 2010 编辑、编译和运行 C 程序的步骤。

第 1 步：安装 Visual Studio 2010。Visual C++ 2010 是 Visual Studio 2010 的一部分，因此安装 Visual Studio 2010 才能使用 Visual C++ 2010。Visual Studio 2010 可以在 Windows 7 环境下安装，安装时执行其中的 setup.exe，并按屏幕上的提示进行操作即可。如果已经安装，则跳过此步。

第 2 步：启动 Visual C++ 2010。在 Windows 的"开始"菜单中，选择"所有程序"|

Microsoft Visual Studio 2010 Express|Microsoft Visual C++ 2010 Express 菜单项,就会出现 Microsoft Visual C++ 2010 的"起始页"。

第3步:创建项目。与 Visual C++ 6.0 不同,在 Visual C++ 2010 中,必须先建立一个项目,然后在项目中建立文件。在"起始页"中执行"文件"|"新建"|"项目"菜单项,出现"新建项目"窗口。在此窗口左侧的 Visual C++ 下选择 Win32,中间选择"Win32 控制台应用程序",在窗口下方的"名称"栏中输入项目名称 Project1_2,在"位置"栏中输入"D:\C 语言"或通过"浏览"按钮选择 D 盘上的"C 语言"文件夹(如图 1.10 所示)。单击"确定"按钮后,屏幕上出现"Win32 应用程序向导"窗口。单击"下一步"按钮,在新出现的窗口中部,选择"控制台应用程序",并选中"空项目"(如图 1.11 所示),然后单击"完成"按钮,屏幕上出现如图 1.12 所示的项目界面窗口,至此,已建立一个新的项目。

图 1.10 "新建项目"窗口

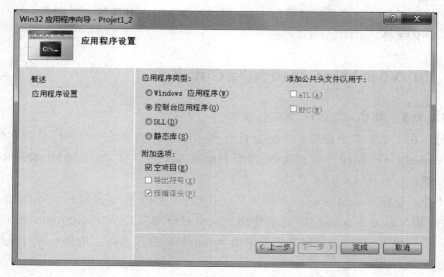

图 1.11 "Win32 应用程序向导"窗口

———————— C 程序设计教程(第 5 版)

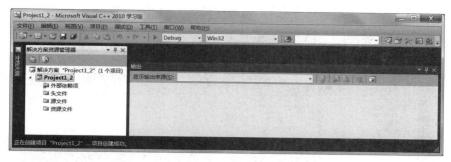

图 1.12　项目界面

第 4 步：建立文件并编辑 C 程序。在如图 1.12 的窗口中，选择 Project1_2 下面的"源文件"，右击，再选择"添加"|"新建项"菜单项（如图 1.13 所示），立即出现"添加新项"窗口。在此窗口左部选 Visual C++，中部选择"C++ 文件（.cpp）"，并在窗口下部的"名称"栏中输入 ex1_2.c，如图 1.14 所示。

图 1.13　新建 C 源文件

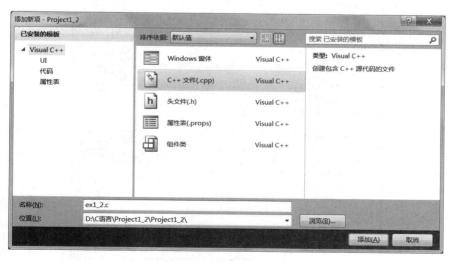

图 1.14　"添加新项"窗口

单击"添加"按钮,出现编辑窗口,在此可以输入 C 源程序,如图 1.15 所示。

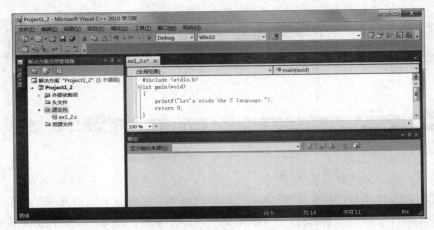

图 1.15　编辑窗口

第 5 步:编译和连接程序。选择"调试"|"生成解决方案",系统就对源程序进行编译和连接,并在窗口下部显示编译和连接过程中处理的情况。如果最后一行显示"生成成功",则表示已经生成一个可供执行的解决方案,可以运行程序;如果编译和连接过程中出现错误,则会显示出错信息,这时应检查并改正错误后重新编译和连接,直到生成成功为止。

第 6 步:运行程序。选择"调试"|"开始执行(不调试)"运行程序。如果"调试"菜单中没有"开始执行(不调试)"命令,则可自行添加。选择"工具"|"自定义"命令,出现自定义窗口,在"命令"选项卡(如图 1.16 所示)下的"菜单栏"中选择"调试"项,在下方选择需

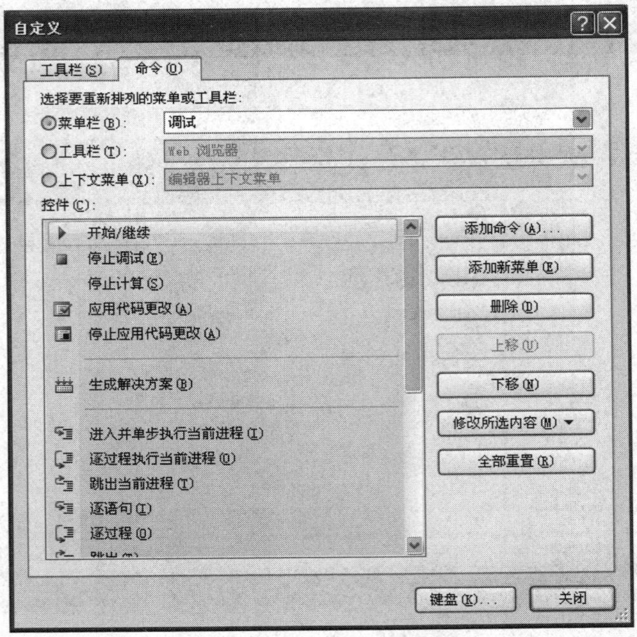

图 1.16　自定义菜单窗口

要添加命令的位置,单击"添加命令"按钮,出现如图 1.17 所示的添加命令窗口,在"类别"栏中选择"调试",在"命令"栏中选择"开始执行(不调试)"项,单击"确定"按钮,"开始执行(不调试)"即添加到了"调试"菜单中。

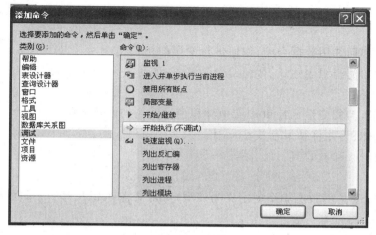

图 1.17　添加命令窗口

较长程序在运行过程中出现的错误常常是难以找到的,这时可以采用调试程序的方式。"调试"菜单下的"逐语句""逐过程""启动调试"等命令都用于调试程序。

1.7　上 机 训 练

【训练 1.1】　有两个整型变量 a 和 b,它们的值分别为 8 和 3,计算它们的和、差、积、商。

1. 目标

(1) 熟悉 Visual C++ 6.0 集成环境。

(2) 学习如何组织表达式、如何给变量赋值、如何输出变量的值。

2. 步骤

(1) 进入 Visual C++ 6.0 集成环境。

(2) 定义所需的整型变量 a、b、sum(存放和)、m(存放差)、t(存放积)和实型变量 s(存放商)。

(3) 分别给变量 a、b 赋值 8 和 3。

(4) 计算和、差、积、商,并分别赋给 sum、m、t 和 s。

(5) 输出 sum、m、t 和 s 的值。

3. 提示

由于被除数和除数均为整型数据,计算商时必须对于被除数或除数进行强制类型转换。

4. 扩展

计算并输出 a 除以 b 的余数和 a^3 的值。注意，C 语言不提供乘方运算符。

【训练 1.2】 假设圆柱体的底面半径为 r(=2.5)，高为 h(=3.5)，计算该圆柱体的体积(体积＝底面积×高，底面积＝πr^2)。

1. 目标

(1) 学习如何选用数据类型、如何进行变量的初始化。

(2) 巩固如何组织表达式、如何给变量赋值、如何输出变量的值。

2. 步骤

(1) 定义所需的变量 r、h 和 v(存放体积值)，同时初始化 r 和 h。

(2) 计算体积，并将结果存放在 v 中。

(3) 输出 r、h 和 v 的值。

3. 提示

根据题意，变量的数据类型应定义为实型，可定义为 double 型。π 的值设为 3.14。

4. 扩展

根据输入的半径和高值，计算圆柱体的体积。数据的输入使用 scanf 函数，请参考例 2.2。

思考题 1

1. 数据未超出实型数据的取值范围时，能否在实型变量中，准确无误地存放该数据？

2. 两个整型数据未超出数据取值范围时，它们的和或差会超出该数据取值范围吗？

3. 程序要具有良好的程序设计风格，这对程序的可读性和执行结果有影响吗？

4. 一个 C 程序可以有多个函数吗？主函数的位置在哪里？

5. 当 x 为 double 型变量时，x 中能存放整数 5 吗？语句"x=5;"的执行步骤是什么？

6. 若有"double x=1.3;"，则表达式(int)x 的值是多少？x 中的值变为 1 了吗？

7. 若有"int a=1,b=1;"，则 b=a+b=a 是合法的表达式吗？为什么？

8. 若有命令行"＃define N 1000"，则 N=N+1 是合法的表达式吗？为什么？

习 题 1

基础部分

1. 假设 C 源程序文件名为 test.c，为得出该程序的运行结果，应执行的文件名是 ____【1】____，此文件是通过 __【2】__ 产生的。

2. C 程序是由 __【1】__ 构成的，一个 C 程序必须有一个 __【2】__ 。

3. 以下常量中不合法的是　【1】　,合法的是　【2】　。

① '&' ② '\ff' ③ '\xff' ④ '\028' ⑤ 2.1e2.1 ⑥ .0 ⑦ 12. ⑧ E7 ⑨ 1e1
⑩ 5e

4. 以下变量中不合法的是　【1】　,合法的是　【2】　。

① name ② double ③ Int ④ if ⑤ for_1 ⑥ 2k ⑦ a12345678 ⑧ _a

5. 下面程序段的输出结果是_____。

```
int a=0;   double b=0.0;
a=b=123%100/2.0;
printf("%d,%lf",a,b);
```

6. 下面程序段的输出结果是_____。

```
int a=0;   double b=0.0;
a=b=123/100%2;
printf("%d,%lf",a,b);
```

7. 下面程序段的运行结果是_____。

```
char c1='A',c2=65;
c1=c1+25;
c2=c2+32;
printf("c1=%c---%d,c2=%c---%d\n",c1,c1,c2,c2);
```

8. 下面程序段的运行结果是_____。

```
char c1='D',c2='b';
c1=c1+('a'-'A');
c2=c2-('a'-'A');
printf("c1=%c---%d,c2=%c---%d\n",c1,c1,c2,c2);
```

9. 算术式 $\dfrac{a}{b+c}$ 的 C 语言表达式是_____。

10. 算术式 $\dfrac{a^3 \times b^2}{c-d}$ 的 C 语言表达式是_____。

11. 编辑并调试例 1.2。输入时将 main(void) 误输入成 main,观察编译、连接时的错误信息,修改错误后再运行。

12. 编辑并调试例 1.3。输入时将第一个 printf 语句误输入成"printf(Let's study the C language. \n);",将第二个 printf 语句误输入成"printf("It's interesting. \n")",观察编译、连接时的错误信息,修改错误后再运行。

13. 编写输出以下图形的程序。

```
   @
@ @ $ @ @
   @
```

14. 编写输出以下图形的程序。

```
**
###
3 3 3 3
```

15. 输出两行数据,其中第一行是自己的电话号码,第二行是生日。输出界面自己设计。

16. 输出自己的姓名和班级,其中姓名可以用汉语拼音显示。

提高部分

17. 下面程序段的输出结果是_____。

```
int a=5,b=5;
a%=b+=a+=(a+b);
printf("a=%d,b=%d",a,b);
```

18. 下面程序段的输出结果是_____。

```
int a=10,b=10;
a+=b-=a*=b/=3;
printf("a=%d,b=%d",a,b);
```

19. 语句"printf("%d",-2147483648-1);"的输出结果是_____。

20. 语句"printf("%d",2147483647+5);"的输出结果是_____。

21. 编写输出以下图形的程序。

```
    ☺
☺☺♥☺☺
    ☺
```

22. 编写程序输出"→→→●←←←"。

第 2 章 顺序结构程序设计

本章将介绍的内容

　　基础部分：

- 语句的概念。
- 顺序结构、分支结构、循环结构的概念。
- 赋值语句；几个输入输出函数。
- 顺序结构的流程图；调试程序的方法。
- 贯穿实例的部分程序。

　　提高部分：

- 进一步学习输入输出函数。

各例题的知识要点

　　例 2.1　C 语言的语句。

　　例 2.2　顺序结构；顺序结构的流程图。

　　例 2.3　赋值语句；交换算法。

　　例 2.4　求某数各位数字之和的算法。

　　例 2.5　格式输入、输出函数 scanf 和 printf；调试程序的方法。

　　例 2.6　字符输入、输出函数 getchar 和 putchar。

　　贯穿实例—成绩管理程序(1)。

　　(以下为提高部分例题)

　　例 2.7　用 printf 函数按指定宽度格式输出整型数据。

　　例 2.8　用 printf 函数按指定宽度格式输出实型数据。

　　例 2.9　在 scanf 函数中指定输入数据的宽度。

　　例 2.10　多个输入项之间的分隔方式。

　　例 2.11　getch 和 getche 函数的使用方法。

　　例 2.12　getch 函数的应用及暂停程序运行的方法。

2.1　结构化程序设计的基本结构

2.1.1　语句的概念

C 语言中的语句是向计算机系统发出的操作指令。语句应该出现在函数体内定义部分之后。

【例 2.1】　编写一个语句示例的程序。

【解】　程序如下：

```
#include <stdio.h>
int main(void)
{   int a=0,i=5;

    a=i+3;                    //该语句在赋值表达式 a=i+3 后面加分号而得
    i=i+1,a=a+i;              //该语句在逗号表达式 i=i+1,a=a+i 后面加分号而得
    i+1;                      //该语句在算术表达式 i+1 后面加分号而得
    printf("a=%d,i=%d\n",a,i);    //该语句在输出函数后面加分号而得
    return 0;
}
```

运行结果：

```
a=14,i=6
```

程序说明：

（1）本程序中的所有语句都是在表达式后面加上分号而得的，这种语句称为表达式语句。程序中使用最多的语句是赋值语句（将在 2.2 节介绍）和输入输出语句（将在 2.3 节介绍）。

（2）不是任何表达式语句都在 C 程序中有作用，例如，语句"i+1;"虽然没有语法错误，但在程序中毫无实际意义，编写程序时应避免使用这样的语句。

C 语言中，还有其他类型的语句，例如，控制类语句、空语句、复合语句，这些内容将在后续章节中介绍。

2.1.2　3 种基本结构

用计算机解题，要按确定的步骤进行，这些步骤的执行则要通过程序的控制结构来实现。计算机语言提供 3 种基本控制结构——顺序结构、分支结构、循环结构。由于使用这 3 种基本结构可以解决任何复杂问题，而且编写出来的程序清晰可读又便于理解，所以人们提倡使用这 3 种结构编写程序，并称这样的程序设计为结构化程序设计。下面将依次介绍这 3 种基本结构。

在程序设计中,使用 goto 语句也可以控制某些流程,但这样的程序层次不清、可读性差,一般不提倡使用。

1. 顺序结构

前面介绍的程序都是按照语句在程序中出现的顺序逐条执行,称这种程序结构为顺序结构。顺序结构中的每一条语句都被执行一次,而且只能被执行一次。顺序结构是程序设计中最简单的一种结构。

【例 2.2】 顺序结构程序示例。从键盘输入 3 个实型数并分别存入变量 a、b 和 c 中,求它们的平均值。

【解】 程序如下:

```
#include <stdio.h>
int main(void)
{   double a=0,b=0,c=0,ave=0;
    printf("Input a,b,c:");
    scanf("%lf%lf%lf",&a,&b,&c);        //从键盘输入 3 个实型数分别赋给 a、b、c
    printf("a=%lf,b=%lf,c=%lf\n",a,b,c);
    ave=(a+b+c)/3;
    printf("ave=%lf\n",ave);
    return 0;
}
```

运行结果:

```
Input a,b,c:1.5 2.3 6.7
a=1.500000,b=2.300000,c=6.700000
ave=3.500000
```

程序说明:

(1) 语句"scanf("％lf％lf％lf",＆a,＆b,＆c);"的作用是:从键盘输入 3 个实型数分别赋值给 a、b、c,其具体使用方法将在 2.3 节中介绍。

(2) 程序的执行过程是从函数体内的第一条语句开始,由上到下按顺序逐条执行,为便于理解,其执行过程可用流程图或 N-S 图表示,如图 2.1 所示。

图 2.1(a)中给出的流程图中有开始和结束框、输入输出框以及处理框,各框之间的流程用流程线和箭头表示。图 2.1(b)是 N-S 图,它只适合于结构化程序设计。在编写较大程序时,应根据问题的分析情况,先精心设计流程图,然后再严格按流程图所表示的算法编写程序。由于本书中的例题较简单,所以只提供部分例题的流程图。

2. 分支结构

流程不是按照语句在程序中出现的先后顺序逐条执行,而是根据判断项的值有条件地选择部分语句执行,这样的程序结构为称分支结构(或选择结构)。分支结构将在第 3章详细介绍。

3. 循环结构

根据需要反复执行程序中的某些语句,称这样的程序结构为循环结构。循环结构将

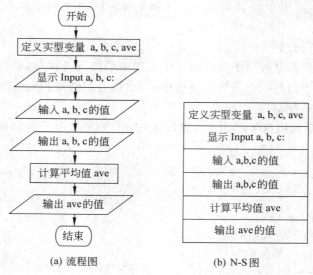

(a) 流程图　　　　　(b) N-S 图

图 2.1　例 2.2 程序的执行过程

在第 4 章详细介绍。

2.2　赋值语句

在赋值表达式的尾部加一个分号构成赋值语句,例如,a＝i＋3 是赋值表达式,而"a＝i＋3;"是赋值语句。赋值语句是 C 语言中最常用的一种语句。

【例 2.3】　编写交换 x 和 y 中值的程序。

【解】　程序如下:

```c
#include <stdio.h>
int main(void)
{   int x=3,y=5,t=0;

    printf("x=%d,y=%d\n",x,y);        //输出交换前的值
    t=x;                              //将 x 中的值暂存到 t 中
    x=y;                              //将 y 中的值存放到 x
    y=t;                              //将 x 中原来值存放到 y
    printf("x=%d,y=%d\n",x,y);        //输出交换后的值
    return 0;
}
```

运行结果:

```
x=3,y=5
x=5,y=3
```

【讨论题 2.1】 起交换作用的 3 条语句"t＝x；x＝y；y＝t；"能否用"x＝y；y＝x；"两条语句代替？

【例 2.4】 输入一个 3 位数，计算其每位数字之和。

【解】 程序如下：

```
#include <stdio.h>
int main(void)
{   int n=0,a=0,b=0,c=0,sum=0;        //因进行整除运算,n需定义成整型
    printf("Input n:");
    scanf("%d",&n);                    //从键盘输入 1 个整型数赋给 n
    a=n/100;                           //求百位数
    b=n/10-a*10;                       //求十位数,等价于 b=(n/10)%10;
    c=n%10;                            //求个位数
    sum=a+b+c;
    printf("n=%d,sum=%d\n",n,sum);
    return 0;
}
```

运行结果：

```
Input n:678
n=678,sum=21
```

以上两个例题涉及交换两个数据和求某数各位数字的算法，这些算法在程序设计中常被使用。需要注意的是，解决某一问题时其算法并不唯一，但有些算法效率高，易于理解，而有些算法则不然。所以接到一项较大的任务后，不要急于编程序，应遵循分析问题—设计算法—画流程图的顺序做好准备工作，然后开始编制程序。程序设计的一般过程包括问题分析、算法设计、流程图设计、程序编制、程序测试、调试、文档编制等步骤。由于本书重点介绍用 C 语言设计程序的方法，所举的例题程序较短，算法也简单，因此没有严格按照上述步骤进行。

2.3　输入输出语句

在 C 语言中，数据的输入输出语句是在输入输出函数后面加上分号而得的。C 语言提供了丰富的输入输出函数，下面仅介绍其中几个常用的输入输出函数。

2.3.1　格式输入输出函数

【例 2.5】 编写使用格式输入输出函数的程序。

【解】 程序如下：

```
#include <stdio.h>
```

```
int main(void)
{    int a=0,b=0,sum=0;
     printf("Input a and b:");
     scanf("%d%d",&a,&b);               //从键盘输入两个数,分别放入 a 和 b 中
     sum=a+b;
     printf("%d+%d=%d\n",a,b,sum);
     return 0;
}
```

运行结果:

```
Input a and b:3 5
3+5=8
```

程序说明:

(1) scanf("%d%d",&a,&b)是格式输入函数,函数尾部加上分号得到输入语句。该语句中%d%d是两个格式说明符(格式说明由%开头),要求从键盘输入两个十进制的整数,输入项"&a,&b"的作用是将所输入的两个数分别存入变量 a 和 b 中。需要注意的是,a 和 b 前面必须要有 &,& 是 C 语言的取地址运算符,&a 和 &b 分别表示变量 a 和 b 的地址,有关地址的概念将在第 6 章介绍。

(2) 程序的运行过程是:从上到下按顺序逐条执行,当程序运行到"scanf("%d%d",&a,&b);"语句时,系统等候用户从键盘输入两个整型数据,当用户按要求操作后,系统会继续运行。

(3) 系统执行输入函数时,等候用户输入数据,此时由于屏幕上没有任何信息,用户往往无法知道应该做些什么。最简单的解决办法就是在输入函数之前添加一个 printf 语句,例如本程序中的"printf("Input a and b:");",系统执行该语句后会在屏幕上显示"Input a and b:",为正确地输入起到提示作用。

(4) 最后一个输出函数中使用了 3 个格式说明符,输出时在各格式符的位置上分别输出 a、b、sum 的值,而且按原样输出双引号中的其他字符。

格式输入函数的一般形式如下:

scanf("若干字符和格式说明",输入项表)

输入函数的格式说明见表 2.2。输入项表中的各项要用逗号分隔,使用输入函数时,输入数据的格式必须按照前面双引号内指定的格式进行,否则执行时出错或得不到预期的结果。表 2.1 给出使用 scanf 函数为整型变量 a 和 b 输入值的几种形式,希望读者通过上机熟练掌握(假设每个 scanf 函数中的 a、b 与所对应的格式说明符类型一致)。

表 2.1 scanf 函数示例

scanf 函数	正确输入形式
scanf("%d%d",&a,&b)	3␣5<回车> 或 3 跳格键 5<回车> 或 3<回车>5<回车>
scanf("%d,%d",&a,&b)	3,5<回车>

scanf 函数	正确输入形式
scanf("a=%d,b=%d",&a,&b)	a=3,b=5<回车>
scanf("%c%c",&a,&b)	AB<回车>(A 和 B 之间不能加空格)
scanf("%c,%c",&a,&b)	A,B<回车>(A 和 B 之间逗号不能少)
scanf("%d%c",&a,&b)	3B(3 和 B 之间不能加空格)
scanf("%c%d",&a,&b)	A5<回车> 或 A␣5<回车> 或 A<Tab>5<回车> 或 A<回车>5<回车>

说明:本书中"␣"表示一个空格。

格式输出函数有两种,其一般形式如下:

```
printf("若干字符")
```

或

```
printf("格式说明和若干字符",输出项表)
```

第一个输出函数将输出双引号内的所有字符;第二个输出函数在各格式符的位置上分别输出输出项表的值,双引号中的其他字符原样输出。输出函数的格式说明见表 2.2。

表 2.2　输入输出函数的格式说明

printf 中的作用	格式说明	scanf 中的作用
以十进制形式输出整(长整)型	%d(或%ld)	以十进制形式输入整(长整)型
以小数形式输出单、双精度实型	%f	以小数形式输入单精度实型
以小数形式输出双精度实型	%lf	以小数形式输入双精度实型
以指数形式输出单、双精度实型	%e	以指数形式输入单精度实型
以指数形式输出双精度实型	%le	以指数形式输入双精度实型
以字符形式输出一个字符	%c	以字符形式输入一个字符

格式输入输出函数中的格式说明符个数要与输入项表或输出项表的个数相同。

本节仅仅介绍了格式输入输出中最简单、最常用的内容,更多介绍请参见 2.5.1 节。

为了便于读者上机实践,下面介绍例 2.5 程序的测试、调试方法。

在编写程序时,经常会出现各种各样的错误。属于语法性质的错误,系统在编译的过程中极易发现,并及时给出有关信息,指出错误位置、错误原因等等,测试时很容易改正。对于那些非语法性错误,系统往往不给出错误信息,只是运行结果不正确,这样一类的错误纠正起来具有一定的难度,需要调试者认真观察,不断积累调试经验。

程序的测试、调试过程就是查找、排除、修改程序中错误的过程,常常需要反复多次进行,直至运行结果正确为止。

先将例 2.5 程序编辑成如下错误形式:

```
#include <stdio.h>
int main(void)
{   printf("Input a and b:");
    scanf("%d%d",&a,b);
    int a=0,b=0,sum=0;
    sum=a+b
    printf("%d+%d=%d\n,a,b,sum");
    return 0;
}
```

单击编译按钮进行编译时,在下方窗口中列出如图 2.2 所示的错误,双击其中显示错误的第一行,则光标自动跳到代码的错误行,如图 2.3 所示。由于程序中定义"int a=0,b=0,sum=0;"的位置错误,编译"scanf("%d%d",&a,b);"时认为变量没有定义。

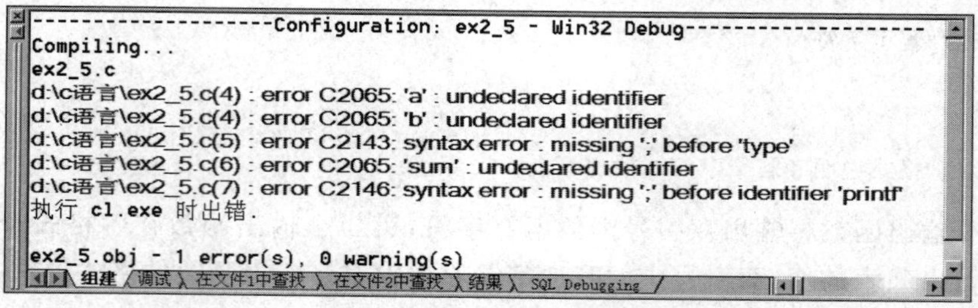

图 2.2 编译时的错误提示

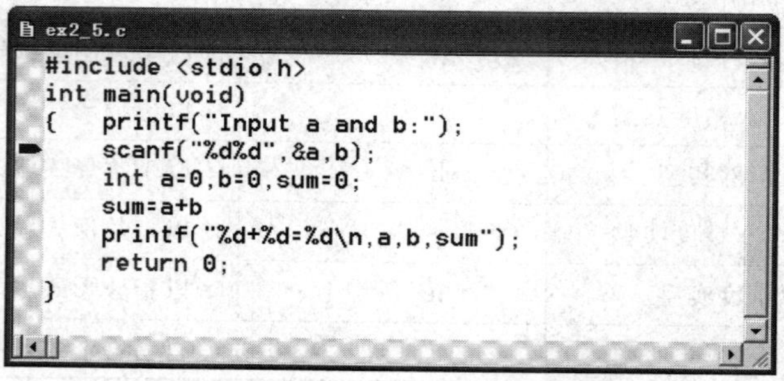

图 2.3 程序中错误位置

将定义位置移到函数体内的最前面(注意:定义部分应该在所有执行语句之前),重新单击编译按钮,用同样的方法可以查出"sum=a+b"后面少了语句结束符";"。将错误改正后,变成如下形式:

```
#include <stdio.h>
int main(void)
{   int a=0,b=0,sum=0;

    printf("Input a and b:");
    scanf("%d%d",&a,b);
```

```
sum=a+b;
printf("%d+%d=%d\n,a,b,sum");
return 0;
}
```

再依次单击编译和连接按钮,这时已没有错误和警告,但单击运行按钮运行程序时,从键盘输入"3␣5＜回车＞"后,得到的运行结果不是预期的 3+5=8,而是如图 2.4 所示的信息。

图 2.4　系统提示信息

遇到这种现象应该考虑 a 和 b 的输入格式是否正确,本程序应将输入语句修改为"scanf("%d%d",&a,&b);"。到此是不是已把程序修改正确了呢? 再运行程序,发现结果如下:

```
Input a and b:3 5
2367460+1243068=2147315712
,a,b,sumPress any key to continue
```

其原因是最后一条输出语句中""""的位置错了,应将输出语句改为"printf("%d+%d=%d\n",a,b,sum);"。

顺序结构中常出现的错误一般有:变量定义的位置不正确;定义变量的形式不正确,如语句"int a=0; b=0;";丢分号、花括号、双引号和单引号等;scanf 函数中少写"&";大小写的误输入等。

2.3.2　字符输入输出函数

输入输出一个字符,除了可以使用格式输入输出函数 scanf 和 printf 外,还可以使用getchar、putchar 等字符输入输出函数。

【例 2.6】　编写一个有字符输入输出函数的程序。

【解】　程序如下:

```
#include <stdio.h>
int main(void)
{   char ch='\0';
    printf("Input ch:");
    ch=getchar();            //相当于 scanf("%c",&ch);
    putchar(ch);             //相当于 printf("%c",ch);
```

```
    putchar('\n');              //相当于 printf("\n");
    return 0;
}
```

运行结果：

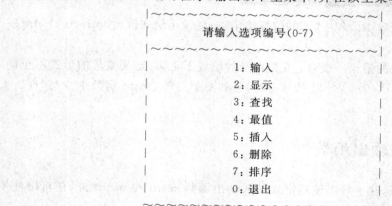

程序说明：

用 getchar 函数输入字符时，一般用赋值语句将得到的字符赋给字符变量。
字符输入输出函数的更多介绍参见 2.5.1 节。

2.4　贯穿实例——成绩管理程序（1）

为了使学生分步学习、逐步学会整个编程过程，达到理论教学体系与实践教学体系互
相渗透、有机结合、提高学生的综合编程能力和动手能力的目的，本书基础部分的最后陆
续介绍成绩管理程序，以此贯穿全书教学内容。为便于教与学，本实例用结构简单，但知
识涵盖面较全的实例组织，而在提高部分中陆续介绍另一贯穿实例——电子通讯录管理
系统，该实例结构较复杂，更接近实际，供学生自学。

成绩管理程序之一：编写程序，输出以下主菜单，并在该主菜单中输入选项。

```
|~~~~~~~~~~~~~~~~~~~~~~~~~~|
|            请输入选项编号(0-7)            |
|~~~~~~~~~~~~~~~~~~~~~~~~~~|
|                                        |
|              1：输入                    |
|              2：显示                    |
|              3：查找                    |
|              4：最值                    |
|              5：插入                    |
|              6：删除                    |
|              7：排序                    |
|              0：退出                    |
 ~~~~~~~~~~~~~~~~~~~~~~~~~~
```

【解】　编程点拨：

此程序需要输出主菜单选择界面，可用多个 printf 函数实现。主菜单选择界面中的
边框可以在多个 printf 语句中输出"|"和"~"拼凑起来。定义整型变量或字符型变量存
放所输入的选项值。本程序使用字符型变量存放所输入的选项值。程序如下：

```
#include <stdio.h>
int main(void)
{   char choose='\0';
```

```
    printf("       |~~~~~~~~~~~~~~~~~~~~~~~~~~|\n");
    printf("       |       请输入选项编号(0-7)       |\n");
    printf("       |~~~~~~~~~~~~~~~~~~~~~~~~~~|\n");
    printf("       |          1:输入          |\n");
    printf("       |          2:显示          |\n");
    printf("       |          3:查找          |\n");
    printf("       |          4:最值          |\n");
    printf("       |          5:插入          |\n");
    printf("       |          6:删除          |\n");
    printf("       |          7:排序          |\n");
    printf("       |          0:退出          |\n");
    printf("       ~~~~~~~~~~~~~~~~~~~~~~~~~~\n");
    printf("          ");
    choose=getchar();
    printf("          输入了%c\n",choose);          //临时加的验证输入结果语句
    return 0;
}
```

运行结果:

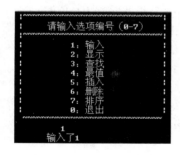

2.5 提 高 部 分

【例2.7】 编写程序,用 printf 函数按指定宽度格式输出整型数据。

【解】 如表2.3所示。

表2.3 按宽度输出整型数据

输 出 语 句	输 出 结 果	说 明
printf("%5d",12);	□ □ □12	按右对齐形式输出,共占5位。输出项只有两位时,前面需补3个空格
printf("%-5d",12);	12□ □ □	按左对齐形式输出,共占5位。输出项只有两位时,后面需补3个空格

输 出 语 句	输 出 结 果	说　　明
printf("%4d",12345);	12345	输出项的实际宽度超过指定输出宽度,则指定宽度无意义,数据将完整输出

说明:

(1) 当使用%d格式说明符时,输出宽度是数据本身的宽度。

(2) 可在%与d之间插入一个整数指定输出的宽度。如果指定的输出宽度比数据的实际宽度大,则用空格填补。当该整数大于(或小于)0时,在输出数据左(或右)边补空格。如果指定的输出宽度比数据的实际宽度小,则将数据完整输出。因此在给定输出宽度之前,应先估计需处理的数据宽度,否则指定输出宽度将失去意义。

对于%f、%e、%c和%s等格式说明符,也可以指定输出宽度。

【例2.8】 编写程序,用printf函数按指定宽度格式输出实型数据。

【解】 程序如下:

```
#include <stdio.h>
int main(void)
{   printf(" * * %f * * ",100.567);          //整数部分原值输出,小数点后输出6位
    printf(" * * %12f * * ",100.567);         //共输出12位,左边补两个空格(右对齐)
    printf(" * * %-12f * * \n",100.567);      //共输出12位,右边补两个空格(左对齐)
    printf(" * * %-6.2f * * ",1.567);         //共输出6位,小数点后输出2位,左对齐
    printf(" * * %6.2f * * ",1.567);          //共输出6位,小数点后输出2位,右对齐
    printf(" * * %6.0f * * ",1.567);          //共输出6位,小数部分不输出
    printf(" * * %.2f * * \n",1.567);         //整数部分原值输出,小数点后输出2位
    return 0;
}
```

运行结果:

```
**100.567000*****   100.567000****100.567000   **
**1.57   ****   1.57****   2****1.57**
```

程序说明:

(1) 用%f格式说明符输出时,按原数输出,但小数点后输出6位。如果输出项的小数点位不到6位,则用0填补。用%12f格式说明符输出时,除了遵循%f规定外,输出还保证占12个字符位(含小数点位)。如果输出项不到12位,左边补空格。用%−12f格式说明符输出时,如果输出项不到12位,右边补空格。

(2) 用%−6.2f(或%6.2f)格式说明符表示按左(或右)对齐方式输出,并指定输出总宽度为6(含小数点位),小数点后输出2位。用%6.0f格式说明符指定输出宽度为6,但不输出小数点后的数据。

（3）用%.2格式说明符时，整数部分原值输出，小数点后输出2位。

（4）当输出数据的宽度大于指定宽度时，整数部分按原样输出，但小数部分要按上述规则处理。

当需要将数据按表格形式输出时，通常使用指定宽度的方法。

【例2.9】 编写程序，在scanf函数中指定输入数据的宽度。

【解】 程序如下：

```
#include <stdio.h>
int main(void)
{   int a=0;
    scanf("a=%3d",&a);          //3表示最大输入长度
    printf("a=%d\n",a);
    return 0;
}
```

输入说明见表2.4。

表2.4 按宽度输入整型数据

输 入 形 式	输 出 结 果	说　　明
a=12<回车>	a=12	输入数据宽度不超过3时，得到正确值
a=1234<回车>	a=123	输入数据宽度超过3时，得不到正确值
12<回车>	a=0	输入格式不符合要求，必须先输入a=

程序说明：

（1）可以在scanf函数的格式说明符前，用一个整数指定输入数据的最大宽度，但对实型数不可以指定数据宽度。

（2）由于"scanf("a=%3d",&a);"中的"a="只是要求用户输入数据时先输入"a="，再输入数据，因此企图通过scanf函数给用户输入提示信息是办不到的。

【例2.10】 编写程序，从键盘输入3个数据12、A、34，分别存放在a、b、c中。

【解】 程序如下：

```
#include <stdio.h>
int main(void)
{   int a=0,c=0;
    char b='\0';
    printf("Enter a,b,c:");          //调用scanf之前,给用户提示信息
    scanf("%d%c%d",&a,&b,&c);        //12A34<回车>或 12A␣34<回车>
    printf("%d,%c,%d\n",a,b,c);
    return 0;
}
```

运行结果：

```
Enter a,b,c:12A34
12,A,34
```

程序说明：

（1）输入提示信息必须在调用 scanf 之前给出，否则达不到效果。

（2）输入可按"12A34＜回车＞"或"12A␣␣34＜回车＞"形式，但不能用"12␣A34＜回车＞"形式，因为系统把空格当作一个字符赋给变量 b，而且将字符 A 赋给变量 c，但 c 是整型变量不能接收字符 A，因此 b 和 c 都将得不到正确的值，而分别得到"␣"和"1550"。

C 语言除了提供前面介绍的输入输出函数外，还提供了其他输入输出函数。下面再介绍两个输入输出函数。

【例 2.11】 编写一个使用字符输入函数 getch 和 getche 的程序。

【解】 程序如下：

```
#include <stdio.h>
#include <conio.h>          //使用 getch 或 getche 时加此命令行
int main(void)
{   char ch='\0';
    ch=getche();            //输入的字符显示在屏幕
    putchar(ch);
    ch=getch();             //输入的字符不显示在屏幕
    putchar(ch);
    putchar('\n');
    return 0;
}
```

运行结果：

```
aab
```

程序说明：

（1）运行结果中第一个 a 是用 getche 函数输入的字符，第二个 a 和 b 是输出的字符，用 getch 函数输入的字符 b 不显示在屏幕上。getche 和 getch 是单个字符的输入函数，在程序中使用这些函数时，在程序的开头要加上"＃include ＜conio.h＞"。

（2）getchar、getche 和 getch 函数的比较：

* 调用这 3 个函数时，都要求用户从键盘输入一个字符；
* 调用 getchar 函数时，用户输入的字符显示在屏幕，而且等用户输入回车符后才运行。这样用户可以先判断输入内容是否正确，当输入正确时用回车符命令继续执行，即其执行完全由用户控制；
* 调用 getche 函数时，用户输入的字符也显示在屏幕上，但不等待用户输入回车符就运行；
* 调用 getch 函数时，用户输入的字符不显示在屏幕上，而且不等待用户输入回车

符就运行。

由于 getche 和 getch 函数不等待用户输入回车符,在某些场合很有用。

【例 2.12】 编写一个 getch 函数的应用程序。

【解】 程序如下:

```
#include <stdio.h>
#include <conio.h>
int main(void)
{   printf("Let's study the C language.\n");
    printf("Press any key...\n");
    getch();
    printf("Study hard.\n");
    return 0;
}
```

运行结果:

```
Let's study the C language.
Press any key...
Study hard.
```

程序说明:

运行程序时,先显示"Let's study the C language."和"Press any key..."后,系统等待用户输入一个字符。按任意键继续显示"Study hard."。如果要显示的内容多,利用这种方法可以分屏显示,便于观察运行结果。

2.6 上 机 训 练

【训练 2.1】 下面的程序可以把摄氏温度 c 转化为华氏温度 f,转化公式为 $f=\dfrac{9}{5}c+32$,程序中有多处错误,请改正错误后运行正确的程序。

```
#include <stdio.h>
int main(void)
{   double c=0,F=0;
    printf("Input c:")
    scanf("%lf",c);
    f=(9/5)·c+32;
    print("c=%lf,f=%lf\n",c,f);
    return 0;
}
```

1. 目标

(1) 知道在 C 语言中区分大小写。

（2）学习如何正确调用 C 语言的输入输出函数。

（3）掌握如何正确书写表达式。

（4）掌握"/"运算符的运算规则。

2. 步骤

在 Visual C++ 6.0 集成环境中编辑、编译、连接、运行，直至没有错误为止。

3. 提示

（1）使用输入输出函数时，各参数的书写形式要正确。

（2）两个整数相除，其运算结果也是整型。

4. 扩展

把程序功能改为：输入华氏温度 f，计算摄氏温度 c。

【训练 2.2】 下面程序是把 500 分钟用小时和分钟显示，程序中有多处错误，请改正错误后运行正确的程序。

```
#include <stdio.h>
int main(void)
{   int m=0;
    h=500/60;
    m=500%60;
    Printf("500  minutes: %d hours and %d minutes, "h,m);
    return 0;
}
```

1. 目标

（1）知道变量必须先定义后使用。

（2）掌握把分钟用小时和分钟显示的算法。

（3）掌握 printf 函数的正确使用方法。

2. 步骤

在 Visual C++ 集成环境中编辑、编译、连接、运行，直至没有错误为止。

3. 提示

使用输出函数时，格式说明部分和输出项之间要用","分隔。

4. 扩展

不用固定数据，而改为输入的任意整数，实现相同功能。

思考题 2

1. 程序中的所有语句都被执行一次吗？是不是都只能被执行一次？

2. C 语言中的语句是如何构成的？

3. 在 C 语言中使用什么函数时，程序的开头需要包含 stdio.h 文件？使用 printf 函数时，格式说明符如何选用？

4. 输入时用一个 scanf 函数能否接收多个数据？用一个 getchar 函数能否接收多个数据？

基础部分

1. 编写程序输出 $\sin 30° + \sqrt{12.56}$ 的值（要求：不使用变量）。

2. 编写程序输出 12.5×3.4 的值（要求：不使用变量）。

3. 编写程序，从键盘输入两个数字字符并分别存放在字符型变量 a 和 b 中，要求通过程序将与这两个字符对应的数字相加后输出，例如，输入字符型数字 7 和 5，输出的则是整型数 12（提示：通过"数字字符 $-$ '0'"得到对应数字）。

4. 编写程序，从键盘输入两个字符分别存放在变量 x 和 y 中，要求通过程序交换它们中的值。

提高部分

5. 下面程序段的输出结果是_____。

```
float a=123.456;
printf("|%7.2f|,%-7.0f",a,a);
```

6. 已有定义"int a＝0; double b＝0; char c＝'\0';"和语句"scanf("％d％lf％c",＆a, ＆b,＆c);"，若通过键盘给变量 a、b、c 分别赋值 12、3.4 和字符 A，其正确的输入形式为_____。

*7. 编写程序，要求程序运行时的执行过程为：输出以下图形：

```
    @
@@$@@
    @
```

然后暂停运行；按任意键继续运行，再输出以下图形：

```
    ☺
☺☺♥☺☺
    ☺
```

然后暂停运行；按任意键继续运行，输出"interesting"。

*8. 编写程序，要求程序运行时的执行过程为：输出 10 与 20 之和，然后暂停运行；按任意键继续运行，再输出 10 与 20 之商，然后暂停运行；按任意键继续运行，输出"The end"。

第 3 章 分支结构程序设计

本章将介绍的内容

基础部分：

- 关系运算符、逻辑运算符及其表达式。
- 实现分支结构的 if 语句和 switch 语句。
- 分支结构的流程图；按 F10 键单步执行程序的方法。
- 贯穿实例的部分程序（在主菜单中输入选项，并根据选项显示相应信息）。

提高部分：

- 进一步学习 if 语句和 switch 语句。
- 条件运算符及其表达式。

各例题的知识要点

例 3.1 关系表达式。

例 3.2 逻辑表达式。

例 3.3 特殊的逻辑表达式。

例 3.4 不带 else 的 if 语句。

例 3.5 用不带 else 的 if 语句求分段函数值。

例 3.6 求 3 个数中最大值；单步执行程序。

例 3.7 3 个数的冒泡排序法。

例 3.8 带 else 的 if 语句。

例 3.9 嵌套 if 语句的概念。

例 3.10 用嵌套 if 语句计算分段函数值。

例 3.11 switch 语句的概念。

例 3.12 switch 语句的应用；将成绩分为 5 个等级。

贯穿实例——成绩管理程序(2)。

（以下为提高部分例题）

例 3.13 if 子句和 else 子句中均包含另一个 if 语句的嵌套 if 语句。

例 3.14　else 与 if 的配对。

例 3.15　在 switch 语句中 break 语句的作用和 default 的位置。

例 3.16　嵌套的 switch 语句。

例 3.17　条件运算符的使用。

3.1　关系运算符和关系表达式

在分支结构程序设计中,经常根据条件成立与否来确定要执行哪条语句,这些条件一般用关系表达式和逻辑表达式来表示。下面详细介绍构成这两种表达式的运算及相应的表达式。

3.1.1　关系运算符

C 语言中提供的关系运算符共有 6 种,如表 3.1 所示。

表 3.1　关系运算符

运　算　符	含　　义	优　先　级	举　　例	例题含义
>	大于	6	x>0	x 的值是否大于 0
>=	大于等于	6	x>=0	x 的值是否大于或等于 0
<	小于	6	x<0	x 的值是否小于 0
<=	小于等于	6	x<=0	x 的值是否小于或等于 0
==	等于	7	x==0	x 的值是否等于 0
!=	不等于	7	x!=0	x 的值是否不等于 0

关系运算符>、>=、<、<=的优先级高于==、!=,结合方向是自左至右。关系运算符隐含“是否”的含义,例如,“x>0”隐含 x 的值是否大于 0。

3.1.2　关系表达式

用关系运算符把两个 C 语言表达式连接起来的表达式称为关系表达式。x>0 和 x==0 都是关系表达式。关系表达式的判断结果只有两种可能:“真”或“假”。当关系成立时结果为“真”,否则结果为“假”。

【例 3.1】　假设表 3.2 中 a、b、x 为整型变量,y 为单精度型变量,请观察输出结果。

【解】　请参见表 3.2 的输出结果。

表 3.2　关系表达式举例

x 的值	举　例	关系表达式的判断结果	关系表达式的值	输　出
x＝1	printf("%d",x>0);	x>0 为"真"	x>0 的值为 1	1
x＝1	a＝x＝＝0; printf("%d",a);	x＝＝0 为"假"	x＝＝0 的值为 0	0
x＝3	a＝x>0; b＝x<5; printf("%d",a＝＝b);	x>0 为"真" x<5 为"真" a＝＝b 为"真"	x>0 的值为 1 x<5 的值为 1 a＝＝b 的值为 1	1
x＝1	printf("%d", 0<＝x<＝2);	0<＝x<＝2 为"真"	0<＝x<＝2 的值为 1	1
x＝－3	printf("%d", 0<＝x<＝2);	0<＝x<＝2 为"真"	0<＝x<＝2 的值为 1	1
x＝3	a＝(x<＝5)＋2; printf("%d",a);	x<＝5 为"真"	x<＝5 的值为 1	3
y＝45.3219	printf("%d", y＝＝45.3219);	y＝＝45.3219 为"假"	y＝＝45.3219 值为 0	0

说明:

(1) 当关系表达式的判断结果为"真"时,关系表达式的值为 1,当判断结果为"假"时,关系表达式的值为 0,即关系表达式的值只能是整数 0 或 1。关系表达式能参加数值计算,例如,表达式(5>3)＋7 的值为 8(即 1＋7)。

(2) 关系运算符的结合方向为自左至右。计算表达式 0<＝x<＝2 的值时,先计算表达式 0<＝x 的值,不管 x 取什么值,表达式 0<＝x 的值只能是 0 或 1,表达式 0<＝x<＝2 相当于 0<＝2 或 1<＝2,且这两个表达式的值都是 1,因此表达式 0<＝x<＝2 的值永远是 1,这说明表达式 0<＝x<＝2 不能代表 x 的取值范围 $0 \leqslant x \leqslant 2$,那么,应如何表示这范围呢? 读者在 3.2 节的学习中将得到答案。

(3) 存放在内存中的实型数总是有误差。当把 45.3219 存放在单精度型变量 y 中时,y 的实际值就会变为 45.3219 * (* 代表若干个不确定的数字),关系表达式 y＝＝45.3219 总为假,也就是其值永远为 0,与预期结果不相符,所以应当避免使用判断"实型数＝＝实型数"这样的关系表达式,可以采用 y－45.3219<10^{-6} 等形式代替 y＝＝45.3219。

3.2　逻辑运算符和逻辑表达式

3.2.1　逻辑运算符

C 语言中提供的逻辑运算符共有 3 种,如表 3.3 所示。

表 3.3　逻辑运算符

运算符	含　义	优先级	结合方向	举　例
&&	逻辑与	11	自左至右	x>=0 && x<=2
||	逻辑或	12	自左至右	x<-3 || x>3
!	逻辑非	2	自右至左	!(x>3)

注意：逻辑运算符的逻辑量（即运算量）可以是任意一个合法的表达式（可以是常量或变量）。运算符 && 和||的结合方向是自左至右，而!的结合方向是自右至左。要输入运算符||,只要输入两次反斜杠(\)的上档键即可。

3.2.2　逻辑表达式

逻辑表达式由逻辑运算符连接 C 语言表达式而构成的表达式,如 x>=0 && x<=2、x<−5 || x>5 等都是逻辑表达式,逻辑表达式的结果只有"真""假"两种情况。

【**例 3.2**】　编写一个含有逻辑表达式的程序。

【**解**】　程序如下：

```
#include <stdio.h>
int main(void)
{   int x=1;
    printf("%d",x>=0 && x<=2);      //x 满足 0≤x≤2,输出 1
    x=5;
    printf("%d",x>=0 && x<=2);      //x 不满足 0≤x≤2,输出 0
    printf("%d",x<-3 || x>3);       //x 不满足 x<-3 但满足 x>3,输出 1
    x=0;
    printf("%d",x<-3 || x>3);       //x 不满足 x<-3 也不满足 x>3,输出 0
    printf("%d",!x);                //x 的值为 0,输出 1
    x=5;
    printf("%d",!x);                //x 的值为非 0,输出 0
    printf("%d",3 && 'A');          //两个运算量为非 0 数,输出 1
    printf("%d",(x=2) || 0);        //第 1 个运算量为非 0 数,输出 1
    printf("x=%d\n",x);
    return 0;
}
```

运行结果：

```
1 0 1 0 1 0 1 1 x=2
```

程序说明：

(1) 在 C 语言中,任何一个非零值都表示"真",零表示"假"。例如,'A'、5>=0 和 x=2 都表示"真",因为 3 项的值分别为 65、1、2(均非零)。

（2）由程序的运行结果可以看出，逻辑表达式的值也只能是 1 或 0。当逻辑运算的结果为"真"时值为 1，为"假"时值为 0。

逻辑运算的规则如表 3.4 所示，表中 a 和 b 代表运算量，它们可以是任意表达式。

表 3.4　逻辑运算的规则

运算符	表达式	举　例	逻辑运算的规则	表达式的值
&&	a && b	(5>1) && 3	两个运算量都为真，结果为真	1
	a && b	(5>1) && (3==2)	至少有一个运算量为假，结果为假	0
‖	a ‖ b	(2==3) ‖ (5>3)	至少有一个运算量为真，结果为真	1
	a ‖ b	0 ‖ (3>5)	两个运算量都为假，结果为假	0
！	!a	!(x==0)	运算量为假，结果为真	1
	!a	!5	运算量为真，结果为假	0

【例 3.3】　编写一个含有特殊逻辑表达式的程序。

【解】　程序如下：

```c
#include <stdio.h>
int main(void)
{   int a=1,b=0;
    printf("%d",0&&(a=2));      //0 为"假"，不执行 a=2
    printf("a=%d",a);           //a 的值仍为 1
    printf("%d",5&&(a=2));      //5 为非 0 数，是"真"，要执行 a=2
    printf("a=%d",a);           //a 的值为 2
    b=1;
    printf("%d",5||(b=2));      //5 为非 0 数，是"真"，不执行 b=2
    printf("b=%d",b);           //b 的值仍为 1
    printf("%d",0||(b=2));      //0 为"假"，要执行 b=2
    printf("b=%d\n",b);         //b 的值为 2
    return 0;
}
```

运行结果：

```
0  a=1  1  a=2  1  b=1  1  b=2
```

程序说明：

程序中可以看到，表达式 a=2 和 b=2 有时不被处理。在逻辑表达式的求解过程中，并不是所有的表达式都被运算。例如，进行"逻辑与"运算时，如果第一个表达式为"假"，系统就不再对第二个表达式做运算，因为此时已经可以确定逻辑表达式的值为 0；进行"逻辑或"运算时，如果第一个运算量为"真"，系统也不再对第二个运算量做运算，因为此时已经可以确定逻辑表达式的值为 1。

算术运算符、赋值运算符、关系运算符、逻辑运算符参加运算的先后顺序是：逻辑非运算符→算术运算符→关系运算符→逻辑与运算符→逻辑或运算符→赋值运算符。

3.3 if 语 句

前面两章所介绍的程序都属于顺序结构,顺序结构程序中的所有语句都将被执行一次。但是在实际应用中,常常需要根据不同情况选择执行不同的语句,这时需要设计分支结构程序来实现,例如,学生成绩不低于 60 分就算通过,否则按不通过处理。在 C 语言中,通常用 if 语句、switch 语句或条件表达式解决分支结构问题。本节将分别介绍 if 语句和 switch 语句,在 3.6.2 节中介绍条件表达式。分支结构逻辑性较强,使用时有一定的难度,希望读者认真学习本章介绍的所有内容,并自己动手编写程序,加强上机实践。

3.3.1 if 语句的一般形式

if 语句有两种形式。

1. 不带 else 的 if 语句

【例 3.4】 任意输入两个整数存放在变量 a、b 中,输出时保证 a 中的值不比 b 中的值大。编写程序实现其功能。

【解】 编程点拨:

为了输出时保证 a 中的值不比 b 中的值大,当 a＞b 时,需要交换 a 和 b。程序如下:

```
#include <stdio.h>
int main(void)
{   int a=0,b=0,t=0;
    printf("Input a,b:");       scanf("%d%d",&a,&b);
    if(a>b)                     //如果 a 的值比 b 的值大,交换 a 和 b 的值
    {   t=a;
        a=b;
        b=t;
    }
    printf("a=%d,b=%d\n",a,b);
    return 0;
}
```

第一次运行结果:

```
Input a,b:2 5
a=2,b=5
```
(a 和 b 的值不变)

第二次运行结果:

```
Input a,b:5 2
a=2,b=5
```
(a 和 b 的值被交换)

程序说明：

（1）从以上两次的运行情况可以看出，3条语句"t＝a；a＝b；b＝t；"是if的子句，当表达式a＞b为"真"时，要执行"t＝a；a＝b；b＝t；"；为"假"时，不执行。

（2）由于3条语句"t＝a；a＝b；b＝t；"是if语句的一部分，因此要求像本程序中那样，书写时缩进几个格，以此体现它们之间的隶属关系，提高程序的可读性，这一点对初学者十分重要。

（3）由于本题有两种可能，所以在得到第一次运行结果后还不能断定程序是否正确，必须通过第二批数据的测试。也就是说，如果程序中有多个分支的情况，必须对每一分支进行数据测试，才能确保程序无误。

不带else的if语句形式如下：

if(表达式)
{　子句　}

说明：

（1）if是关键字，if后面的表达式可以是任意合法表达式。例如，x＞5、x＝＝5、x＝5、x＋5、x、5等。不管是何种表达式，都要先计算该表达式的值，再根据其结果的非零或零来判断表达式是"真"还是"假"。

（2）x＝＝0和x＝0是两个不同的表达式，当x的值为0时，前一个表达式的值为1（表示"真"），后一个表达式的值为0（表示"假"），因此编写程序时一定要分清是用"＝＝"还是用"＝"。

（3）在if语句格式中将if子句用花括号括起来了，这是因为if子句语法上要求一条语句，而用花括号括起来的多条语句（称为复合语句），在语法上当作一条语句。当if子句只包含一条语句时，一对花括号可以省略。

（4）第一种if语句的执行过程是：先计算表达式的值，若表达式的计算结果为非零数，则执行if子句，否则跳过if子句（如图3.1所示）。

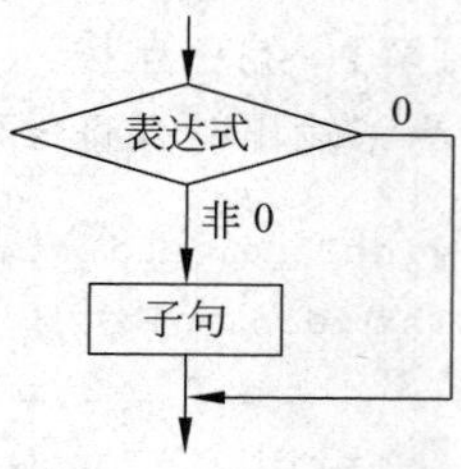

图3.1　不带else的if语句执行过程

【例3.5】　编写输出如下分段函数值的程序，要求整数x的值从键盘输入。

$$y = \begin{cases} x-2, & x<0 \\ 1, & x=0 \\ 2x, & 0<x\leqslant3 \\ \dfrac{x}{3}, & x>3 \end{cases}$$

【解】　编程点拨：

本例题需要根据x的4个不同取值范围找出相应的C语言表达式，然后使用4条if语句实现相应的功能。程序如下：

```
#include <stdio.h>
int main(void)
```

```
{   int x=0;
    double y=0.0;

    printf("Input x:");
    scanf("%d",&x);
    if(x<0)                       //如果 x<0,执行 y=x-2；否则跳过此语句
        y=x-2;
    if(x==0)                      //如果 x=0,执行 y=1.0；否则跳过此语句
        y=1.0;
    if(x>0 && x<=3)               //如果 0<x≤3,执行 y=2.0*x；否则跳过此语句
        y=2.0*x;
    if(x>3)                       //如果 x>3,执行 y=x/3.0；否则跳过此语句
        y=x/3.0;
    printf("x=%d,y=%lf\n",x,y);
    return 0;
}
```

第一次运行结果：

```
Input x:-5
x=-5,y=-7.000000
```

第二次运行结果：

```
Input x:0
x=0,y=1.000000
```

第三次运行结果：

```
Input x:2
x=2,y=4.000000
```

第四次运行结果：

```
Input x:8
x=8,y=2.666667
```

程序说明：

（1）运行程序时,通过输入 4 类数据分别对每一种情况进行了验证。

（2）上面的程序可改写为如下形式,但此时没把计算所得的函数值存起来：

```
#include <stdio.h>
int main(void)
{   int x=0;

    printf("Input x:");   scanf("%d",&x);
    if(x<0)   printf("x=%d,y=%lf\n",x,x-2);
    if(x==0)   printf("x=%d,y=%lf\n",x,1.0);
    if(x>0 && x<=3)   printf("x=%d,y=%lf\n",x,2.0*x);
    if(x>3)   printf("x=%d,y=%lf\n",x,x/3.0);
```

```
    return 0;
}
```

【例 3.6】 输入 3 个整数,输出其中最大数。

【解】 编程点拨:

先举一个例题。擂台赛:谁赢谁上奖台;只有 1 个人时,他自然就站在奖台上;来了第二个人,他需要跟奖台上的人进行比赛,谁赢谁上奖台;又来了第三个人,他又需要跟奖台上的人进行比赛,谁赢谁上奖台;以此类推,最终站在奖台上的一定是冠军。

本题的算法与上面思路类似,其算法用图 3.2 表示,其中 max 相当于奖台,a、b、c 相当于 3 个人,最后 max 中存放 3 个数中的最大值。程序如下:

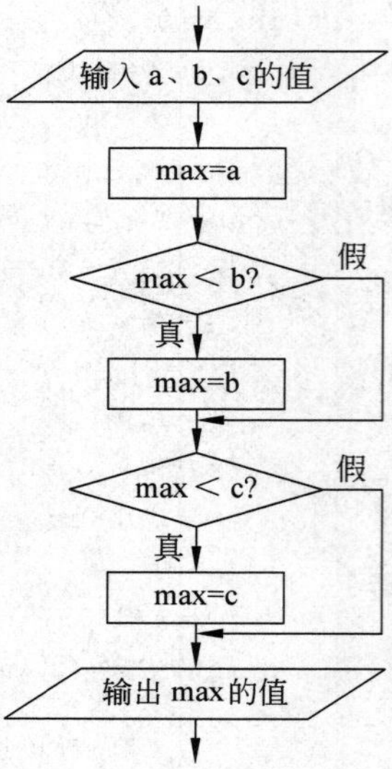

```
#include <stdio.h>
int main(void)
{   int a=0,b=0,c=0,max=0;
    printf("Input a,b,c:");    scanf("%d%d%d",&a,&b,&c);
    max=a;                      //max 内存放 a 的值
    if(max<b) max=b;            //max 内存放 a、b 中较大的值
    if(max<c) max=c;            //max 内存放 a、b、c 中最大的值
    printf("a=%d,b=%d,c=%d,max=%d\n",a,b,c,max);
    return 0;
}
```

图 3.2　例 3.6 的流程图

第一次运行结果:

```
Input a,b,c:3 5 7
a=3,b=5,c=7,max=7
```

第二次运行结果:

```
Input a,b,c:9 5 7
a=9,b=5,c=7,max=9
```

第三次运行结果:

```
Input a,b,c:3 8 7
a=3,b=8,c=7,max=8
```

程序说明:

max 是为存放最大值开辟的变量,变量名可以按照其命名规则随意起名,在本例中为了达到见名知意的效果,选择 max 为其变量名。

【讨论题 3.1】 在 4 个数中如何找最大数?在 100 个或更多的数中用同样的方法找最大数方便吗?

下面以例 3.6 为例介绍用单步执行的方法测试、调试程序的方法。

首先进行编译和连接，并修改语法错误。当程序中没有语法错误，但运行结果仍不正确时，可以用下面介绍的单步执行方法进行调试。

使用 F10 键可以按程序的执行顺序逐行执行（注意，不一定是一条语句），每按一次 F10 键，系统执行一行程序。单步执行界面如图 3.3 所示（假设输入的 3 个整数为 3、8、7）。在执行过程中各变量的变化情况显示在下部窗口中，在其右侧小窗口的"名称"栏中输入某表达式，立即在"值"栏中显示相应的值。通过运行界面可随时观察运行结果。

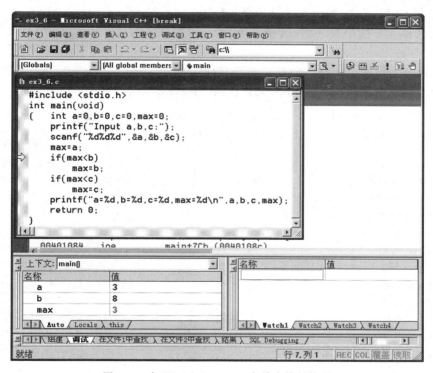

图 3.3　在 Visual C++ 6.0 中单步执行情况

为了有效地观察 if 语句的执行过程，可以将两个 if 语句改写成以下形式：

```
if(max<b)
    max=b;
if(max<c)
    max=c;
```

在单步执行的过程中，黄色箭头会在"max＝b;"处停留，说明 max＜b 的判断结果为"真"，max 的值变为 8（即 3 和 8 中较大者），再按 F10 键时，由于 max＜c 的判断结果为"假"，黄色箭头跳过"max＝c;"，max 的值还是 8（3、8、7 中的最大者）。

单步执行也可用 F11 键，但 F10 键和 F11 键的功能有一定的区别（参见第 7 章）。

若要停止调式，选择"调试"|Stop-Debugging 菜单项。

【例 3.7】　输入 3 个不同的整数，分别存放在 a、b、c 中，再把这 3 个数按从小到大的顺序重新放入 a、b、c，然后输出。

【解】　编程点拨：

3 个数从小到大顺序排列的算法类似于 3 个小孩由矮到高排队。本题可以按以下步骤进行：

（1）比较前两个数。如果后面的数比前面的小，两个数交换，否则不交换，如图 3.4(a)所示。

(a) 比较前两个数

（2）第二个数(前两个数中大者)与最后一个比大小。如果最后一个比第二个小，则这两个数交换，否则不交换，这时最后面的数是 3 个数中最大值(冒第一个泡 7，如图 3.4(b)所示)。

(b) 比较第二个数和最后一个数

（3）前两个数进行比较。如果后面的数比前面的小，则这两个数交换，否则不交换。这时中间的数次大(冒第二个泡 6，如图 3.4(c)所示)，自然第一个数最小。

(c) 比较前两个数

图 3.4　3 个数排序过程

这种算法被称为冒泡法。其程序如下：

```c
#include <stdio.h>
int main(void)
{   int a=0,b=0,c=0,temp=0;
    printf("Input a,b,c:");    scanf("%d%d%d",&a,&b,&c);
    printf("Before: a=%d,b=%d,c=%d\n",a,b,c);
    if(a>b)                    //执行 if 语句后,b 内存放 a 和 b 中较大数
    { temp=a; a=b; b=temp; }
    if(b>c)                    //执行 if 语句后,c 内存放 3 数中最大数
    { temp=b; b=c; c=temp; }
    if(a>b)                    //执行 if 语句后,b 内存放 3 数中次大数
    { temp=a; a=b; b=temp; }
    printf("After: a=%d,b=%d,c=%d\n",a,b,c);
    return 0;
}
```

运行结果：

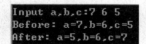

```
Input a,b,c:7 6 5
Before: a=7,b=6,c=5
After: a=5,b=6,c=7
```

程序说明：

（1）if 子句语法上要求一条语句，如果语句多于一条，就用花括号把它们括起来。用花括号括起来的多条语句称为复合语句，复合语句在语法上当作一条语句。

（2）if 语句"if(a＞b) {temp＝a; a＝b; b＝temp;}"是一条语句。如果将此语句写成"if(a＞b) {temp＝a; a＝b; b＝temp;};"即在花括号后面加一个分号，则变成两条语句：一条 if 语句和一条空语句，仅由分号构成的语句称为空语句。如果将上面 if 语句写成"if(a＞b); {temp＝a; a＝b; b＝temp;}"也变成两条语句：一条 if 语句(if 子句为空语句)和一个复合语句。其作用是：如果 a＞b，则先执行空语句，再执行复合语句；否则，直接执

行复合语句。由于空语句不产生任何效果,不管 a 的值是否比 b 的值大,都要执行复合语句,两种效果相同。这导致与原 if 语句作用不同。

(3) 本程序只给出一种情况的运行结果,请读者自行测试其他各种情况,并建议用单步执行的方法观察程序中 a、b、c 的变化情况。

【讨论题 3.2】 在本题中将 3 个数改成 4 个数,程序应如何修改? 若改成 20(或更多)个数,此方法方便吗?

2. 带 else 的 if 语句

【例 3.8】 输入一个整数,如果是偶数,则输出 Even number;如果是奇数,则输出 Odd number。

【解】 程序如下:

```
#include <stdio.h>
int main(void)
{   int a=0;
    printf("Input a:");    scanf("%d",&a);
    if(a%2==0)                        //如果 a 的值是偶数
        printf("Even number\n");      //输出 Even number
    else                              //否则
        printf("Odd number\n");       //输出 Odd number
    return 0;
}
```

第一次运行结果:

```
Input a:16
Even number
```

第二次运行结果:

```
Input a:5
Odd number
```

程序说明:

如果 a 的值是偶数,则表达式 a%2==0 的值为 1,是非 0 值,因此执行语句"printf("Even number\n");",如果 a 的值是奇数,则表达式 a%2==0 的值为 0,因此执行语句"printf("Odd number\n");"。

if-else 的语句形式如下:

```
if(表达式)
{   if 子句   }
else
{   else 子句   }
```

说明:

(1) if 和 else 都是关键字,else 必须与 if 配对使用。if 子句和 else 子句都用花括号括起来当作一条语句,当 if 子句或 else 子句只包含一条语句时,可将对应的花括号省略。

(2) if-else 语句的执行过程是:先计算表达式的值,若表达式的结果为非零值,则执行 if 子句,否则执行 else 子句(如图 3.5 所示)。

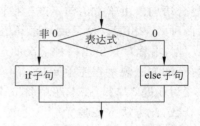

图 3.5 带 else 的 if 语句执行过程

(3) 使用 if 语句时,不要随意加分号,否则会产生语法错误或导致语句作用不同。例如,若将本例中的 if 语句写成

```
if(a%2==0);               //多加了分号,所以 if 语句到此结束
    printf("Even number\n");  //此语句变成了 if 语句的下一条语句
else                      //没有配对的 if
    printf("Odd number\n");
```

则导致语法错误;如果改写成

```
if(a%2==0)
    printf("Even number\n");
else;                     //多加了分号,所以 if 语句到此结束
printf("Odd number\n");   //此语句变成了 if 语句的下一条语句
```

则虽然没有语法错误,但语句作用不同。

3.3.2 if 语句的嵌套

在 if 子句或 else 子句中还可以包含另一个 if 语句,这样的 if 语句称为嵌套的 if 语句。

【例 3.9】 编写含有嵌套 if 语句的程序。

【解】 程序如下:

```
#include <stdio.h>
int main(void)
{    int a=3,b=3;

    if(a>5)
    if(a<10) a++;              内嵌 if 语句        外层 if 语句
    else a--;
    if(b>5)
    { if(b<10) b++; }          内嵌 if 语句        外层 if 语句
    else b--;
    printf("a=%d,b=%d\n",a,b);
    return 0;
}
```

运行结果：

`a=3,b=2`

程序说明：

（1）本程序由于书写不规范，给阅读和分析程序带来了困难。C语法规定，在分支结构中，else总是与前面最近的不带else的if相结合。根据这个原则，程序中的第一个else应该与if(a<10)配对，作为一个完整的if-else语句内嵌在外层if(a>5)中。第二个else应该与if(b>5)配对，原因是语句"if(b<10) b++;"在用一对花括号括起来之后，已作为if(b>5)的子句内嵌在其中。

（2）为了增强程序的可读性，应将本程序中内嵌if语句往右缩进几个格。

上面的例题都是在if子句中内嵌if语句，当内嵌层数较多时，else与if的配对关系往往不好确定，如果在else子句中内嵌if语句，配对关系比较明确。下面举例说明，请读者比较。

【例3.10】 编写求下面分段函数值的程序，其中x的值从键盘输入。

$$y = \begin{cases} 0, & x < 0 \\ x^3 + 5, & 0 \leqslant x < 10 \\ 2x^2 - x - 6, & 10 \leqslant x < 20 \\ x^2 + 1, & 20 \leqslant x < 30 \\ x + 3 & x \geqslant 30 \end{cases}$$

【解】 当x小于0时，通过关系式"y=0"计算函数值，否则（即x≥0），还要判断x是否小于10，若满足，说明x在[0,10)之内，因此用关系式y= x^3+5 计算函数值，若不满足（即x≥10），则再判断x是否小于20，以此类推，在每次的判断中只要满足条件，就选对应的关系式计算，不满足时继续判断。所以本程序属于else子句包含另一个if语句的情况，应采用嵌套的if语句，其程序如下：

```
#include <stdio.h>
int main(void)
{   double x=0,y=0;
    printf("Input data:");     scanf("%lf",&x);
    if(x<0)   y=0;
    else
        if(x<10) y=x * x * x+5;
        else
            if(x<20) y=2 * x * x-x-6;
            else
                if(x<30) y=x * x+1;
                else y=x+3;
    printf("x=%lf,y=%lf\n",x,y);
    return 0;
}
```

调试本程序时,应至少验证具有代表性的 5 个数据,例如,当输入 0、5、15、25、35 时,相应的函数值应分别为 5.000000、130.000000、429.000000、626.000000、38.000000。

程序说明:

(1) 程序中 if 语句只在 else 子句中不断包含另外 if 语句,其好处是 if 与 else 的配对关系一目了然,不容易出错。因此,建议读者尽量使用 else 子句中包含 if 语句的形式。本例中的 if 语句常用下面的简单形式表示:

```
if(x<0)   y=0;
else if(x<10) y=x*x*x+5;
else if(x<20) y=2*x*x-x-6;
else if(x<30) y=x*x+1;
else y=x+3;
```

(2) 程序中第一个 else 隐含了 x≥0,所以在其后 if 的判断表达式中不必写成"x>=0 && x<10",后面 if 的情况也相同。

3.6.1 节中将更详细地介绍嵌套 if 语句。

3.4 switch 语句

前面介绍的 if 语句只有两个分支,如果要用 if 语句解决多分支问题,只能使用嵌套 if 语句,如果分支很多,则嵌套层次多,编程时容易出错,阅读程序也会混淆。用 switch 语句可以方便地解决多分支问题。

【例 3.11】 switch 语句的示例。从键盘输入一个整数放在 a 中,当输入的值为 1 时屏幕上显示 A,输入 2 时显示 B,输入 3 时显示 C,当输入其他整数时显示 D。

【解】 程序如下:

```
#include <stdio.h>
int main(void)
{   int a=0;
    scanf("%d",&a);
    switch(a)                          //根据 a 的值选择分支
    {   case  1:  printf("A\n");  break;    //a 的值为 1 时
        case  2:  printf("B\n");  break;    //a 的值为 2 时
        case  3:  printf("C\n");  break;    //a 的值为 3 时
        default:  printf("D\n");  break;    //a 的值为 1、2、3 以外的数时
    }
    return 0;
}
```

分别输入 1、2、3、4 时,程序运行结果分别是:

程序说明：

（1）switch、case 和 default 都是关键字，不能作为标识符。

（2）当 a 的值为 1 或 2 或 3 时，执行相应 case 后面的语句，遇到 break 语句，立即结束 switch 语句的执行。如果 a 的值为 1、2、3 以外的整数，则执行 default 后面的语句。

switch 语句的一般形式为：

```
switch (表达式)
{   case   常量表达式 1：  语句组 1   break;
    case   常量表达式 2：  语句组 2   break;
         ⋮
    case   常量表达式 n：  语句组 n   break;
    default:    语句组 n+1 break;
}
```

说明：

（1）switch 后面的表达式和常量表达式 k(＝1,2,…,n)可以是整型或字符型。

（2）case 后面不能出现变量或含变量的表达式，只能出现常量表达式，而且每个常量表达式的值不能相等。

（3）switch 语句的执行过程是先用表达式的值逐个与常量表达式的值比较，在找到值相等的常量表达式时，执行其后的语句组，否则执行 default 后面的语句组。在执行 case 或 default 后面的语句组时，遇到 break 语句，则退出 switch 语句体，否则继续执行其下面的语句。例如，执行下面程序段时分别输入 1、2、3、4,则程序运行结果分别是：

```
1        2        3        4
A        B        C        D
B        C
C
```

```
scanf("%d",&a);
switch(a)
{   case  1:  printf("A\n");
    case  2:  printf("B\n");
    case  3:  printf("C\n");  break;
    default:  printf("D\n");
}
```

（4）在 switch 语句体中可以没有 default 分支，这时如果找不到对应的 case 分支，那么流程将不进入 switch 语句。例 3.11 的流程图参见图 3.6。

switch 语句常用于处理键盘命令，例如，3.5 节中贯穿实例的菜单选择程序。

在解决实际问题时，经常希望将某一限定范围作为 case 后的常量表达式，这时应先将该范围转换成整数或字符，然后再通过 switch 语句进行处理，请看例 3.12。

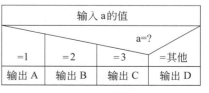

输入 a 的值			
		a=?	
=1	=2	=3	=其他
输出 A	输出 B	输出 C	输出 D

图 3.6 switch 语句的执行过程

【例3.12】 输入一个百分制成绩,输出成绩等级A、B、C、D、E。输入的数据在90~100分为A,80~89分为B,70~79分为C,60~69分为D,0~59分为E,否则显示出错信息。

【解】 编程点拨:

本程序属于多分支问题,因此用switch语句解决,但因为要将每个分数段作为一个分支处理,所以必须把分数段转换成某一分支。可以用表达式"成绩/10"进行转换,例如,对于80~89之间的成绩,通过"成绩/10"的计算值都是8,即将一个分数段转化为一个整数。用10除是因为分数段的间隔是10。程序如下:

```
#include <stdio.h>
int main(void)
{   int score=0,temp=0;
    printf("Input score:");
    scanf("%d",&score);
    if(score<0 || score>100)
        printf("Error! \n");
    else
    {   temp=score/10;                //将范围转换成整数
        switch(temp)
        {   case  10 :                //可以没有语句组
            case   9 : printf("A\n");  break;
            case   8 : printf("B\n");  break;
            case   7 : printf("C\n");  break;
            case   6 : printf("D\n");  break;
            default  : printf("E\n");  break;
        }
    }
    return 0;
}
```

第一次运行结果:

```
Input score:89
B
```

第二次运行结果:

```
Input score:105
Error!
```

其他情况请读者自行尝试。

程序说明:

(1) 本程序在else子句中包含了switch语句,这在C语言中是允许的。

(2) case后面可以没有语句组。如在本程序中,case 10和case 9的情况,都需要执行相同的语句组,这时case 10后面的语句组可以省略。

（3）希望读者利用本例题中的程序，体会程序的书写格式。

switch 语句的进一步讨论参见 3.6.1 节。

【讨论题 3.3】 如果将例 3.12 的功能改为：输入的数据在 85～100 分为 A，70～84 分为 B，55～69 分为 C，40～54 分为 D，0～39 分为 E，否则显示出错信息，那么应怎样改写程序？

3.5 贯穿实例——成绩管理程序（2）

成绩管理程序之二：完善 2.4 节的贯穿实例，即编写程序，在主菜单中输入选项，并根据输入的选项显示信息，若输入 1，则显示"选择了 1"；若输入 0～7 之外的选项，则显示"非法选项"。

【解】 编程点拨：

本程序中要求根据不同的输入选项显示不同的信息，这是一个多分支结构的问题，可以用嵌套的 if-else 语句实现，也可以用 switch 语句实现。本程序使用 switch 语句层次更清晰、更容易阅读，因此本程序用 switch 语句实现。程序流程图如图 3.7 所示。

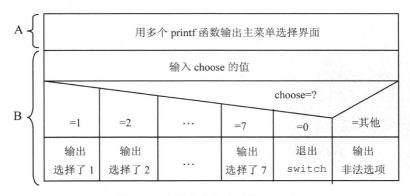

图 3.7 选择主菜单选项的 N-S 图

程序如下：

```
#include <stdio.h>
int main(void)
{   char choose='\0';
    printf("     |~~~~~~~~~~~~~~~~~~~~~~~~~~~~~|\n");
    printf("     |     请请输入选项编号(0-7)     |\n");
    printf("     |~~~~~~~~~~~~~~~~~~~~~~~~~~~~~|\n");
    printf("     |          1：输入           |\n");
    printf("     |          2：显示           |\n");
    printf("     |          3：查找           |\n");
    printf("     |          4：最值           |\n");
    printf("     |          5：插入           |\n");
```

```
    printf("          |        6：删除              |\n");
    printf("          |        7：排序              |\n");
    printf("          |        0：退出              |\n");
    printf("          ~~~~~~~~~~~~~~~~~~~~~~~~~~~~~\n");
    printf("              ");
    choose=getchar();
    switch(choose)
    {   case '1': printf("           选择了1\n");  break;
        case '2': printf("           选择了2\n");  break;
        case '3': printf("           选择了3\n");  break;
        case '4': printf("           选择了4\n");  break;
        case '5': printf("           选择了5\n");  break;
        case '6': printf("           选择了6\n");  break;
        case '7': printf("           选择了7\n");  break;
        case '0': break;
        default :printf("              %c 为非法选项！\n",choose);
    }
    return 0;
}
```

运行结果：

3.6 提 高 部 分

3.6.1 if 语句和 switch 语句的进一步讨论

在 3.3 节和 3.4 节中，已经介绍了 if、switch 语句的一般形式及使用方法，由于这两个语句的形式灵活，在使用时容易误操作，下面再举一些例题。

【例 3.13】 分析下面程序的执行过程。

```
#include <stdio.h>
int main(void)
{   int a=0,b=0,x=0;
```

```
    scanf("%d%d",&a,&b);
    if(a>b)                //外层 if 子句是另一个 if 语句
        if(b>0)
            x=a+1;         ——内嵌 if 子句
        else
            x=a-1;         ——内嵌 else 子句
    else                   //外层 else 子句也是另一个 if 语句
        if(a>0)
            x=b+1;         ——内嵌 if 子句
        else
            x=b-1;         ——内嵌 else 子句
    printf("a=%d,b=%d,x=%d\n",a,b,x);
    return 0;
}
```

外层 if 子句

外层 else 子句

【解】 第一次运行结果：

```
7 5
a=7,b=5,x=8
```

第二次运行结果：

```
7 -5
a=7,b=-5,x=6
```

第三次运行结果：

```
1 8
a=1,b=8,x=9
```

第四次运行结果：

```
-1 8
a=-1,b=8,x=7
```

本程序是属于 if 语句的嵌套,外层 if 语句中的 if 子句和 else 子句都是另一个 if 语句。
嵌套 if 语句的一般形式如下：

```
if(表达式 1)
{   …
    if(表达式 2)  {  内嵌 if 子句  }
    else  {  内嵌 else 子句  }              外层 if 子句
    …
}
else
{   …
    if(表达式 3)  {  内嵌 if 子句  }
    else  {  内嵌 else 子句  }              外层 else 子句
    …
}
```

执行过程：若表达式1的值为非0时，则执行外层if子句；否则，执行外层else子句。当执行外层if子句时，如果表达式2的值为非0，则执行外层if子句的内嵌if子句；否则，执行内嵌else子句；当执行外层else子句时，如果表达式3的值为非0，则执行外层else子句的内嵌if子句；否则执行内嵌else子句（如图3.8所示）。

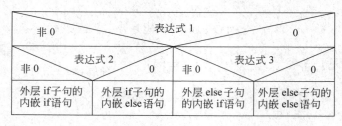

图3.8　嵌套if语句一般形式的N-S图

说明：

（1）嵌套的if语句在语法上是一条语句。

（2）if子句或else子句中，可以包括多条内嵌if语句。

（3）常见的嵌套if语句，一般只在if子句中或只在else子句中包含其他if语句。

（4）外层if语句可以是不带else的if语句，if子句或else子句包含的内嵌if语句也可以是不带else的if语句。使用嵌套if语句时，一定要注意if与else的配对关系，else总是与离它最近的上一个尚未匹配的if配对。

【例3.14】 在下面4个程序段中，找出能实现求以下分段函数值的程序段。

$$y = \begin{cases} 1, & x > 0 \\ 0, & x = 0 \\ -1, & x < 0 \end{cases}$$

程序段A：

```
if(x>0) y=1;
else                        //隐含 x≤0
    if(x==0) y=0;
    else y=-1;              //隐含 x≤0且 x≠0 即 x<0
```

程序段B：

```
if(x>=0)
    if(x>0) y=1;           //隐含 x≥0且 x>0 即 x>0
    else   y=0;           //隐含 x≥0且 x≤0 即 x=0
else   y=-1;              //隐含 x<0
```

程序段C：

```
y=0;
if(x>0)   y=1;
else                        //隐含 x≤0
    if(x<0)   y=-1;
```

程序段 D：

```
y=0;
if(x>=0)
    if(x>0)              //隐含 x≥0 且 x>0 即 x>0
        y=1;
    else                 //隐含 x≥0 且 x≤0 即 x=0
        y=-1;
```

【解】

（1）程序段 A 是在 else 子句中嵌套了 if-else 语句；程序段 B 是在 if 子句中嵌套了 if-else 语句；程序段 C 是在 else 子句中嵌套了 if 语句（无 else 子句）。程序段 A、B、C 都能实现以上功能，读者可以用各种数据进行测试，我们在这里就不一一测试了。图 3.9、图 3.10 和图 3.11 分别是程序段 A、B、C 的 N-S 图。

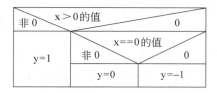
图 3.9　else 子句中嵌套 if-else 语句

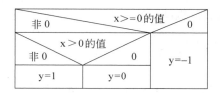
图 3.10　if 子句中嵌套 if-else 语句

（2）程序段 D 是在 if 子句中嵌套了 if-else 语句，此程序段不能实现以上功能，因为 else 与它上一行的 if 配对。在 C 语言中书写格式（如缩进格式）不能影响 else 与 if 的配对关系。程序段 D 的 N-S 图如图 3.12 所示。

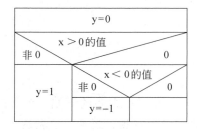
图 3.11　else 子句中嵌套不含 else 的 if 语句

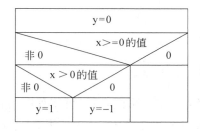
图 3.12　在 if 子句中嵌套了 if-else 语句

如果把此程序段改为如下形式就可实现以上功能。

```
y=0;
if(x>=0)
{   if(x>0)   y=1;   }        //复合语句,是完整的一条语句
else
    y=-1;
```

该程序段的 N-S 图如图 3.13 所示。

说明：

（1）对于同一个问题，可以用不同形式嵌套的 if 语句来解决：既可以在 if 子句中嵌套；也可以在 else 子句中嵌套；可以既有 if 语句，又有 else 语句的嵌套；也可以只有 if 语句，无 else 语句的嵌套，但不论使用哪一种方法一定要弄清变量前后的逻辑关系。在 if 子句中嵌套时应注意：else 总是与离它最近的上一个尚未匹配的 if 配对，与书写形式无关，这是初学者比较容易出错的地方。

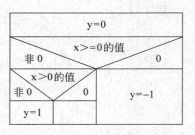

图 3.13 if 子句中嵌套不含 else 子句的 if 语句

（2）建议读者使用嵌套的 if 语句时，尽量在 else 子句中嵌套 if 语句，因为内嵌在 else 子句中的 if 语句无论是否有 else 子句，在语法上都不会引起误会，这样不仅减少出错，也比较容易阅读，用不断在 else 子句中嵌套 if 语句的方式形成多层嵌套，形式如下：

```
if (表达式 1)   语句 1
else
    if (表达式 2)   语句 2
    else
        if (表达式 3)   语句 3
        else
            ⋮
                else   语句 n
```

此语句常用以下形式表示：

```
if(表达式 1)   语句 1
else  if(表达式 2)   语句 2
else  if(表达式 3)   语句 3
        ⋮
else   语句 n
```

用以上语句形式表示，可使程序读起来既层次分明又不占太多的篇幅。此形式的嵌套 if 语句执行过程是：从上向下逐一对 if 后的表达式进行检测。当某一个表达式的值为非 0 时，就执行与此有关子句中的语句，阶梯形中的其余部分就被跳过去。如果所有表达式的值都为 0，则执行最后的 else 子句。如果没有最后的那个 else 子句，将不进行任何操作。

【例 3.15】 编写一个控制提前退出 switch 语句体的程序。

【解】 程序如下：

```
#include <stdio.h>
int main(void)
{   int a=0,n1=0,n2=0,n3=0;
    scanf("%d",&a);
    switch(a)
```

```
{   case 1:  n1++;  break;
    default: n3++;
    case 3:
    case 2:  n2++;  break;
}
printf("a=%d,n1=%d,n2=%d,n3=%d\n",a,n1,n2,n3);
return 0;
}
```

第一次运行结果：

```
1
a=1,n1=1,n2=0,n3=0
```

第二次运行结果：

```
2
a=2,n1=0,n2=1,n3=0
```

第三次运行结果：

```
3
a=3,n1=0,n2=1,n3=0
```

第四次运行结果：

```
8
a=8,n1=0,n2=1,n3=1
```

程序说明：

（1）以上程序在 switch 语句体内使用了 break 语句，它的作用是退出本 switch 语句体。当程序执行入口标号右边语句时，只要遇到 break 语句，就立即退出本 switch 语句体；如果没有遇到 break 语句，则程序继续往下执行，直至遇到下一条 break 语句或 switch 语句体被执行完毕。在 switch 语句体内使用 break 语句才可以真正起到分支作用。

（2）case 标号和 default 标号在 switch 语句体内的位置任意，但 case 后面的各常量表达式的值必须互不相同。

（3）入口标号右边可以没有语句，也可以有多条语句，当有多条语句时，不必用花括号括起来，这样可以根据具体的分支情况灵活运用 switch 语句。

【例 3.16】 编写一个含有嵌套 switch 语句的程序。

【解】 程序如下：

```
#include <stdio.h>
int main(void)
{   int x=1,y=10,z=20,n=0;
    switch(x)
```

```
{   case  1:
        switch(y)
        {   case 10:  n++;  break;      //执行 n++;后退出内层 switch 语句体
            case 11:  n++;  break;
        }
    case  2:
        switch(z)
        {   case 20:  n++;  break;      //执行 n++;后退出内层 switch 语句体
            case 21:  n++;  break;
        }
        break;                          //因有此语句,退出外层 switch 语句体
    case  3: n++;  break;
}
printf("n=%d\n",n);
return 0;
}
```

运行结果：

```
n=2
```

程序说明：

在 switch 语句体中包含其他 switch 语句的 switch 语句称为嵌套的 switch 语句。在嵌套的 switch 语句中使用 break 语句时,一定要弄清退出哪个 switch 语句体。请注意,break 语句只能退出本层的 switch 语句体。

3.6.2　条件运算符和表达式

1. 条件运算符

条件运算符由"?"和"："组成,它需要 3 个运算量。条件运算符的优先级数值是 13,结合方向是自右至左。

2. 条件表达式

x>0?1：-1 是一个条件表达式,其表达式的值由 x>0 的"真"与"假"决定。当 x>0 的值为非 0 时,条件表达式的值为 1,否则为-1。条件表达式的一般形式是：

表达式 1 ? 表达式 2：表达式 3

若表达式 1 的值为非 0,则以表达式 2 的值作为条件表达式的值;否则,以表达式 3 的值作为条件表达式的值。由于赋值运算符的优先级比条件运算符低,语句"y＝x>0? 1：-1;"相当于"y＝(x>0?1：-1);",因此等价：

```
if(x>0)   y=1;
else   y=-1;
```

【例 3.17】　将语句"y＝x>0? x:x＝＝0? 0：-x;"改写成 if 语句。

【解】 由于条件运算符的结合方向是自右至左,该语句相当于"y＝x＞0? x:(x＝＝0? 0:－x);",因此等价于:

```
if(x>0)   y=x;
else if(x==0) y=0;
else y=-x;
```

从上面的 if 语句可看出,此语句的作用是求 x 的绝对值,因此与"y＝fabs(x);"等价(其中 fabs 是求绝对值的库函数)。

3.7 上 机 训 练

【训练 3.1】 编写程序,输入一个字符,如果是大写字母,则转换成对应的小写字母。

1. 目标

(1) 熟练使用不带 else 的 if 语句编写程序。

(2) 熟悉关系运算符和逻辑运算符。

(3) 掌握判断一个字符是否为大写字母的方法。

(4) 掌握将大写字母转换成对应小写字母的方法。

2. 步骤

(1) 定义一个字符型变量 ch。

(2) 从键盘输入一个字符放在 ch 中。

(3) 判断所输入的字符是否为大写字母,若是,则将其转换为对应的小写字母。

(4) 输出原来的字符和对应的小写字母。

3. 提示

(1) 判断 ch 中的字符是不是大写字母可用表达式 ch＞＝'A' ＆＆ ch＜＝'Z'。

(2) 将大写字母转换成对应的小写字母可用表达式 ch＋32。

4. 扩展

将程序的功能改为:输入一个字符,如果是数字字符,则转换成对应的数字。请编程实现。

【训练 3.2】 求一元二次方程 $ax^2＋bx＋c＝0$ 的实根(要求 a、b、c 的值从键盘输入,$a\neq0$)。

1. 目标

(1) 学习使用带 else 的 if 语句。

(2) 掌握求一元二次方程实根的算法。

2. 步骤

(1) 定义整型变量 a、b、c 和实型变量 delta、x1、x2。

(2) 从键盘输入 a、b、c 的值。

(3) 计算 delta 的值。

(4) 如果 delta 的值小于 0,则输出没有实根的信息;否则,计算 x1 和 x2 的值后输出。

3. 提示

(1) 根据公式 $\Delta = b^2 - 4ac$,计算 delta 的值。

(2) 根据公式 $x_{1,2} = \dfrac{-b \pm \sqrt{b^2 - 4ac}}{2a}$,计算 x1 和 x2 的值。

(3) 使用 sqrt 函数计算平方根时,在程序的开头加命令行"♯include <math.h>"。

4. 扩展

完善程序的功能:如果 a 的值为 0,则显示不是合法的一元二次方程的信息;否则,计算两个实根。

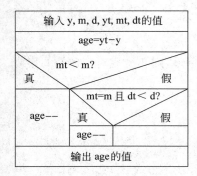

图 3.14　训练 3.3 的 N-S 图

【**训练 3.3**】　根据输入的生日(年 y、月 m、日 d)和今天的日期(年 yt、月 mt、日 dt)计算并输出实足年龄。请参考如图 3.14 所示的流程图编写相应的程序。

1. 目标

(1) 学习如何分析流程图。

(2) 掌握计算实足年龄的方法。

(3) 巩固使用 if-else 语句编写 C 程序。

2. 步骤

按照如图 3.14 所示的步骤进行。

3. 提示

(1) 流程图是按照语句顺序自上而下画出的。没有判断式的矩形框中为顺序执行的语句结构,有判断式的矩形框为分支语句结构。

(2) 分析本题流程图第 3、4 个矩形框结构可以得到以下结论:在以下两种情况下,都需要将计算出的年龄 age(age=yt-y)减 1,才为实足年龄。一是本年还未到出生月,即当前月份(mt)小于生日月份(m);或者本年已进入生日月份,即当前月份(mt)等于生日月份(m),但还未到出生日,即当前日(dt)小于出生日(d)。根据以上分析编写的部分语句如下:

```
age=yt-y;
if(mt<m) age--;
else if((mt==m) && (dt<d)) age--;
```

4. 扩展

根据输入的 3 个边长 a、b、c,判断它们能否构成三角形;若能构成三角形,继续判断该三角形是等边三角形、等腰三角形还是一般三角形。请参考如图 3.15 所示的 N-S 图编写相应的程序。

【**训练 3.4**】　编写进行加、减、乘、除运算的程序。用户输入运算数和运算符,系统计算相应的值,最后输出结果。

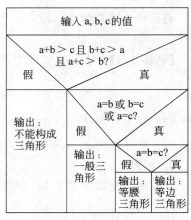

图 3.15　训练 3.3 扩展功能 N-S 图

1. 目标

（1）巩固数据的输入方法。

（2）熟练用 switch 语句处理多分支的问题。

2. 步骤

（1）定义实型变量 a、b 和 c,定义字符型变量 s。

（2）输入算式,例如 3＋5。

（3）根据运算符号,用 switch 语句计算相应算式的值。

（4）输出计算结果。

3. 提示

（1）从键盘输入的语句可用"scanf("％lf％c％lf",＆a,＆s,＆b);"

（2）switch 语句的判断表达式用 s,即用如下形式:

```
switch(s)
{   case '+': …
    case '-': …
    …
}
```

4. 扩展

将程序修改为健壮性较好,例如,处理输入的运算符为非法情况、除数为 0 等情况。

思考题 3

1. 逻辑运算符两侧的运算量应该是什么类型的数据?

2. 关系表达式和逻辑表达式的值只能取什么值?

3. 正确表示 $a \geqslant 10$ 或 $a \leqslant 0$ 的逻辑表达式怎么表示?

4. 正确表示 $0 \leqslant a \leqslant 10$ 的逻辑表达式怎么表示?

5. 正确判断变量 c 中的字符是英文字母的表达式怎么表示?

6. 判断某年份为闰年的方法是:若该年份能被 400 整除,或能被 4 整除而不能被 100 整除,则此年为闰年,否则为平年。判断年份 y 为闰年,所使用的判断表达式是什么?

习 题 3

基础部分

1. 下面程序段的输出结果是_____。

```
int a,b,c=123;
```

```
a=c%100/9;
b=(-1) && 1;
printf("%d,%d",a,b);
```

2. 下面程序段的输出结果是_____。

```
char ch='b';  int x,y;
x=ch=='B'+'a'-'A'
y='0'|| '1'-'1';
printf("%d,%d",x,y);
```

3. 下面程序段的输出结果是_____。

```
int x=0,y=0;
if(x=y)  printf("AAA");
else    printf("BBB");
```

4. 下面程序段的输出结果是_____。

```
int x=0,y=0;
switch(x==y)
{  case 0:  printf("AAA");
   case 1:  printf("BBB");
   case 2:  printf("CCC");  break;
   default: printf("DDD");
}
```

5. 根据如图 3.16 所示的 N-S 图编写相应的程序。

6. 某百货公司采用购物打折扣的方法来促销商品,图 3.17 是该公司根据输入的购物金额,计算并输出顾客实际付款金额的 N-S 图。请参考 N-S 图编写相应的程序。顾客一次性购物的折扣率是:

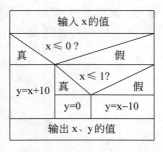

图 3.16　第 5 题的 N-S 图

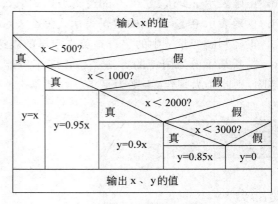

图 3.17　第 6 题的 N-S 图

(1) 少于 500 元不打折。

(2) 500 元以上且少于 1000 元者,按九五折优惠。

（3）1000 元以上且少于 2000 元者，按九折优惠。

（4）2000 元以上且少于 3000 元者，按八五折优惠。

（5）3000 元以上者，按八折优惠。

提高部分

7. 若程序运行时从键盘输入一个非零值，则下面程序段的输出结果是_____。

```
int k;
scanf("%d",&k);
k ? printf("Ok")  :  printf("No");
```

8. 下面程序段的输出结果是_____。

```
int a=1,b=2;
printf("%d",(a==b) ? a : b);
```

9. 下面程序段的输出结果是_____。

```
int n=0;
switch(1)
{  case 1:
       switch(2)
       {  case  2:  n++;  break;
          case  3:  n++;
       }
    case  2:  n++;  break;
}
printf("n=%d\n",n);
```

10. 下面程序段的输出结果是_____。

```
int a=1,b=0;
switch(a)
{  case 1:
       switch(b==0)
       {  case 0: printf("**0**\n");break;
          case 1: printf("**1**\n");break;
       }
    case 2:
       printf("**2**\n");break;
}
```

第 4 章 循环结构程序设计

本章将介绍的内容

基础部分:

- 构成循环结构的 for 语句、while 语句、do-while 语句。
- break 语句和 continue 语句。
- 循环结构的流程图;用设断点的方式调试程序的方法。
- 贯穿实例的部分程序(重复显示主菜单)。

提高部分:

- 进一步学习 for 语句。
- goto 语句。
- for、while、do-while 以及 goto 构成的循环比较。

各例题的知识要点

例 4.1   for 语句概念;求累加和。

例 4.2   for 循环应用:求平均成绩。

例 4.3   for 循环应用:在指定范围内找出个位数为 2 的数。

例 4.4   for 循环应用:求 n!。

例 4.5   for 循环应用:顺序和逆序输出 26 个英文字母;设断点调试程序的方法。

例 4.6   for 循环应用:找最大值。

例 4.7   for 循环应用:处理正负相间的问题。

例 4.8   for 循环应用:输出斐波拉契(Fibonacci)级数。

例 4.9   while 语句概念;求若干非 0 数之和。

例 4.10   用 while 循环改写求累加和的程序。

例 4.11   while 循环应用:求 π 的近似值。

例 4.12   do-while 语句概念;改写求若干非 0 数之和的程序。

例 4.13   do-while 循环应用:解密码。

例 4.14   break 语句在循环中的作用。

例 4.15   判断素数的算法。

例 4.16   continue 语句的应用。

要编写输出一行星号"＊"(假设含 10 个)的程序,读者都会想到在程序中使用语句"printf("**********\n");",若要输出两行,则在该语句下面再用一次 printf 即可,这是非常容易实现的事情。新的问题是如果显示 100 行或更多行的星号,用此方法方便吗？答案是否定的。由于语句"printf("**********\n");"需要被重复执行多次,用循环结构很容易解决。本章将介绍循环结构设计方法。在 C 语言中,能构成循环结构的语句有 for 语句、while 语句、do-while 语句、goto 语句,本章在基础部分中介绍前 3 种,在提高部分中介绍 goto 语句。

4.1　for 语句

【例 4.1】　for 语句的引例。求 $1＋2＋3＋\cdots＋100$ 的值,并将其结果放在变量 sum 中。

【解】　根据前面所学的知识可知,用如下程序能实现其功能。

```c
#include <stdio.h>
int main(void)
{   int sum=0;
    sum=sum+1;              //sum 的值变为 1
    sum=sum+2;              //sum 的值变为 1+2 的和 3
    sum=sum+3;              //sum 的值变为 1+2+3 的和 6
    …                       //省略了 96 条语句,要运行程序,必须填补
    sum=sum+100;            //sum 的值变为 1+2+3+…+99+100 的和 5050
    printf("1+2+3+…+100=%d\n",sum);
    return 0;
}
```

上述 100 条赋值语句的规律为：sum＝sum＋i;(其中 i 从 1 变化到 100)。在本程序中语句"sum＝sum＋i;"被重复执行 100 次。这时可用 for 语句简化程序。程序改写如下：

```
#include <stdio.h>
int main(void)
{   int i=0,sum=0;
    for(i=1; i<=100; i=i+1)
        sum=sum+i;      //for 语句的循环体          ] for 语句
    printf("1+2+3+…+100=%d\n",sum);
    return 0;
}
```

运行结果：

```
1+2+3+ … +100=5050
```

程序说明：

(1) 本程序中 for 语句的执行过程是：

① 给 i 赋值 1。

② 判断 i≤100 是否"真"。如果为"真"，转到③，否则，转到⑤。

③ 执行"sum＝sum＋i;"。

④ i 的值增 1,转到②。

⑤ 结束循环。

(2) 因为循环的执行过程完全由 i 来控制,所以将 i 称为循环控制变量。for 语句中的 i＝i＋1 可以写为 i＋＋或＋＋i。"＋＋"称为自加运算符。C 语言还提供自减运算符"－－",如 i＝i－1 可以写为 i－－或－－i。

(3) 由于变量 sum 在参加运算前要有确定的值,使用前必须先赋值,为了使运算结果不受影响,应赋初值 0。

for 语句的一般形式如下：

for(表达式 1; 表达式 2; 表达式 3)   循环体

for 语句的执行过程如图 4.1 所示。

说明：

(1) for 是关键字。执行 for 语句时,先处理表达式 1,而且只操作一次,但对表达式 2 和表达式 3 需要重复处理。

(2) 表达式 1、表达式 2、表达式 3 之间必须用";"分隔。在语法上这 3 个表达式可以是任何 C 语言表达式,但最常用的情况是：表达式 1 是赋值表达式(给循环控制变量赋初值),表达式 2 是关系或逻辑表达式(判断能否继续执行循环体),表达式 3 是自加、自减或赋值表达式(改变循环控制变量的值)。有时表达式 3 的错误使用,会使程序进入无限循环,即循环体不停地被执行(称死循环)。例如,在例 4.1 中,如果将表达式 3(i＋＋)误写成 i＋1,则循环变量 i 的值永远是固定值,因此表达式 2(i＜＝100)的值总是非零数 1,循

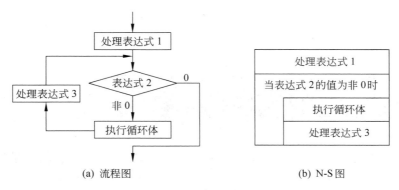

|处理表达式 1|
|当表达式 2 的值为非 0 时|
|执行循环体|
|处理表达式 3|

(a) 流程图　　　　　　　　　　(b) N-S 图

图 4.1　for 语句的执行过程

环将变为死循环。为安全起见,运行程序之前,建议读者先存盘。

(3) 当循环控制变量只起到控制循环次数的作用时,循环体中可以不出现循环控制变量。例如,将显示 100 行星号的 for 语句可以写成:

```
for(i=1; i<=100; i=i+1)
printf("**********\n");
```

【讨论题 4.1】　若要计算 $2+4+6+\cdots+100$ 的值,如何书写 for 语句?

【讨论题 4.2】　如何通过 for 循环计算 $1+\dfrac{1}{2}+\dfrac{1}{3}+\cdots+\dfrac{1}{100}$ 的值?

【例 4.2】　从键盘输入 10 个学生的成绩,编程实现输出各成绩和平均成绩。

【解】　编程点拨:

在例 2.2 中介绍了输入 3 个数求平均值的程序。该例中由于输入数据少,直接定义 3 个变量来分别存放数。当要处理的数据较多时不宜采取这种方法,应使用循环结构。用 for 循环解决问题时必须确定两件事情:哪些语句被重复执行(确定循环体);执行多少次循环体(确定循环变量的变化规律)。在本例中每输入一个学生的成绩就应输出,并累加到总和中,因此语句"scanf("%d",&score);""printf("%d",score);""sum=sum+score;"需要重复执行,而且要输入 10 个成绩,必须重复 10 次循环。程序如下:

```
#include <stdio.h>
int main(void)
{   int i=0,score=0,sum=0;   double ave=0.0;      //i是循环控制变量
    printf("Input score:");
    for(i=1; i<=10; i++)             //圆括号外面不要随意加分号
    {   scanf("%d",&score);
        printf("%d",score);          //不能放在循环之后,否则不能输出前 9 个成绩
        sum=sum+score;
    }
    printf("\n");
    ave=(double)sum/10;    //等价于 ave=(double)sum/(i-1);循环结束后 i 的值为 11
    printf("ave=%lf\n",ave);
```

```
    return 0;
}
```

运行结果：

```
Input score:95 100 65 45 60 89 78 80 83 70
95 100 65 45 60 89 78 80 83 70
ave=76.500000
```

程序说明：

（1）程序中的循环体包括 3 条语句。在语法上循环体是一条语句，如果循环体包括的语句多于一条，则用复合语句（即用花括号括起循环体中的语句）。

（2）只把需重复执行的语句放在循环体中。如果把语句"ave=（double）sum/10；"放在循环体内，那么该语句的前 9 次运行毫无用处，同时会降低程序的执行效率。

（3）循环结束后，循环控制变量的值仍保留，因此可以继续使用其中的值。

（4）在 for 后圆括号外面不要随意加分号，否则，空语句将变成循环体，原来的循环体变成 for 语句的下一条语句，与原意不符。

【例 4.3】　在 3～100 之间所有 3 的倍数中，找出个位数为 2 的数。

【解】　编程点拨：

在 3～100 之间 3 的倍数有 3、6、9、……、99，为了找出个位数为 2 的数，应对每一个 3 的倍数 i 求其个位数，方法是 i%10，并判断此值是不是等于 2，如果为 2，则输出；否则不输出。

算法如图 4.2 所示，程序如下：

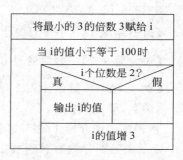

图 4.2　例 4.3 的 N-S 图

```c
#include <stdio.h>
int main(void)
{   int i=0;

    for(i=3; i<=100; i=i+3)          //i 从 3 开始，每循环一次增加 3
        if(i%10==2)                  //i%10 的值就是 i 的个位数
            printf("%4d",i);         //按 4 个字符位、右对齐形式输出
    printf("\n");
    return 0;
}
```

运行结果：

```
  12  42  72
```

程序说明：

（1）本程序中使用了顺序结构、分支结构、循环结构。for 语句和"printf（"\n"）;"构成顺序结构，而在循环体中包含了分支结构。在结构化程序设计中，只允许使用 3 种基本结构，若要表示复杂问题，则必须灵活使用这 3 种基本结构。

（2）在格式说明符%4d 中 4 的含义是按 4 个字符位输出整数。如果要输出的数不到

4 位,则数前补空格(本题补两个空格);若多于 4 位,则按原数输出。为了让输出结果合理并整齐划一,需要设计者先估计所有输出项的实际位数,为了使输出数据之间有间隔,可以将输出项的位数适当增加。读者可以参考例 4.8 的输出控制情况,在本例中学习使用输出字符位和控制换行技巧。

(3) 在程序的最后使用"printf("\n");"对本程序来说没有必要,但它能保证下一次运行程序时,操作从第一列开始进行。

【讨论题 4.3】 若将例 4.3 的功能改为:找出十位或个位是 2 的所有 3 位数,应如何改写程序?

【例 4.4】 输出 1!,2!,3!,…,n!的值,其中 n!=1×2×3×…×n,n 的值从键盘输入。

【解】 编程点拨:

本题的算法和求 1+2+…+100 的算法类似,但在本程序中 fac 的初值为 1,不是 0。
程序如下:

```c
#include <stdio.h>
int main(void)
{   int i=0,n=0;
    double fac=1.0;              //fac若为整型,则求 13!时就开始出现数据溢出现象
    printf("Input n:");
    scanf("%d",&n);
    for(i=1; i<=n; i++)
    {   fac=fac*i;                       //fac 的初值不能为 0
        printf("%d!=%.0lf\n",i,fac);     //%.0lf:不输出小数点后部分
    }
    return 0;
}
```

运行结果:

```
Input n:20
1!=1
2!=2
3!=6
4!=24
5!=120
6!=720
7!=5040
8!=40320
9!=362880
10!=3628800
11!=39916800
12!=479001600
13!=6227020800
14!=87178291200
15!=1307674368000
16!=20922789888000
17!=355687428096000
18!=6402373705728000
19!=121645100408832000
20!=2432902008176640000
```

程序说明：

编写程序时，一定要选好变量的数据类型，做到既不浪费内存空间，也防止数据溢出。如果本题中 fac 用整型，从 13! 开始出现数据溢出现象，用双精度型可以解决这一问题，但双精度型只能保证前 15 位是准确的。

【讨论题 4.4】 如果要计算 $2^1, 2^2, 2^3, \cdots, 2^n$ 的值，应如何修改本程序？

【例 4.5】 在两行上分别按顺序和逆序输出 26 个英文大写字母。

【解】 编程点拨：

在 C 语言中，字符以其 ASCII 代码值按整型规则参与运算。由于在 ASCII 码表中，字母按 A 到 Z 的顺序排列，因此可以使用循环结构通过字母 A 计算所有 26 个字母（即 'A'+i，i=0,1,2,$\cdots$,25）。程序如下：

```
#include <stdio.h>
int main(void)
{   int i=0;
    for(i=0; i<=25; i++)
        printf("%c ",'A'+i);       //i=0 时输出 A, i=25 时输出 Z
    printf("\n");                   //注意,本语句作用和程序中的位置
    for(i=25; i>=0; i--)            //按逆序输出时,i 必须由大到小变化
        printf("%c ",'A'+i);
    printf("\n");
    return 0;
}
```

运行结果：

```
A B C D E F G H I J K L M N O P Q R S T U V W X Y Z
Z Y X W U U T S R Q P O N M L K J I H G F E D C B A
```

程序说明：

（1）在 %c 后面不应加 \n，否则不能把 26 个字母显示在同一行上。如果去掉第一个循环后的"printf("\n");"，则两组字母都在同一行上输出。

（2）在第二个 for 循环中要求循环控制变量由大到小变化，这时表达式 3 应写成 i－－，而不能是 i＋＋。

【讨论题 4.5】 如何编写输出 ASCII 码表的程序？

下面用例 4.5 介绍设断点进行调试程序的方法。

假设运行程序时，出现如下错误的运行结果：

```
A B C D E F G H I J K L M N O P Q R S T U V W X Y Z
() * + , - . / 0 1 2 3 4 5 6 7 8 9 : ; < = > ?@ A
```

由运行结果可以断定程序的错误产生在第一个 for 循环之后，这时可以在第二个 for 循环开始处设置断点，并从此点开始检测余下所有的语句。其方法如下：

先对程序进行编译和连接，然后将光标放置在第二个 for 一行上，再单击工具栏上的

按钮,这时该行左边立即出现红点(再单击一次又消失),如图 4.3 所示,说明断点已设置完毕。

图 4.3　断点设置

选择"组建"|"开始调试"|GO 菜单项,程序从头开始运行,直到遇到断点为止。按 F10 键可单步执行并通过下方出现的两个窗口(参见图 3.3)观察每行代码在执行过程中变量的变化情况。

在调试过程中,如果不需要继续运行程序,则选择"调试"|Stop Debugging 菜单项中止程序的调试过程。

【例 4.6】　编写程序,从键盘输入 10 个数,找出其中最大的数。

【解】　该题的算法参加例 3.6 中介绍的求 3 个数中最大值的算法。在 10 个数中求最大值和在 3 个数中求最大值的算法一样,但数据较多时应使用循环结构。程序如下:

```c
#include <stdio.h>
int main(void)
{   int a=0,max=0,i=0;
    printf("Input data:");
    scanf("%d",&a);
    printf("%d ",a);              //输出第 1 个数
    max=a;                        //首先将第 1 个数放在 max 中
    for(i=1; i<=9; i++)           //若把表达式 2 写成 i<=10 是错误的
    {   scanf("%d",&a);
        printf("%d ",a);          //输出后 9 个数
        if(max<a) max=a;          //依次与后面 9 个数作比较,max 中总是存放值大者
    }
    printf("\n");                 //控制后面的输出从新的一行开始
    printf("max=%d\n",max);
    return 0;
}
```

运行结果：

```
Input data:3 4 5 6 7 8 9 10 1 2
3 4 5 6 7 8 9 10 1 2
max=10
```

程序说明：

（1）由于在进入循环前已输入一个数据，因此在循环体中只需输入 9 个数据，循环体执行 9 次。

（2）如果程序中的 i 只起统计次数的作用，则可将 for(i=1; i<=9; i++)改写成 for(i=11; i<=19; i++)或 for(i=3; i<=11; i++)等形式。

（3）若要找出 100 个数中的最大值，可简单地把 i<=9 中的 9 改写成 99 即可。

【讨论题 4.6】 如果本题改为求最小数，存放最小数的变量为 min，应如何改程序？

【例 4.7】 求 $1-\dfrac{1}{2}+\dfrac{1}{3}-\dfrac{1}{4}+\cdots-\dfrac{1}{100}$ 的值。

【解】 编程点拨：

如果将例 4.1 中的循环体"sum=sum+i;"改成"sum=sum+(double)1/i;"，则程序的功能变为计算 $1+\dfrac{1}{2}+\dfrac{1}{3}+\dfrac{1}{4}+\cdots+\dfrac{1}{100}$ 的值，接近于本例的功能，但在本例中还要考虑正负相间的问题。由于 C 语言中不提供乘方运算符，不能用 $(-1)^n$ 来解决。一般采用的方法是定义一个变量（如 sign），每执行一次循环体，使其在 1 和 -1 之间轮流取值，并用此变量与一般项(double)1/i 相乘即可得出正负相间的数据项。程序如下：

```
#include <stdio.h>
int main(void)
{   int i=0,sign=1;
    double sum=0.0;
    for(i=1; i<=100; i++)
    {   sum=sum+ (double)sign/i;      //如不作强制类型转换,按整数进行除法
        sign=-sign;                   //起到取相反符号的作用
    }
    printf("sum=%lf\n",sum);
    return 0;
}
```

运行结果：

```
sum=0.688172
```

程序说明：

（1）sum 的数据类型必须是实型，否则运行结果不正确。

（2）程序中(double)sign/i 可改写为 sign/(double)i，但至少需对一个运算量进行强制类型转换。如果将 sign 的类型定义为实型，则不必转换。

【讨论题 4.7】 如何计算 $\dfrac{1}{2}-\dfrac{1}{4}+\dfrac{1}{6}-\dfrac{1}{8}+\cdots+\dfrac{1}{98}-\dfrac{1}{100}$ 的值？

【例 4.8】 输出斐波纳契(Fibonacci)级数 1、1、2、3、5、8、13、…… 的前 30 项。此级数的规律是：前两项的值各为 1，从第三项起，每一项都是前两项的和。要求一行输出6 项。

【解】 编程点拨：

根据斐波纳契级数的规律，可以画出如图 4.4 所示的求解过程。

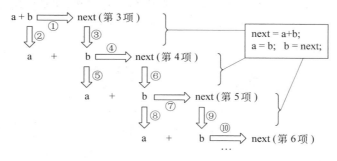

图 4.4　斐波纳契级数求解示意图

程序如下：

```c
#include <stdio.h>
int main(void)
{   int i=0,n=0,a=0,b=0,next=0;
    a=b=1;                          //前两项均为1
    printf("%10d%10d",a,b);  n=2;   //输出前两项,n统计已输出项数
    for(i=3; i<=30; i++)            //从第三项开始处理
    {   next=a+b;                   //计算下一项
        printf("%10d",next); n++;   //每输出一项,n就增1
        if(n%6==0)  printf("\n");   //若在一行内已输出6项,则换行
        a=b;  b=next;
    }
    printf("\n");
    return 0;
}
```

运行结果：

```
        1         1         2         3         5         8
       13        21        34        55        89       144
      233       377       610       987      1597      2584
     4181      6765     10946     17711     28657     46368
    75025    121393    196418    317811    514229    832040
```

程序说明：

(1) 因为进入循环前已输出前两项，在循环体中只输出后 28 项即可。

(2) 程序中的 for(i=3；i<=30；i++)能否改成 for(i=1；i<=28；i++)? 请读

者注意,解决一个问题的算法可以有多种,实现一种算法的程序也可以是不同的。建议读者在学习过程中,勤于思考,善于发现问题,编写出更优化的程序,并上机验证程序的正确性。

【讨论题 4.8】 如何输出级数 1、1、1、3、5、9、17……的前 20 项?

以上介绍的循环结构例题有一个共同点,即在编写程序前很容易确定循环次数,for 语句一般用于循环次数已知的情况。如果循环次数事先不知,通常使用 while 语句或 do-while 语句。

4.2　while 语 句

【例 4.9】　while 语句示例。从键盘输入若干个非 0 数据,求它们的和。用 0 结束循环的执行。

【解】　编程点拨:

本题需要不断地从键盘输入数据,且每输入一个数据,将其加到总和 sum 中,因此要用循环结构,但由于事前不知道要输入多少个数据,使用 for 语句实现不方便。此时用 while 语句实现更方便。程序如下:

```
#include <stdio.h>
int main(void)
{    int a=0,sum=0;
     printf("Input data:");
     scanf("%d",&a);          //先输入一个数,否则循环控制变量 a 的值不确定
     while(a!=0)              //当 a 的值为非 0 时,执行循环体,否则结束循环
     {    printf("%4d",a);
          sum=sum+a;          while 语句
          scanf("%d",&a);
     }
     printf("\nsum=%d\n",sum);
     return 0;
}
```

第一次运行结果:

```
Input data:11 22 33 44 55 66 77 88 99 0 1 2
   11   22   33   44   55   66   77   88   99
sum=495
```

第二次运行结果:

```
Input data:0
sum=0
```

程序说明:

（1）在本程序中 a 是循环控制变量。执行 while 语句之前，必须保证 a 有确定的值。

（2）可以一次性地输入很多数据，但只有 0 前面的数据参加运算，因为执行循环语句时遇到 0，就退出循环。如果输入的数中没有 0，则永远等待输入。

（3）当第一个输入的值为 0 时，流程不进入循环，即一次也不执行循环体。

（4）程序中 while 语句的执行过程是：

① 判断 a 的值是否为 0，当其值为非 0 时，转到②，否则，结束循环。

② 执行循环体中的 3 条语句，转到①。

while 语句的一般形式如下：

while(表达式)　循环体

while 语句的执行过程如图 4.5 所示。

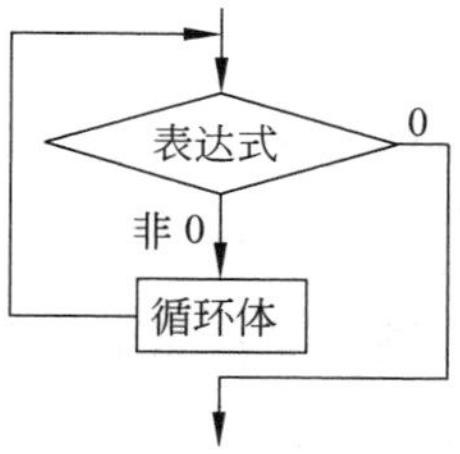

说明：

（1）while 是关键字。while 后面的表达式相当于 for 语句中的表达式 2，它可以是任意 C 语言表达式。

图 4.5　while 语句的执行过程

（2）编程时经常使用 while(x)、while(!x)等形式。while(x)的含义是：当 x 的值为非 0 时执行循环体；为 0 时退出循环，这正好与 while(x!=0)的含义相同，因此 while(x)和 while(x!=0)等价，用同样的方法可以判断 while(!x)和 while(x==0)也等价。

【讨论题 4.9】　while(x%3!=0)和 while(x%3)是否等价？表达式 x%3!=0 和 x%3 的值相等吗？

【例 4.10】　用 while 循环语句编程，求 $1+2+3+\cdots+100$ 的值（算法参见例 4.1）。

【解】　程序如下：

```c
#include <stdio.h>
int main(void)
{   int i=0,sum=0;
    i=1;                    //进入循环之前,必须确定循环控制变量的值
    while(i<=100)
    {   sum=sum+i;
        i++;                //如没有此语句,循环变为死循环
    }
    printf("sum=%d\n",sum);
    return 0;
}
```

运行结果：

```
sum=5050
```

程序说明：

（1）进入循环之前，必须确定循环控制变量的值，而且在循环体中，要有改变循环控

制变量值的操作;否则,循环将变为死循环。

（2）改变循环控制变量值的语句应放在合适的位置,如果把语句"i＋＋;"放在"sum＝sum＋i;"的前面,则程序的功能将变为求 2＋3＋4＋…＋100＋101 的值。

（3）本例和例 4.1 的程序功能完全相同。在 C 语言中不同循环语句之间可以相互转换(参见 4.7.2 节)。

【讨论题 4.10】 用 while 循环如何编写求 $1+(1+2)+(1+2+3)+\cdots+(1+2+3+\cdots+100)$ 的程序?

【例 4.11】 编写程序,用公式 $\dfrac{\pi}{4}=1-\dfrac{1}{3}+\dfrac{1}{5}-\dfrac{1}{7}+\cdots$ 求 π 的近似值,直到最后一项的绝对值小于 10^{-4} 为止(正负相间的处理方法参见例 4.7)。

【解】 编程点拨:

本题需要参照例 4.7 的方法先计算 $\dfrac{\pi}{4}$ 的近似值,然后再求 π 的近似值。由于不容易确定第几项的绝对值小于 10^{-4},本例选择了 while 语句编程。程序如下:

```
#include <stdio.h>
#include <math.h>
int main(void)
{   int sign=1,i=1;
    double next=1.0,pi=0.0,sum=0.0;
    while(fabs(next)>=1e-4)              //某一项绝对值小于10⁻⁴时退出循环
    {   sum=sum+next;
        sign=-sign;
        i=i+2;                          //修改分母
        next=(double)sign/i;            //求出新的一项
    }
    pi=sum*4;
    printf("pi=%lf\n",pi);
    return 0;
}
```

运行结果:

```
pi=3.141393
```

程序说明:

（1）fabs(x)是库函数,其功能是求 x 的绝对值。在调用此函数前(即在主函数前面)需加命令行"♯include <math.h>"。

（2）由于当最后一项的绝对值小于 10^{-4} 时才退出循环,所以 while 后面的表达式应该是 fabs(next)>=1e-4,其中 1e-4 表示 10^{-4}(1 不能省略,参见 1.4.3 节)。

【讨论题 4.11】 若用 for 语句实现相同功能,应如何改写上面的程序?

4.3　do-while 语句

do-while 语句和 while 语句很相似,所不同的是:while 语句是先判断表达式的值,后执行循环体;而 do-while 语句是先执行循环体,再判断表达式。

【例 4.12】 do-while 语句示例。从键盘输入若干个非 0 数据,求它们的和。用 0 结束循环的执行(参见例 4.9)。

【解】 程序如下:

```
#include <stdio.h>
int main(void)
{   int a=0,sum=0;
    printf("Input data:");
    do
    {   scanf("%d",&a);          do-while 语句
        printf("%4d",a);
        sum=sum+a;
    } while(a!=0);          //注意:分号
    printf("\nsum=%d\n",sum);
    return 0;
}
```

第一次运行结果:

```
Input data:11 22 33 44 55 66 77 88 99 0 1 2
   11  22  33  44  55  66  77  88  99   0
sum=495
```

第二次运行结果:

```
Input data:0
    0
sum=0
```

程序说明:

(1) 程序中 do-while 语句的执行过程是:

① 执行循环体中的 3 条语句后转到②。

② 判断 a 的值是否为 0,当 a 的值为非 0 时,转到①,否则,结束循环。

(2) 本例和例 4.9 的程序很相似,运行结果也似乎相同,但两个程序有区别。当 a 得到 0 后,例 4.9 马上退出循环,而本例执行完一次循环体后才退出循环。从这两个例题可知,do-while 语句先执行循环体,后判断表达式,而 while 语句先判断表达式,后执行循环体。

do-while 语句的一般形式如下:

```
do
{   循环体
} while (表达式);
```

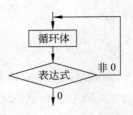

图 4.6　do-while 语句的
执行过程

do-while 语句的执行过程如图 4.6 所示。

说明：

（1）do 是关键字。do-while 语句先执行一次循环体，后判断表达式，因此循环体至少被执行一次；而 while 语句先判断表达式，后执行循环体，所以循环体有可能一次也不被执行。

（2）前面介绍的 3 种循环可以互相转换，但由于各循环语句都有自己的特点，在实际应用中，应根据不同情况，选择具体循环语句。一般已知循环次数的时候，用 for 语句，否则用 while 语句或 do-while 语句实现更合适。

【例 4.13】　编写程序实现把从键盘输入的一串字符（用＃结束输入）按如下规则进行转换：

（1）如果输入的字符为大写字母，则先转换为对应的小写字母。

（2）将 a 转换为 c、b 转换为 d、……、x 转换为 z、y 转换为 a、z 转换为 b。

（3）其他字符不转换。

【解】　编程点拨：

用语句"if(ch>='A' && ch<='Z') ch=ch+32;"可将大写字母转换为对应的小写字母；用语句"if(ch>='a' && ch<='z') ch=ch+2;"可将小写字母转换为其后第二个字母；对于字母 y 和 z 通过"ch=ch+2;"后，其 ASCII 码值已超出小写字母的取值范围，因此必须在此基础上再减去 26 才能得到 a 和 b。程序如下：

```
#include <stdio.h>
int main(void)
{   char ch='\0';
    printf("Input data:");
    do
    {   ch=getchar();
        if(ch>='A' && ch<='Z')      //如果是大写字母
            ch=ch+32;               //转换成小写字母,其他字符不变
        if(ch>='a' && ch<='z')      //如果是小写字母
        {   ch=ch+2;                //转换成其后第 2 个字母
            if(ch>'z') ch=ch-26;    //处理对'y'和'z'加 2 后超范围的情况
        }
        putchar(ch);
    } while(ch!='#');
    printf("\n");
    return 0;
}
```

运行结果：

```
Input data:UfYr'q 2 yLb 3?#
what's 2 and 3?#
```

程序说明：

（1）本例属于解密码的题。将原来的字符串按照一定的规则转换后能够阅读。

（2）程序中♯是循环结束标志，不应该输出，因此上面的程序有小问题。下面的程序是用 while 语句实现题目要求的程序，其输出结果中没有"♯"。

```c
#include <stdio.h>
int main(void)
{   char ch='\0';
    printf("Input data:");
    ch=getchar();
    while(ch!='#')
    {   if(ch>='A' && ch<='Z') ch=ch+32;
        if(ch>='a' && ch<='z')
        {   ch=ch+2;
            if(ch>'z') ch=ch-26;
        }
        putchar(ch);
        ch=getchar();
    }
    printf("\n");
    return 0;
}
```

4.4　break 语句和 continue 语句

结构化程序设计要求程序只有一个入口和一个出口，到目前为止，所介绍的程序（包括顺序结构、分支结构、循环结构）都满足其要求。但有时为了提高程序的执行效率，常常需要提前终止循环。在 C 语言中常用 break 语句和 continue 语句实现这一要求。

4.4.1　循环体中使用 break 语句

【例 4.14】　编写程序，用 break 语句结束循环。

【解】　程序如下：

```c
#include <stdio.h>
int main(void)
{   int i=0,sum=0;
```

```
for(i=1; i<=10; i++)
{   if(i%3==0)  break;
    sum=sum+i;
}
printf("i=%d,sum=%d\n",i,sum);
return 0;
}
```

该程序的流程图如图 4.7 所示,程序运行结果如下:

`i=3,sum=3`

程序说明:

(1) break 是关键字。当第一次和第二次执行循环体时,i%3==0 都是"假",因此不能执行 break 语句,sum 的值变为 1 加 2 的和 3。当第三次执行循环体时,i%3== 0 为"真",执行 break 语句,这时退出整个循环。

(2) 按 for 语句的定义,应执行 10 次循环体,但在 break 语句的作用下,第三次进入循环体后,未执行完循环体语句就提前退出来,也就是循环多了一个出口,当 i>10 或 i%3 的值等于 0 时都能退出循环。退出循环后,如果 i≤10,则说明提前退出循环,i>10 说明正常退出,即根据 i 的值能判断出程序是从哪个出口退出循环的。

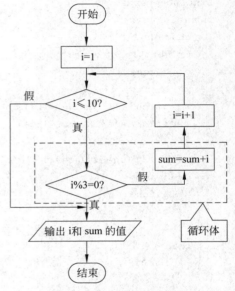

图 4.7 例 4.14 流程图

注意:break 语句只能在 switch 语句体和循环体内使用,其功能是提前退出本层的 switch 语句体或循环体。

下面举一个 break 语句的应用例题。

【**例 4.15**】 编写程序判断从键盘输入的自然数(大于 1)是不是素数。素数(质数)是指除了 1 和它本身外,没有其他因子的大于 1 的整数。

【**解**】 编程点拨:

要判断 a 是不是素数,应该根据素数的定义,用 $2,3,\cdots,a-1$ 分别去除 a,如果其中有能整除 a 的数,则 a 不是素数;如果这些数都不能整除 a,则 a 是素数。因为只要找到一个能整除 a 的数,就能断定 a 不是素数,因此这时应提前退出循环。程序如下:

```
#include <stdio.h>
int main(void)
{   int i=0,a=0;
    printf("Input a(>1):");   scanf("%d",&a);
    for(i=2; i<=a-1; i++)          //用 2,3,…,a-1 去试
        if(a%i==0) break;          //若找到因子提前退出循环
```

```
    if(i>a-1)                      //如果 i>a-1,循环正常退出,即没找到因子
        printf("%d is a prime number.\n",a);
    else                           //如果 i≤a-1,循环提前退出,即找到因子
        printf("%d is not a prime number.\n",a);
    return 0;
}
```

第一次运行结果:

```
Input a(>1):11
11 is a prime number.
```

第二次运行结果:

```
Input a(>1):15
15 is not a prime number.
```

实际上要判断 a 是不是素数,只需用 $2,3,\cdots,[\sqrt{a}]$ 去除 a 即可(用反证法可证明),其中 $[\sqrt{a}]$ 表示不超过 $\sqrt{a}$ 的最大整数,因此上面程序中将 $a-1$ 改成 $\sqrt{a}$,程序改写如下:

```
#include <stdio.h>
#include <math.h>
int main(void)
{   int i=0,a=0,end=0;
    printf("Input a(>1):");   scanf("%d",&a);
    end=sqrt(a);
    for(i=2; i<=end; i++)
        if(a%i==0) break;
    if(i>end)   printf("%d is a prime number.\n",a);
    else    printf("%d is not a prime number.\n",a);
    return 0;
}
```

程序说明:

程序中 end 的值可以是 $a-1$、$a/2$、$\sqrt{a}$,但取 $\sqrt{a}$ 时判断次数最少,即程序最优化。

4.4.2 循环体中使用 continue 语句

【例 4.16】 编写程序,练习使用 continue 语句。

【解】 程序如下:

```
#include <stdio.h>
int main(void)
{   int i=0,sum=0;
    for(i=1; i<=10; i++)
    {   if(i%3==0)  continue;
```

```
        sum=sum+i;
    }
    printf("i=%d,sum=%d\n",i,sum);
    return 0;
}
```

该程序的流程图如图 4.8 所示,程序运行结果如下:

`i=11,sum=37`

程序说明:

（1）continue 是关键字。当 i 能被 3 整除时,执行 continue 语句,接着流程跳过该语句后面的所有循环体语句,直接进入下一次循环;当 i 不被 3 整除时,不执行 continue 语句,流程转到该语句后面的循环体语句。本程序无论如何都能执行 10 次循环,只不过当 i 是 3 的倍数时,不对 i 进行累加运算。

（2）执行 continue 语句时,流程并不退出循环,说明循环没增加出口。

continue 语句只能在循环体内使用,其功能是结束本次循环,即跳过循环体中 continue 语句下面尚未执行的语句,接着进行表达式 3 的自加及表达式 2 的判断。

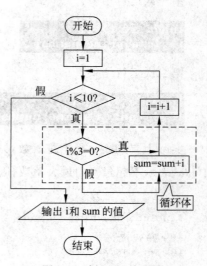

图 4.8　例 4.16 流程图

注意:break 语句和 continue 语句很类似,但有区别。break 语句结束本层循环的执行,而 continue 语句结束本次循环的执行。

4.5　循环语句的嵌套

【例 4.17】　嵌套循环语句示例。编写 3 个程序,分别输出以下内容:

```
**********      1 2 3 4 5 6 7 8 9 10           *
**********      1 2 3 4 5 6 7 8 9 10           **
**********      1 2 3 4 5 6 7 8 9 10           ***
程序 1 的输出        程序 2 的输出          程序 3 的输出
```

【解】　程序 1 的分析:

一行内输出 10 个"＊"的语句是:

```
for(j=1; j<=10; j++)   printf("＊");
```

输出 3 行,每行输出 10 个"＊"的语句是:

```
for(j=1; j<=10; j++)   printf("＊");      ⎤ 输出第一行
printf("\n");                            ⎦
```

```
for(j=1; j<=10; j++)   printf(" * ");
printf("\n");
for(j=1; j<=10; j++)   printf(" * ");
printf("\n");
```

〕输出第二行

〕输出第三行

程序1：

```
#include <stdio.h>
int main(void)
{   int i=0,j=0;

    for(i=1; i<=3; i++)                              //外循环控制行数
    {   for(j=1; j<=10; j++)   printf(" * ");        //内循环控制列数
        printf("\n");                                //输出10个" * "后换行
    }
    return 0;
}
```

用类似的思路不难编写出程序2和程序3。

程序2：

```
#include <stdio.h>
int main(void)
{   int i=0,j=0;
    for(i=1; i<=3; i++)
    {   for(j=1; j<=10; j++)
            printf("%3d",j);                         //每列上输出的值与j有关
        printf("\n");
    }
    return 0;
}
```

程序3：

```
#include <stdio.h>
int main(void)
{   int i=0,j=0;
    for(i=1; i<=3; i++)
    {   for(j=1; j<=i; j++)                          //每行输出的数量与i有关
            printf(" * ");
        printf("\n");
    }
    return 0;
}
```

以上3个程序都是在for语句的循环体内又包含另一个循环，这种形式的循环称为

循环嵌套。前面介绍的 3 种形式的循环都可以互相嵌套。

【例 4.18】 求 $1!+2!+3!+\cdots+20!$ 的值。

【解】 编程点拨：

例 4.4 中已介绍求 n! 的程序。为了求各阶乘之和,在求 n! 的程序段外面还要使用循环。

程序如下：

```
#include <stdio.h>
int main(void)
{   int n=0,i=0;
    double fac=0.0,sum=0.0;
    for(n=1; n<=20; n++)
    {   i=1;   fac=1;
        do                          求 n!   求各阶乘之和
        {   fac=fac*i;
            i++;
        } while(i<=n);
        sum=sum+fac;
    }
    printf("sum=%le\n",sum);
    return 0;
}
```

运行结果：

```
sum=2.561327e+018
```

【讨论题 4.12】 能否将程序中的语句"i=1; fac=1;"移到 for 循环之前？

本程序可用如下非嵌套形式(程序中的变量变化情况如表 4.1 所示)：

```
#include <stdio.h>
int main(void)
{   int n=0;
    double fac=1,sum=0;
    for(n=1; n<=20; n++)
    {   fac=fac*n;
        sum=sum+fac;
    }
    printf("sum=%le\n",sum);
    return 0;
}
```

运行结果同上。

表 4.1 变量的变化情况

n 的变化	fac 的变化	sum 的变化
1	1!	1!
2	2!	1!＋2!
3	3!	1!＋2!＋3!
⋮	⋮	⋮

【讨论题 4.13】 如何修改例 4.18 程序以实现求 2!＋4!＋6!＋ …＋20!的结果。

【例 4.19】 输出所有两位素数(参见例 4.15)。要求一行输出 15 个素数。

【解】 编程点拨:

在例 4.15 中已介绍了判断 a 的值是不是素数的算法。由于本题需要在当 a＝10,11,…,99 时,逐个判断是不是素数,因此需要再套一个循环。程序如下:

```c
#include <stdio.h>
#include <math.h>
int main(void)
{   int i=0,a=0,end=0,n=0;
    for(a=10; a<=99; a++)
    {   end=sqrt(a);
        for(i=2; i<=end; i++)
            if(a%i==0) break;
        if(i>end)
        {   printf("%4d",a);   n++;        //输出素数后统计输出项个数
            if(n%15==0)  printf("\n");      //一行输出 15 个就换行(例 4.8)
        }
    }
    printf("\n");
    return 0;
}
```

运行结果:

```
11  13  17  19  23  29  31  37  41  43  47  53  59  61  67
71  73  79  83  89  97
```

程序说明:

(1) 本例是在 10～99 范围内逐一变化 a 的值,再用例 4.15 中所介绍的算法——去试,只要找到满足素数条件的 a 值就输出。用计算机解决实际问题时,经常使用如上逐个去试的方法,这种算法称为穷举法或枚举法。

(2) 可以进一步对本程序进行优化,如果把程序中第 1 个 for 改成 for(a=11;a<=99;a=a+2),则能减少其循环体的执行次数。

【讨论题 4.14】 如何编程计算 100 以内的所有素数之和?

4.6　贯穿实例——成绩管理程序（3）

成绩管理程序之三：完善 3.5 节的贯穿实例，即编写程序，实现在主菜单中重复输入选项的功能。

【解】　编程点拨：

在第 3 章中，使用 switch 语句实现从主菜单中选择一项并显示相关信息；本题目要求在主菜单中重复输入选项，因此需要用循环结构。实现循环结构的语句有 for、while 和 do-while，本程序中应使用哪种循环语句？这要根据程序自身的功能要求来确定。在本程序中首先显示主菜单，然后根据输入的选项显示相关信息，之后重复输入选项及显示相关信息，所以使用 do-while 循环语句更合适。为了使编写的程序有较好的界面友好性，在本程序中定义了变量 yes_no，用于存放从键盘输入的"Y""y""N""n"中的一项，并用 yes_no 的值作为判断 do-while 循环进行与否的条件。该程序的流程图如图 4.9 所示。为了节省篇幅，图 4.9 中用 A 和 B 分别代替图 3.7 中的 A、B。

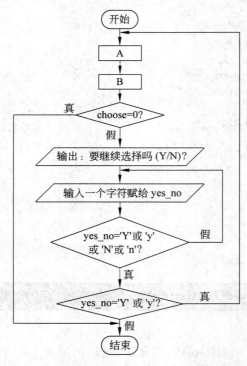

图 4.9　在主菜单中重复输入选项的流程图

用 system("cls")函数可以清屏，使用该函数时需要加上头文件"♯ include ＜stdlib.h＞"。程序如下：

```
#include <stdio.h>
```

```c
#include <conio.h>
#include <stdlib.h>
int main(void)
{   char choose='\0',yes_no='\0';
    do                                          //外层循环,重复显示菜单
    {   system("cls");                          //调用清屏函数
        printf("       |~~~~~~~~~~~~~~~~~~~~~~~~~~~~~~|\n");
        printf("       |     请输入选项编号(0-7)      |\n");
        printf("       |~~~~~~~~~~~~~~~~~~~~~~~~~~~~~~|\n");
        printf("       |          1:输入             |\n");
        printf("       |          2:显示             |\n");
        printf("       |          3:查找             |\n");
        printf("       |          4:最值             |\n");
        printf("       |          5:插入             |\n");
        printf("       |          6:删除             |\n");
        printf("       |          7:排序             |\n");
        printf("       |          0:退出             |\n");
        printf("        ~~~~~~~~~~~~~~~~~~~~~~~~~~~~~~ \n");
        printf("              ");
        choose=getch();    //输入的字符不显示在屏幕,输入字符后不需输入回车符
        switch(choose)
        {   case '1': printf("    选择了1");  break;
            case '2': printf("    选择了2");  break;
            case '3': printf("    选择了3");  break;
            case '4': printf("    选择了4");  break;
            case '5': printf("    选择了5");  break;
            case '6': printf("    选择了6");  break;
            case '7': printf("    选择了7");  break;
            case '0': exit(0);                  //结束程序的执行
            default : printf("    %c 为非法选项!",choose);
        }
        printf("\n       要继续选择吗(Y/N)? \n");
        do              //内层循环保证 yes_no 只能接收"Y""y""N""n"中的一个
        {   yes_no=getch();
        }while(yes_no!='Y' && yes_no!='y'&& yes_no!='N' && yes_no!='n');
    }while(yes_no=='Y' || yes_no=='y'); //yes_no为"Y"或"y"时进行循环
    return 0;
}
```

运行结果：

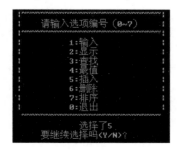

程序说明：

（1）exit(0)的功能是结束整个程序的执行，exit 函数包含在 stdlib.h 头文件中。运行程序时，如果输入 0，则结束程序的执行；若输入 1～7 之间的数字，则显示选择了相应的数据，之后显示"要继续选择吗(Y/N)?"，等待用户输入，若输入"Y""y""N""n"之外的字符，则一直处于等待输入状态，直至输入的字符是"Y""y""N""n"，如果输入的字符是"Y"或"y"，则重新显示菜单并等待用户输入选项，否则结束程序执行。

（2）重复显示主菜单的代码不是唯一的，下面的代码也可以实现其功能：

```c
#include <stdio.h>
#include <conio.h>
#include <stdlib.h>
int main(void)
{   char choose='\0';
    do
    {   system("cls");
        printf("        |~~~~~~~~~~~~~~~~~~~~~~~~~~~~~|\n");
        printf("        |      请输入选项编号(0~7)     |\n");
        printf("        |~~~~~~~~~~~~~~~~~~~~~~~~~~~~~|\n");
        printf("        |            1:输入           |\n");
        printf("        |            2:显示           |\n");
        printf("        |            3:查找           |\n");
        printf("        |            4:最值           |\n");
        printf("        |            5:插入           |\n");
        printf("        |            6:删除           |\n");
        printf("        |            7:排序           |\n");
        printf("        |            0:退出           |\n");
        printf("         ~~~~~~~~~~~~~~~~~~~~~~~~~~~~~\n");
        printf("               ");
        choose=getch();
        switch(choose)
        {   case '1': printf("    选择了 1\n 按任意键返回"); getch();  break;
            case '2': printf("    选择了 2\n 按任意键返回"); getch();  break;
            case '3': printf("    选择了 3\n 按任意键返回"); getch();  break;
            case '4': printf("    选择了 4\n 按任意键返回"); getch();  break;
            case '5': printf("    选择了 5\n 按任意键返回"); getch();  break;
            case '6': printf("    选择了 6\n 按任意键返回"); getch();  break;
            case '7': printf("    选择了 7\n 按任意键返回"); getch();  break;
            case '0': exit(0);
            default : printf("    %c 为非法选项! \n 按任意键返回",choose); getch();
        }
    }while(1);
    return 0;
}
```

switch 语句中 getch 函数的作用是暂停程序,读者可以上机运行此程序,观察有此函数和没有此函数时的效果。

本程序只是完成重复显示主菜单,在选择某一选项后,并没有真正完成相应的处理操作,相应操作将在后续章节介绍。

4.7 提 高 部 分

4.7.1 for 语句的应用

在 4.1 节中已介绍了 for 语句的规范格式及其使用方法,实际上 for 语句的使用很灵活,应用非常广泛。为了提高读者用 for 语句解决实际问题的能力,下面进一步介绍 for 语句的灵活使用和一些算法。

【例 4.20】 在 for 循环中缺省"表达式 1"的示例。改写例 4.5 中的程序。

【解】 程序如下:

```
#include <stdio.h>
int main(void)
{    int i=0;
     for(i=0; i<=25; i++)
         printf("%c ",'A'+i);        //for 循环结束时 i 的值是 26
     printf("\n");
     i--;                            //i 的值由 26 减为 25
     for(  ; i>=0; i--)              //for 语句缺省表达式 1
         printf("%c ",'A'+i);
     printf("\n");
     return 0;
}
```

运行结果同例 4.5。

程序说明:

(1) for 的一般形式中"表达式 1"可以省略,但其后面的分号不能丢。通常在进入循环之前循环变量已被赋值时,为了提高执行效率省略"表达式 1";另外如果"表达式 1"较复杂,为了提高可读性,进入循环之前,先处理表达式 1,这时也省略"表达式 1"。

(2) 如果在 for 语句中省略"表达式 1",则执行 for 语句时,将跳过"处理表达式 1"这一步,其他步骤不变,执行流程见图 4.10(请与图 4.1(b) 比较)。

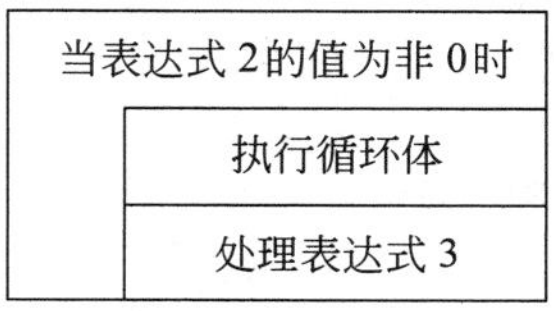

| 当表达式 2 的值为非 0 时 |
| 执行循环体 |
| 处理表达式 3 |

图 4.10 for 语句中省略表达式 1

【例 4.21】 在 for 循环中缺省"表达式 2"的示例。打印所有水仙花数。水仙花数是指一个 3 位数,其每位数字的立方和等于该数,例如,371 就是一个水仙花数,因为 $371 = 3^3 + 7^3 + 1^3$。

【解】 编程点拨：

在例 2.4 中已介绍过求 3 位数各位数字之和的方法,本题可参照其中的算法求 3 位数的各位数字立方之和。如果一个数的每位数字立方之和等于该数,则输出此数。程序如下：

```
#include <stdio.h>
int main(void)
{   int a=0,b=0,c=0,x=0;
    printf("The answer:");
    for(x=100;  ;x++)                        //for 语句缺省表达式 2
    {   a=x/100;
        b=x/10-a*10;
        c=x%10;
        if(x==a*a*a+b*b*b+c*c*c)    //若是水仙花数,则输出
            printf("%5d",x);
    }
    printf("\n");
    return 0;
}
```

当运行程序时,进入死循环。

程序说明：

(1) 出现"死循环"的原因：在 for 语句中省略"表达式 2"后,没有了循环结束的条件,循环将无休止地进行下去。如果省略"表达式 2",那么不必判断循环结束条件,直接执行循环体,因此省略"表达式 2"相当于"表达式 2"的值永远是一个非零值,所以 for(x=100;;x++) 等价于 for(x=100;1;x++)、for(x=100;2;x++) 等。

(2) 省略"表达式 2"后的执行步骤见图 4.11(请与图 4.1(b) 比较)。

(3) 在语法上允许 for 语句省略"表达式 2",但"表达式 2"后面的分号不能省略。

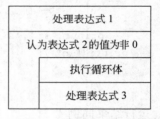

| 处理表达式 1 |
| 认为表达式 2 的值为非 0 |
| 执行循环体 |
| 处理表达式 3 |

图 4.11　for 语句中省略表达式 2

(4) 如果在 for 语句中省略"表达式 2",但又不希望出现"死循环"现象,则可以在 for 循环体中加 if 和 break 语句,使程序有退出循环的出口。由于水仙花数是 3 位数,所以当 x 大于或等于 1000 时应退出循环。以上程序修改如下：

```
#include <stdio.h>
int main(void)
{   int a=0,b=0,c=0,x=0;
    printf("The answer:");
    for(x=100;  ;x++)                //for 语句省略表达式 2
    {   if(x>=1000) break;           //用此语句结束 for 循环,避免出现死循环
```

```
        a=x/100;
        b=x/10-a*10;
        c=x%10;
        if(x==a*a*a+b*b*b+c*c*c)
            printf("%5d",x);
    }
    printf("\n");
    return 0;
}
```

运行结果：

```
The answer:  153   370   371   407
```

【例 4.22】 用在 for 循环中缺省"表达式 3"的方法,编写猴子吃桃子问题的程序:猴子第 1 天摘下若干个桃子,猴子当天吃了一半后又吃了一个,从第 2 天起猴子每天都是吃了前一天剩下的一半多一个桃子。到第 10 天猴子想吃桃子的时候发现只剩下了一个桃子,请计算猴子第 1 天共摘了多少个桃子。

【解】 编程点拨:

根据题意,知道猴子共吃了 10 天的桃子,最后一天猴子吃剩下的桃子数为 1 个,猴子每天吃桃子都遵循相同的规律:每天都是吃了前一天剩下的一半多一个桃子。因此可以依次从第 10 天推算出第 9 天的桃子数、从第 9 天推算出第 8 天的桃子数、……、从第 2 天推算出第 1 天的桃子数(即第 1 天共摘桃子总数)。由于猴子每天吃桃子都遵循相同的规律,此题可用循环的算法来解决,循环控制变量为天数 day,day 的初值是 9(第 9 天),用 day－－依次来递减天数,day 的终值是 1(第 1 天)。程序如下:

```
#include <stdio.h>
int main(void)
{   int day=0,n1=0,n2=0;
    for(day=9,n2=1;day>=1;)     //for 语句缺省表达式 3,表达式 1 为逗号表达式
    {   n1=(n2+1)*2;            //前一天的桃子数是第 2 天桃子数加 1 之后的两倍
        n2=n1;
        day--;                 //相当于表达式 3
    }
    printf("First day:%d\n",n1);
    return 0;
}
```

运行结果：

```
First day:1534
```

程序说明:

(1) for 语句的一般形式中"表达式 3"也可以省略,但为了使循环能够正常结束,不出现"死循环"的情况,在循环体的最后加上"表达式 3",这样也能达到相同效果。

（2）在 for 语句中省略"表达式 3"后，执行 for 语句时，将跳过"处理表达式 3"这一步，其他步骤不变，见图 4.12（请与图 4.1(b) 比较）。

（3）此例也可以用 while 和 do-while 循环解决，读者可以自行一试。

【讨论题 4.15】 若循环控制变量天数 day 的初值是 1，用 day++ 依次来递增天数，day 的终值是 9，则能解决猴子吃桃子问题吗？

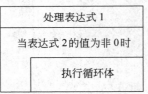

图 4.12　for 语句中省略表达式 3

以上几个例题说明 for 循环中可以分别省略部分表达式，实际上在 for 循环中，根据情况可以随意省略部分或所有表达式，但不管省略哪个表达式，两个"；"都不能丢，而且要做到使循环能够正常退出。另外，值得注意的是，在 for 语句圆括号后面不能加"；"，如果顺手加上"；"，则循环体语句是空语句，而所希望的循环体变成 for 语句的下面语句，这时虽然程序没有语法错，但得不到正确的结果，有时还会发生"死循环"现象，这一点初学者一定要注意。

4.7.2　3 种循环的对比

在 C 语言中，常用 for 语句、while 语句和 do-while 语句实现循环，而且可以用这 3 种循环实现同一问题的功能。但有时根据具体情况选择相应的循环，处理问题更方便。

【例 4.23】 编写程序，求 $s = a + aa + aaa + \cdots + \underbrace{aa\cdots aa}_{n}$ 的值，其中 n 表示 a 的个数，a 是非零整数 0~9，例如 a、n 的值分别为 3 和 4，则计算 $s = 3 + 33 + 333 + 3333$ 的值。

【解】　编程点拨：

根据题意，变量 s 是存放 n 个整数的和，每一项的变化情况如下：

第 1 项：t=t+3　（t 的初值为 0，t 的值变为 3）
第 2 项：t=t+30　（t 的值变为 33）
第 3 项：t=t+300　（t 的值变为 333）
第 4 项：t=t+3000（t 的值变为 3333）

重复的语句是：
t=t+a;
a=a*10;

其中，3 是 a 的初始值，30 是 a 的 10 倍，如果把 a 的 10 倍看作新的 a 值，则 300 又是 a 的 10 倍，以此类推，所以需要通过重复的语句"t=t+a;a=a*10;"逐次求出每一项。根据题意，循环需要执行 n 次。如预先能够确定循环次数，则一般用 for 语句来解决该问题。程序如下：

```c
#include <stdio.h>
int main(void)
{   int n=0,i=0,a=0,s=0,t=0;
    printf("Input a & n:");
    scanf("%d%d",&a,&n);
    printf("%d+%d%d+%d%d%d+…=",a,a,a,a,a,a);
    for(i=1,s=0,t=0; i<=n; i++)
```

```
    {   t=t+a;                  //计算每一项的值
        s=s+t;                  //求和
        a=a*10;                 //把 a 的 10 倍看作新的 a 值
    }
    printf("%d\n",s);
    return 0;
}
```

运行结果:

```
Input a & n:3 6
3+33+333+···=370368
```

【讨论题 4.16】 如果输入的 a 值不是非零数字时,要求用户重新输入,则应如何修改程序?

【例 4.24】 编写程序,从键盘输入两个正整数,分别存放在 a 和 b 中,用"辗转相除法"求它们的最大公约数。

【解】 编程点拨:

用"辗转相除法"求 28 和 18 的最大公约数步骤如下:

① 28 除以 18,余 10。

② 原除数 18 除以余数 10,得新余数 8。

③ 原除数 10 除以余数 8,得新余数 2。

④ 原除数 8 除以余数 2,得新余数 0,这时不再做相除操作,2 为 28 和 18 的最大公约数。

用"辗转相除法"求 a 和 b 的最大公约数步骤可归纳如下:

① 将两个数中大的数放在 a 中,小的数放在 b 中。

② 求出 a 被 b 除后的余数 r。

③ 若余数为 0,则转到步骤⑤。

④ 把除数作为新的被除数,余数作为新的除数,求出新的余数 r。转到步骤③。

⑤ 结束,这时 b 的值即为最大公约数。

由以上步骤可以看出,预先无法确定循环要执行多少次,这时用 while 语句或 do-while 语句比较合适。下面用这两个循环做对比。

程序 1:用 while 语句。

```
#include <stdio.h>
int main(void)
{   int a=0,b=0,r=0;
    printf("Input a & b(a>0,b>0):");  scanf("%d%d",&a,&b);
    if(a<b)
    {   r=a;  a=b; b=r;   }          //将大的数放在 a 中,小的数放在 b 中
    r=a%b;
    while(r!=0)
    {   a=b;                         //原除数作为新的被除数
```

```
        b=r;                        //原余数作为新的除数
        r=a%b;                      //求出新的余数 r
    }
    printf("Maximum common divisor:%d\n",b);        //b 是最大公约数
    return 0;
}
```

运行结果：

```
Input a & b(a>0,b>0):18 28
Maximum common divisor:2
```

程序 2：用 do-while 语句。

```
int main(void)
{   int a=0,b=0,r=0;
    printf("Input a & b(a>0,b>0):");   scanf("%d%d",&a,&b);
    if(a<b)
    {   r=a;   a=b; b=r;   }
    do
    {   r=a%b;                                   //注意此语句的位置
        a=b;
        b=r;
    } while(r!=0);
    printf("Maximum common divisor:%d\n",a);     //a 是最大公约数
    return 0;
}
```

运行结果同上。

程序说明：

while 和 do-while 语句处理问题比较相近，都是在 while 后面指定循环条件。它们的区别是 while 先判断表达式的值，后执行循环体；而 do-while 则先执行一次循环体，后判断表达式的值。正因为有这一区别，两个语句的循环体不能完全一样，若处理不好，则会造成不同的运行结果（参见例 4.25）。

【讨论题 4.17】 如果通过本程序还要计算两数的最小公倍数，则应如何修改程序？提示：a 和 b 的最小公倍数可通过"(a * b)/最大公约数"计算。

【例 4.25】 编写程序，从键盘输入若干学生的成绩，并输出在屏幕上（要求每行输出 3 个成绩），用－1 结束循环的执行。

【解】 编程点拨：

根据本题的要求可以看出，用 while 语句或 do-while 语句实现本题比较方便。下面分别用 3 种循环实现以做对比。请注意，如果在每行输出 3 个成绩，则必须每输出一项就统计输出项数，即 n＝n＋1。

（1）用 while 循环实现。

```
#include <stdio.h>
int main(void)
{   int a=0,n=0;
    scanf("%d",&a);
    while(a!=-1)
    {   printf("%4d",a);   n++;          //每输出一个成绩,就用 n 统计人数
        if(n%3==0)  printf("\n");        //控制每行输出 3 个成绩
        scanf("%d",&a);
    }
    printf("\n");
    return 0;
}
```

运行结果：

```
89 65 45 90 78 68 88 52 -1
   89   65   45
   90   78   68
   88   52
```

（2）用 do-while 循环实现。

```
#include <stdio.h>
int main(void)
{   int a=0,n=0;
    do
    {   scanf("%d",&a);
        printf("%4d",a);   n++;
        if(n%3==0)  printf("\n");
    } while(a!=-1);
    return 0;
}
```

运行结果：

```
89 65 45 90 78 68 88 52 -1
   89   65   45
   90   78   68
   88   52   -1
```

（3）用 for 循环实现。

```
#include <stdio.h>
int main(void)
{   int a=0,n=0;

    for(scanf("%d",&a); a!=-1; scanf("%d",&a))
    {   printf("%4d",a);   n++;
        if(n%3==0)  printf("\n");
```

```
        }
        return 0;
    }
```

运行结果同第(1)种方法。

程序说明：

（1）用 while 循环时，进入循环之前必须先给循环变量 a 赋值，否则，由于 a 没有确定的值，判断表达式 a!＝－1 将无意义。

（2）用 do-while 循环时，由于先执行一次循环体，所以进入循环之前不必给循环变量赋值，但本程序输出了不必输出的－1。

（3）用 for 循环时，表达式 1、表达式 2、表达式 3 不仅可以省略，还可以使用任何类型的表达式，本例中表达式 1 和表达式 3 都用了 scanf("％d",&a)。一般情况下，表达式较复杂时，为了提高可读性，省略该表达式，然后另行处理。

4.7.3　goto 语句以及用 goto 语句构成的循环

【例 4.26】　编写一个用 goto 语句构成循环的程序。

【解】　程序如下：

```
#include <stdio.h>
int main(void)
{   int i=1,sum=0;
loop: if(i<=100)                    //loop 为语句标号,loop 后面要加冒号
    {   sum=sum+i;
        i++;
        goto  loop;                 //goto 语句无条件转向 loop 所在的位置
    }
    printf("1+2+3+…+100=%d\n",sum);
    return 0;
}
```

运行结果：

```
1+2+3+···+100=5050
```

程序说明：

（1）程序用 goto 语句和 if 语句实现了循环。

（2）当程序执行到 goto 语句时，程序的执行流程无条件转向语句标号 loop 所在的位置。

goto 语句的一般形式为：

goto　语句标号;

说明：

（1）goto 语句中语句标号指定该语句转向的目标，语句标号可以是任意合法的用户标识符。目标处的语句标号后面要加冒号。

（2）结构化程序设计方法不提倡使用 goto 语句，因为 goto 语句随意转向目标，使程序流程无规律、可读性差。但需要退出多层循环时用 goto 语句非常方便。

【例 4.27】 用一个 goto 语句退出多层循环的示例。在 100 以内的 3 个数 i、j、k 中，找出满足 $i^2+j^2+k^2>100$ 的数（只要求找出一个）。

【解】 编程点拨：

3 个数 i、j、k 都要从 1～99 逐一测试，当找到一个满足要求的数时，退出所有循环。在这种情况下，若使用 break 语句，则必须用 3 次，而用 goto 语句，只用 1 次就够了，所以在此选用后者。程序如下：

```
#include <stdio.h>
int main(void)
{       int i=0,j=0,k=0;
        for(i=1; i<100; i++)
            for(j=1; j<100; j++)
              for(k=1; k<100; k++)
                  if(i*i+j*j+k*k>100)
                      goto stop;        //仅用一个 goto 语句退出 3 层循环
    stop: printf("i=%d,j=%d,k=%d\n",i,j,k);
        return 0;
}
```

运行结果：

`i=1,j=1,k=10`

程序说明：

本程序说明仅用一个 goto 语句可以退出多层循环。当需要退出多层循环时，若用 break 语句，则因为 break 语句只能退出本层循环，需要使用多个 break 语句来实现。

4.8　上机训练

【训练 4.1】 计算 1～50（含 50）范围内所有 7 的倍数的数值之和。

1. 目标

（1）正确书写判断某数倍数的表达式。

（2）学习使用 for 语句编写程序解决问题。

2. 步骤

（1）定义整型变量 i 和 sum。

（2）for 语句开头，确定循环变量的初值、终值和步长。

（3）写出循环体，其功能是：如果循环变量是 7 的倍数，则将该值累加到 sum 中。

（4）在循环外输出结果。

3. 提示

可以用求余运算符，即用 i 除以 7，如果余数为 0，则表示 i 是 7 的倍数。

4. 扩展

用一个 for 循环语句计算 1～50（含 50）范围内所有 3 的倍数之和与所有 7 的倍数之和，最后求出这两个结果的差。

【训练 4.2】 统计从键盘输入的字符中数字字符的个数，要求用换行符结束输入。

1. 目标

（1）正确书写 while 循环的判断式。

（2）使用 while 语句编程解决相关问题。

（3）了解统计数字字符个数的算法。

2. 步骤

（1）定义整型变量 count 和字符型变量 c。

（2）将从键盘输入的一个字符存放在 c 中。

（3）在 while 语句开头，确定判断表达式。

（4）写出循环体，其功能是：如果输入的字符是数字字符，则累加器增 1；再输入一个字符存放在 c 中。

（5）在循环外输出统计结果。

3. 提示

（1）通过 getchar 函数从键盘输入字符。

（2）"\n"为输入结束的标志符号，因此可用 c 是否等于"\n"作为 while 循环继续与否的判断条件。

（3）需要对输入的字符一一进行判断是否在"0"到"9"之间。

4. 扩展

从键盘输入的字符中将"0"至"8"的字符改为其后的数字字符，将"9"字符改为"0"字符，要求用"♯"结束循环。

【训练 4.3】 编写用人机对话形式进行加、减、乘、除运算的程序。用户每输入一次运算数和运算符，系统输出相应的计算结果。当输入的运算符为"♯"时结束循环。

1. 目标

（1）掌握重复输入加、减、乘、除算术题目的方法，类似于计算器的功能。

（2）了解用变量做标记的方法。

（3）熟练用 switch 语句处理多分支的方法。

2. 步骤

（1）定义整型变量 i 和 flag；实型变量 a、b 和 result；字符型变量 sym。其中 flag 用于做标记（其初值为 0），a 和 b 用于存放两个运算数，sym 用于存放运算符号，result 用于存放计算结果。

（2）输入第（1）题的两个运算数和运算符号。

（3）while 循环开头，继续循环的条件是"sym!='♯'"。

（4）编写循环体，它由 4 条语句构成：

① switch 语句，用于计算加、减、乘或除的运算结果。

② if 语句，如果 flag 的值为 0，则说明算式是合法的，所以输出计算结果，然后准备出下一题；否则 flag 的值一定是 2，因此显示非法运算符的错误信息。

③ 显示输入新题目的提示信息。

④ 输入新题目的两个运算数和运算符号。

3. 提示

（1）在 switch 语句的每个 case 中必须使用 break 语句。参考框架如下：

```
switch(sym)
{   case  '+':      计算和    break;
    case  '-':      计算差    break;
    case  '*':      计算积    break;
    case  '/':      计算商    break;
    default  :      若运算符是非法字符,用 2 做标记
}
```

（2）if 语句的参考框架如下：

```
若 flag 的值为 0,即没变
{   输出计算结果
    题目数 i 增 1,即准备出下一题
}
否则,即 flag 的值为 2
    显示非法运算符的错误信息
```

（3）显示输入新题目的提示信息语句可用"printf("（%d)\n",i);"形式。

（4）参考运行效果如下：

```
(1).
2*3.5
2.000000*3.500000=7.000000
(2)
5+6.3
5.000000+6.300000=11.300000
(3)
5.5&4.7
& is an illegal character!
(3)
3#3
```

4. 扩展

在 switch 语句中，完善"case '/'"的分支，即如果除数为 0，则给 flag 赋值 1，否则才计算两个数的商。退出 switch 语句后，如果 flag 的值为 1，则显示除数为 0 的错误信息。参考运行效果如下：

```
(1)
2*3.5
2.000000*3.500000=7.000000
(2)
3/0
Divided by 0!
(2)
5.5&4.7
& is an illegal character!
(2)
3#3
```

【训练 4.4】 若从键盘输入字符 Y 或 y 或 N 或 n,则终止循环,否则一直等待输入。

1. 目标

(1) 掌握输入非法数据时一直等待的做法。

(2) 学习使用 do-while 语句编程解决相关问题。

(3) 编程实现人机对话的功能。

(4) 了解 getch 函数的使用方法。

2. 步骤

(1) 定义一个字符型变量 c。

(2) 显示是否继续的信息。

(3) do 语句开头。

(4) 编写循环体,它包括 3 条语句:

① 从键盘输入一个字符存放在 c 中。

② 如果 c 中的字符为 Y 或 y 或 N 或 n,则退出循环。

③ 显示重新输入一个字符的信息。

(5) do 语句结束,while 后面的表达式可采用任何一个非 0 数。

(6) 显示输入正确的信息。

3. 提示

(1) 循环体中的第 2 条语句可用"if(c=='Y' || c=='y' || c=='N' || c=='n') break;"。

(2) 参考运行效果如下(运行时先后输入了 r 和 n):

```
Do you continue(Y/N)?
Error,please input again.
Right!
```

4. 扩展

在如下菜单中重复选择菜单项,选择 3 时结束循环。

```
1.Hello!
2.Welcome!
3.Good-bye!
```

运行效果如下:

```
1.Hello!
2.Welcome!
3.Good-bye!1
Hello!
Press any key to continue...
1.Hello!
2.Welcome!
3.Good-bye!2
Welcome!
Press any key to continue...
1.Hello!
2.Welcome!
3.Good-bye!3
Good-bye!
```

思考题 4

1. for、while、do-while 循环分别有什么用处？它们能否互相代替？

2. 表达式 x%3!＝0 和 x%3 的值相等吗？while(x%3!＝0)和 while(x%3) 等价吗？

3. 下面程序段合法吗？循环能否正常结束？

```
int i;
for(i=0;  i=10;  i++)
    printf(" * ");
```

4. 你能举出日常生活中需要用循环处理的问题吗？

习 题 4

基础部分

1. 编写程序,输入一个非负整数(小于 10 位),计算并输出该数的位数。

2. 编写程序,输入一个非负整数(小于 10 位),计算该数各位数字的和。

3. 以下程序段的输出结果是＿＿＿＿＿＿。

```
for(i=1; i<=5; i++)
{   if(i%3)  printf("A");
    else  continue;
    printf("B");
}
printf("C");
```

4. 若运行以下程序段时,从键盘输入 eor＜回车＞,则运行后 v1 和 v2 的值分别
是＿＿＿＿＿＿。

```
char c='\0';   int v1=0,v2=0;
```

```
do
{  c=getchar();
   switch(c)
   {  case  'e':
      case  'o': v1=v1+1; break;
      default: v2=v2+1;
   }
} while(c!='\n');
```

5. 运行下面程序段后,sum 的值是_____。

```
int i=0,m=55,sum=0;
for(i=2; i<7; i++)
   if(m%i==0)  break;
   else  sum=sum+i;
```

6. 下面程序段的输出结果是_____。

```
int n=10;
while(n>5)  n=n-3;
printf("%d",n);
```

7. 如图 4.13 所示是输出 2~100(不含 100)之间的全部同构数的 N-S 图,参考该图编写相应的程序。所谓同构数,是指如果某数与其平方数右起若干位值相等,则称该数为同构数。例如,25 与其平方数 625 右起 2 位值相等,因此 25 是同构数。

8. 如图 4.14 所示是输出 ASCII 码表中"!"至"z"的字符和对应 ASCII 值(按十进制、八进制、十六进制)的 N-S 图,请参考该图编写相应的程序,要求每行输出 4 对。

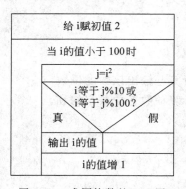

图 4.13　求同构数的 N-S 图

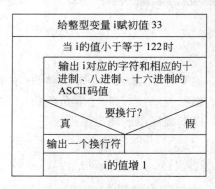

图 4.14　显示 ASCII 码值的 N-S 图

9. 用 for 循环改写例 4.11。

10. 用 do-while 语句修改例 4.13 中不输出循环结束标志"♯"的程序。

11. 以下程序段的功能是:从键盘输入一个整数给变量 a,要求 a 的值在 0~10 000 之间(不含 0 和 10 000),若 a 值不在此范围内,则要求重新输入;若在此范围内,则从个位开始依次输出 a 的每一位的数字。请给出该程序段的验证数据。

```
do
{   printf("Input a(0~10000):\n");
    scanf("%d",&a);
} while(a>=10000 || a<=0);
do
{   printf("%d   ",a%10);
    a=a/10;
} while(a>0);
```

12. 以下程序的功能是：统计输入的字符中大写字母的个数，用@结束输入。请给出该程序的验证数据。

```
#include <stdio.h>
int main(void)
{   char c='\0';   int sum=0;
    scanf("%c",&c);
    while(c!='@')
    {   if(c>='A' && c<='Z')   sum++;
        scanf("%c",&c);
    }
    printf("sum=%d\n",sum);
    return 0;
}
```

13. 编写程序，求满足 $1+2+3+\cdots+n<1000$ 时的最大 n 及其和值。

14. 编写程序，求满足 $2+4+6+\cdots+n>1000$ 时的最小 n 及其和值。

15. 百鸡问题。1 百元买 1 百只鸡，其中：公鸡 5 元 1 只、母鸡 3 元 1 只、小鸡 1 元 3 只，要求每种鸡至少有 1 只，请编写程序统计并输出所有的购买方案。

16. 把一张 100 元的人民币兑换成若干 20 元和 10 元人民币，要求两种面值各至少有一张，请编写程序统计并输出所有的兑换方法。

17. 编写输出以下图形的程序（要求行数从键盘输入）。

☺
☺☺
☺☺☺
☺☺☺☺
...

18. 编写输出以下图形的程序（要求行数从键盘输入）。

1
2 2
3 3 3
4 4 4 4
...

*19. 如图 4.15 所示是用迭代法求某正整数 a 的平方根的 N-S 图,请参考该图编写相应的程序。已知求平方根的迭代公式为:$x_1 = \left(x_0 + \dfrac{a}{x_0}\right)\Big/ 2$。

*20. 图 4.16 是计算 100 之内的所有素数之和的流程图,请参考该图编写相应的程序。

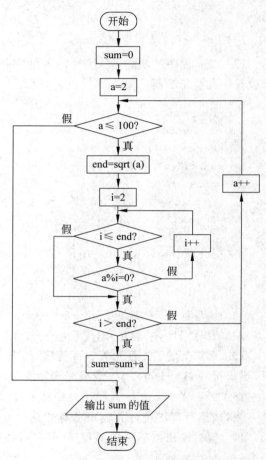

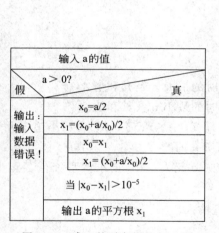

图 4.15 求 a 的平方根的 N-S 图   图 4.16 计算 100 之内的所有素数之和的流程图

提高部分

21. 判断正误:假设下面程序段中各变量已正确定义,则该程序段能求 1!+2!+3!+⋯+20!的值。

```
int i=1,n=1,fac=1,sum=0;
for( ; n<=20; )
{ do
  { fac=fac*i;
```

```
        i++;
    } while(i<=n);
    sum=sum+fac;    n++;
}
printf("sun=%d",sum);
```

22. 判断正误：假设下面程序段中各变量已正确定义,则该程序段能求一个正整数的各位数字之和。

```
sum=0;
scanf("%d",&a);
for(a>0)
{    n=a%10;
    sum+=n;
    a=a/10;
}
```

23. 编写程序,输出 2000—2500 年间的所有闰年,要求每行输出 10 个数据。

24. 打印如下形式的九九表。

```
1 * 1=1
2 * 1=2   2 * 2=4
3 * 1=3   3 * 2=6   3 * 3=9
4 * 1=4   4 * 2=8   4 * 3=12   4 * 4=16
 ⋮
9 * 1=9   9 * 2=18   9 * 3=27   9 * 4=36   …   9 * 9=81
```

第 **5** 章 数 组

本章将介绍的内容

基础部分：

- 一维数组、二维数组。
- 字符串概念及其使用。
- 逆序存放、查找、删除、插入、排序等算法。
- 字符串长度、字符串复制、字符串连接、字符串比较等函数的使用。
- 贯穿实例的部分程序。

提高部分：

- 一维数组的应用举例。
- 二维数组的应用举例。

各例题的知识要点

例 5.1　一维数组的定义和引用。

例 5.2　字符数组的定义和引用。

例 5.3　一维数组应用：求学生平均成绩，并统计不低于平均分的学生人数。

例 5.4　一维数组的初始化。

例 5.5　字符数组的初始化。

例 5.6　数组按逆序重新存放。

例 5.7　一维数组元素的移动。

例 5.8　在数组元素中找最大值。

例 5.9　删除数组元素中的最小值。

例 5.10　插入算法。

例 5.11　在数组元素中查找是否存在某个数。

例 5.12　对数组元素进行排序。

例 5.13　字符串的概念；用一维数组存放字符串。

例 5.14　字符串的输入；gets 和 scanf 使用的区别。

例 5.15　用 strlen 函数求字符串长度；自编程序求字符串长度。

例 5.16　用 strcpy 函数复制字符串；自编程序复制字符串。

在计算机应用领域中,常常遇到大批量的数据处理问题,如统计大量学生成绩的问题。这些问题虽然数据量很大,但各数据之间存在一定的内在联系。如果用简单变量处理这些数据则很不方便,有的问题甚至不可能处理,为了解决这些问题,C 语言引入了一个重要的数据结构——数组。数组是指具有相同数据类型的变量集合,其中的变量都有相同的名字,但有不同的下标,我们称这些变量为数组元素。只有一个下标的数组称为一维数组,有两个下标的数组称为二维数组。

5.1　一　维　数　组

5.1.1　一维数组的定义和引用

【例 5.1】　编写一维数组程序示例。

【解】　程序如下:

```c
#include <stdio.h>
#define N 10                                    //定义 N 为符号常量
int main(void)
{   int i=0,a[3];  double b[N];                 //定义变量 i 和数组 a、b

    a[0]=2; a[1]=4; a[2]=a[0]+a[1];             //给数组 a 的元素赋值
    for(i=0; i<N; i++)  scanf("%lf",&b[i]);     //输入的数据放入数组 b 的元素中
    printf("%d %d %d\n",a[0],a[1],a[2]);        //输出数组 a 的元素值
    for(i=0; i<N; i++)  printf("%.0lf ",b[i]);  //输出数组 b 的元素值
    printf("\n");
}
```

运行结果:

```
1 2 3 4 5 6 7 8 9 10
2 4 6
1 2 3 4 5 6 7 8 9 10
```

程序说明:

(1) 定义"int a[3];"表示 a 为一维数组名,a 数组的长度为 3,即 a 数组中包括 3 个元素 a[0]、a[1]、a[2](每个元素都是变量),各元素的类型均为整型,定义"double b[N];"表示数组名为 b,b 数组的长度为 N,即 b 数组中包括 N 个元素 b[0]、b[1]、b[2]、……、b[N−1],各元素的类型为双精度型。

(2) 数组的下标都从 0 开始,a、b 两个数组的最后一个元素分别为 a[2]和 b[N−1],而不是 a[3]和 b[N]。请注意,运行程序时,即使数组下标越界,系统也不报错。

(3) 数组元素代表内存中的一个存储单元。它可以像普通变量一样使用,只不过数组元素用下标形式表示。通过循环对数组进行输入输出操作更为方便。

(4) 系统在内存中为 a 数组分配 3 个连续的存储单元(4B×3=12B),为 b 数组分配 N 个连续的存储单元(8B×N),如图 5.1 和图 5.2 所示。

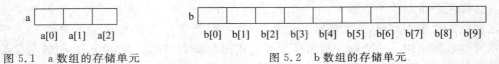

图 5.1　a 数组的存储单元　　　　　　　图 5.2　b 数组的存储单元

(5) 用命令行"#define N 10"定义符号常量 N,方便修改程序。如果要将程序中数组 b 的长度改为 20,只需把命令行中的 10 改为 20 即可,程序中的其他部分无须改动。

【例 5.2】　存放字符的数组示例。

【解】　程序如下:

```
#include <stdio.h>
int main(void)
{   int i=0;
    char ch[4];                                    //定义字符数组 ch
    ch[0]='G';  ch[1]='o';  ch[2]='o';  ch[3]='d'; //给数组元素赋值
    for(i=0; i<4; i++)  putchar(ch[i]);            //输出数组元素值
    printf("\n");
}
```

运行结果:

```
Good
```

程序说明:

(1) 定义"char ch[4];"表示数组名为 ch,数组中包括 4 个元素 ch[0]、ch[1]、ch[2]、ch[3],每个元素的类型均为字符型。

(2) 系统在内存中为 ch 数组分配 4 个连续的存储单元(1B×4=4B)。ch 数组的存储单元和赋值情况如图 5.3 所示。

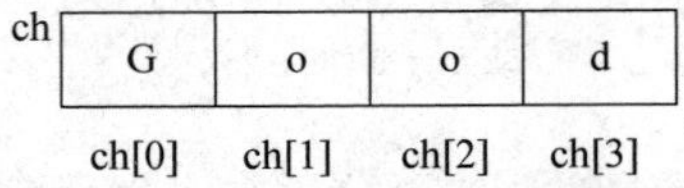

ch	G	o	o	d
	ch[0]	ch[1]	ch[2]	ch[3]

图 5.3　ch 数组的存储单元

一维数组的一般定义形式为：

数组长度中不能出现变量。例如，"int n＝10；double b[n]；"是不合法的。在上面例题中"double b[N]；"是合法的定义形式，因为 N 是符号常量（属于常量表达式）。

引用数组元素的形式为：

数组名 [下标]

例如，a[2]、b[i]、b[i+1]都是合法的引用形式。下标可以是常量、变量或表达式，但其值必须是确定的而且是整型。由于系统不做下标越界检查，所以引用数组元素时要多加小心。

【例 5.3】 输入 10 个学生的成绩，计算其平均成绩，并统计不低于平均分的学生人数。

【解】 编程点拨：

如果只求平均成绩，可不用数组（参见例 4.2），但本程序还要统计不低于平均分的学生人数，因此先把学生成绩存起来，等到计算平均成绩后，再与平均分比较。这时如果使用普通变量，过程就会很烦琐。本题选用数组简化了程序。程序如下：

```
#include <stdio.h>
int main(void)
{   int  i=0, count=0;
    double total=0,a[10],ave=0.0;
    printf("Input data:\n");
    for(i=0; i<10; i++)
    {   scanf("%lf",&a[i]);
        total=total+a[i];
    }
    ave=total/10;                           //计算平均成绩
    for(i=0; i<10; i++)
        if(a[i]>=ave)   count++;            //统计不低于平均分人数
    printf("ave=%lf,count=%d\n",ave,count);
}
```

运行结果：

```
Input data:
55 66 77 88 99 100 44 33 22 11
ave=59.500000,count=5
```

程序说明：

本程序中，第 1 个 for 循环完成输入 10 个学生的成绩并计算 10 个学生的总分，第

2 个 for 循环完成统计不低于平均分的学生人数。

5.1.2　一维数组的初始化

【例 5.4】　编写初始化一维数组的程序示例。

【解】　程序如下：

```c
#include <stdio.h>
int main(void)
{   int i=0;
    int a[5]={1,2,3,4,5};      //等价于 int a[5]; a[0]=1;a[1]=2;…;a[4]=5;
    int b[5]={2,3,4};          //等价于 int b[5]={2,3,4,0,0};
    int c[ ]={3,4,5,6,7};      //等价于 int c[5]={3,4,5,6,7};
    int d[5]={0};              //等价于 int d[5]={0,0,0,0,0};
    int e[5];                  //没有初始化,不能写成 int  e[ ];
    //int f[5]={1,2,3,4,5,6,7,8};  如果初始化时提供的数据过多,系统会报错
    for(i=0; i<5; i++)  printf("%15d",a[i]);
    printf("\n");
    for(i=0; i<5; i++)  printf("%15d",b[i]);
    printf("\n");
    for(i=0; i<5; i++)  printf("%15d",c[i]);
    printf("\n");
    for(i=0; i<5; i++)  printf("%15d",d[i]);
    printf("\n");
    for(i=0; i<5; i++)  printf("%15d",e[i]);
    printf("\n");
}
```

运行结果：

程序说明：

定义数组的同时,给数组元素赋初值的方法称为数组的初始化。请注意以下特殊情况。

(1) 如果初始化时提供的数据个数少于数组长度,则用 0 补全。

(2) 如果初始化时没有指定数组长度,则默认其长度为后面提供的数据个数。

(3) 如果没有进行初始化,也没有给数组元素赋值,则数组元素的值是不确定的。

【例 5.5】　存放字符的数组初始化示例。

【解】　程序如下：

```
#include <stdio.h>
int main(void)
{   int i=0;
    char a[4]={'G','o','o','d'};    //等价于 char a[ ]={'G','o','o','d'};
    char b[4]={'G'};                //等价于 char b[4]={'G','\0','\0','\0'};
    char c[4]={'\0'};               //等价于 char c[4]={0,0,0,0};
    for(i=0; i<4; i++)  printf("%c@",a[i]);
    printf("\n");
    for(i=0; i<4; i++)  printf("%c@",b[i]);
    printf("\n");
    for(i=0; i<4; i++)  printf("%c@",c[i]);
    printf("\n");
}
```

运行结果：

程序说明：

(1) '\0'在屏幕上无显示,'\0'的 ASCII 码值为 0。

(2) "char b[4]={'G'};"等价于"char b[4]={'G','\0','\0','\0'};",也等价于"char b[4]={'G',0,0,0};"。

(3) "char c[4]={'\0'};"等价于"char c[4]={0,0,0,0};",也等价于"char c[4]={0};"。

【讨论题 5.1】 如果将含有 10 个元素的数组按顺序和逆序输出,应如何编写程序?

【例 5.6】 定义含有 10 个元素的数组,并将数组中的元素按逆序重新存放后输出。

【解】 编程点拨：

逆序输出和逆序存放是两个不同的操作。逆序输出只是由后向前依次输出数组元素的值,而不改变各元素中的值;逆序存放则是将数组最后一个元素中的值放置到第一个元素中,倒数第二个元素中的值放置到第二个元素中,……,第一个元素中的值放到最后一个元素中,因此数组元素中的值都发生了变化。逆序存放操作可以使用只开辟一个临时存储单元的方法(如图 5.4 所示)完成,其算法是将数组中位置前后对应元素的值进行交换,即对 a[0]与 a[9]、a[1]与 a[8]、……、a[4]与 a[5]进行交换,此方法能节省存储单元。程序如下：

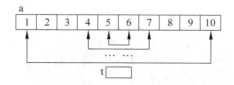

图 5.4　通过一个存储单元逆序存放的过程

```
#include <stdio.h>
int main(void)
{   int i=0,t=0,a[10]={1,2,3,4,5,6,7,8,9,10};
    for(i=0; i<10; i++)  printf("%4d",a[i]);
    printf("\n");
    for(i=0; i<10/2; i++)                        //注意最后下标值
    { t=a[i]; a[i]=a[10-i-1]; a[10-i-1]=t;  }    //逆序存放
    for(i=0; i<10; i++)  printf("%4d",a[i]);     //输出逆序存放后的值
    printf("\n");
}
```

运行结果：

```
1    2    3    4    5    6    7    8    9   10
10   9    8    7    6    5    4    3    2    1
```

【讨论题 5.2】　如果将程序中 i<10/2 改成 i<10，结果如何？为什么？

【例 5.7】　写出下列数组移动的运行结果。

```
#include <stdio.h>
int main(void)
{   int i=0,t=0,a[10]={1,2,3,4,5,6,7,8,9,10};
    int b[10]={1,2,3,4,5,6,7,8,9,10};
    for(i=0; i<10; i++)  printf("%4d",a[i]);
    printf("\n");
    t=a[0];                                  //①
    for(i=0; i<9; i++)   a[i]=a[i+1];        //②
    a[9]=t;                                  //③
    for(i=0; i<10; i++)  printf("%4d",a[i]);
    printf("\n");
    for(i=0; i<10; i++)  printf("%4d",b[i]);
    printf("\n");
    t=b[9];                                  //④
    for(i=9; i>0; i--)   b[i]=b[i-1];        //⑤
    b[0]=t;                                  //⑥
    for(i=0; i<10; i++)  printf("%4d",b[i]);
    printf("\n");
}
```

【解】　运行结果：

```
1    2    3    4    5    6    7    8    9   10
2    3    4    5    6    7    8    9   10    1
1    2    3    4    5    6    7    8    9   10
10   1    2    3    4    5    6    7    8    9
```

程序说明：

（1）图 5.5～图 5.7 表示变量 t 和数组 a、b 在程序中的变化情况。请注意，在处理移动过程时，应正确给出循环变量的初值和判断表达式。如果将程序中的 a[i]＝a[i＋1]改成 a[i−1]＝a[i]，则必须将 for(i＝0; i＜9; i＋＋) 改成 for(i＝1; i＜10; i＋＋)。

图 5.5　数组 a、b 原始状态

图 5.6　数组 a 的变化情况

【讨论题 5.3】　如果将 b[i]＝b[i−1]改成 b[i+1]＝b[i]，那么应该将 for(i＝9; i＞0; i−−) 改成什么形式？

（2）本程序的功能是：将 a 数组的后 9 个元素中的值各自往前移动一个位置，原来第一

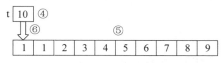

图 5.7　数组 b 的变化情况

个元素值移动到最后一个位置；将 b 数组的前 9 个元素中的值各自往后移动一个位置，原来最后一个元素值移动到第一个位置。

【讨论题 5.4】　数组元素中的值往前或往后移动两个位置时，应如何改写程序？

【例 5.8】　在由 10 个整型元素组成的数组中，查找最大值并输出。

【解】 编程点拨：

在数组元素中找最大值的实现思路是：首先假设第一个元素是最大的，用该最大值与第二个元素进行比较，如果第二个元素比该最大值大，则将第二个元素作为当前的最大值，然后用该最大值与第三个元素进行比较，如果第三个元素比该最大值大，则将第三个元素作为当前的最大值，以此类推，一直比较到最后一个元素为止，从而找出 10 个元素中的最大值。

程序如下：

```c
#include <stdio.h>
int main(void)
{   int i=0,a[10],max=0;
    printf("Please input 10 numbers:\n");
    for(i=0; i<10; i++)                    //输入 10 个整型数据放到数组 a 中
        scanf("%d",&a[i]);
    max=a[0];
    for(i=1; i<10; i++)                    //注意循环变量 i 的初始值为 1
        if(a[i]>max)
            max=a[i];
    printf("最大值是：%d\n",max);
    return 0;
}
```

运行结果：

```
Please input 10 numbers:
32 5 -89 45 345 12 9 48 93 2
最大值是: 345
```

程序说明:

(1) 对 int 或 double 型数组来说,输入数组元素值时,要通过循环逐个为数组元素赋值。

(2) 输出 int 或 double 型数组元素值时,也要与循环语句结合起来实现。

【讨论题 5.5】 如果要求从若干个数组元素中找最小值,应如何修改程序?

【讨论题 5.6】 如果要求找 10 个数组元素中最大值所在的下标,应如何修改程序?

【例 5.9】 从键盘输入 10 个整数存放在数组中,删除其中的最小值,并输出删除最小值后的数组元素。

【解】 编程点拨:

在数组元素中删除最小值时,首先需要找到最小值,注意此时不仅只是找到最小值本身,更关键的是找到最小值所在的数组元素的下标,即需要删除元素的位置,这是删除数组元素的前提。

删除数组元素的基本思路是:从需删除数组元素开始,将其后的第一个数组元素值赋值给该数组元素(即向左移动数组元素的方法,简称左移),然后将其后的第二个数组元素值赋给其后的第一个数组元素,以此类推,直至将数组的最后一个元素值赋值给数组的倒数第二个元素,这样就可以实现删除数组元素的操作。

输出删除最小值后的数组元素时,只需输出数组中的前 9 个元素即可。

程序如下:

```c
#include <stdio.h>
int main(void)
{   int i=0,a[10],k=0;
    printf("Please input 10 numbers:\n");
    for(i=0; i<10; i++)
        scanf("%d",&a[i]);

    for(i=1; i<10; i++)          //找 10 个元素中最小值所在元素的下标
        if(a[i]<a[k])
            k=i;
    for(i=k;i<9;i++)             //删除下标为 k 的数组元素
        a[i]=a[i+1];
    printf("Array after delete:\n");
    for(i=0; i<9; i++)           //输出删除最小值后的数组元素
        printf("%d ",a[i]);
    printf("\n");
    return 0;
}
```

运行结果:

```
Please input 10 numbers:
3 2 1 67 6 2 7 9 34 10
Array after delete:
3 2 67 6 2 7 9 34 10
```

程序说明：

（1）在数组中删除某个元素时，首先要找到删除数组元素的下标。

（2）删除数组元素时，采用的是左移的方法，即用后一个元素值不断覆盖前一个元素的方法实现，该操作需要借助用循环实现，在书写删除数组元素的循环语句时，要先明确左移的第一条语句，最后确定左移的最后一条语句，采用该方法有助于准确写出删除数组元素的循环语句，并确定循环的条件。

（3）在数组中删除一个元素后，数组的大小不会发生变化，数组中依然存储 10 个数组元素，在输出时只需输出前 9 个元素即可。

（4）运行程序时，应分多种情况测试程序运行结果是否正确，即最小值位于数组第一个元素、中间某个元素、最后一个元素等情况。

思考 1：如果数组中有多个最小值，该程序删除的是第一个最小值元素还是最后一个最小值元素？

思考 2：程序中进行删除操作时使用的循环体语句是"a[i]＝a[i＋1];"，请思考该语句可否修改为"a[i－1]＝a[i];"？ 如果改为"a[i－1]＝a[i];"，应如何修改循环的条件？

【讨论题 5.7】 如果要删除数组中的两个元素，请思考如何编写程序。

【例 5.10】 假设数组中已经存放着 10 个整型数组元素，要求在下标为 k 的位置插入 x，输出插入数据 x 后的数组元素。其中 k 和 x 的值从键盘输入，k 的取值范围为 0≤k≤10。

【解】 编程点拨：

在数组中插入一个数据的基本思路是：从插入位置开始，其后的所有数组元素都要移动到下一个元素的位置上（即右移），在右移数组元素时，要先移动数组的最后一个元素，即对最后一个元素进行右移，然后右移倒数第二个元素，以此类推，直至移动到插入位置的元素为止。最后将输入的 x 的值插入到留空的位置（即插入位置）。

程序如下：

```c
#include <stdio.h>
int main(void)
{   int i=0,k=0,x=0;
    int a[11]={12,5,90,45,6,35,66,79,32,2};
    printf("Input k:");
    scanf("%d",&k);
    printf("Input x:");
    scanf("%d",&x);
    for(i=10;i>=k+1;i--)            //右移操作
        a[i]=a[i-1];
    a[k]=x;                        //在数组中插入 x
    printf("The array is:\n");
```

```
    for(i=0; i<11; i++)                    //输出插入数据后的数组元素
        printf("%4d",a[i]);
    printf("\n");
    return 0;
}
```

运行结果：

```
Input k:3
Input x:80
The array is:
  12    5   90   80   45    6   35   66   79   32    2
```

程序说明：

（1）在数组中插入一个数据时，至少保证定义的数组大小比数组中存储的数组元素个数多 1。

（2）在数组中插入数据时，采用的是右移的方法，即用前一个元素值不断覆盖后一个元素的方法实现，该操作需要借助用循环实现，在书写插入数组元素的循环语句时，要先明确右移的第一条语句，然后确定右移的最后一条语句，这样便于准确写出循环语句，并确定循环的次数。

（3）在由 10 个元素组成的数组中再插入一个元素时，要确保输入的插入位置 k 的取值范围在 $0 \leqslant k \leqslant 10$ 之间。

（4）输出插入数据后的数组元素时，一定要确保输出数据的个数比数组中原始数据的个数多 1。

（5）运行程序时，应测试在数组第一个元素、中间某个元素、最后一个元素位置插入数据时，程序的运行结果是否正确。

思考：程序中执行插入操作时使用的循环体语句是"a[i]＝a[i－1];"，请思考该语句可否改为"a[i+1]＝a[i];"？如果要改为"a[i+1]＝a[i];"，应如何修改循环的条件？

【讨论题 5.8】 在执行插入操作时，k 的取值范围为 $0 \leqslant k \leqslant 10$，请思考如何编写程序代码保证输入的 k 值在此范围内？

【例 5.11】 假设数组中存放 10 个整数，从键盘输入一个整数 x，查找数组中是否存在与 x 值相同的数组元素，如果存在，则输出该数组元素的下标，否则输出不存在的信息。

【解】 编程点拨：

在数组中查找某个数的基本思路是：将输入的数 x 和数组元素逐个比较，如果 x 的值与当前数组元素不相等，继续比较下一个数组元素，直至比较到最后一个元素，如果一直没有找到与 x 的值相等的数组元素，则输出没找到的信息；如果 x 的值与当前数组元素的值相等，则不再继续查找，输出该元素的下标即可。

程序如下：

```
#include <stdio.h>
int main(void)
{   int i=0,x=0;
    int a[10]={10,8,56,3,41,35,66,9,38,7};
```

```
    printf("the array is:\n");
    for(i=0;i<10;i++)                      //输出数组中的元素
        printf("%d ",a[i]);
    printf("\n");
    printf("Input x:");
    scanf("%d",&x);
    for(i=0;i<10;i++)        //查找数组中是否存在与 x 相等的元素,存在则结束循环
        if(x==a[i])
            break;
    if(i<10)                 //i<10 代表提前结束循环,说明存在与 x 相等的数组元素
        printf("index=%d\n",i);
    else
        printf("%d is not in the array!\n",x);
    return 0;
}
```

运行结果:

```
the array is:
10 8 56 3 41 35 66 9 38 7
Input x:35
index=5
```

程序说明:

(1) 编写该程序的关键点是输出结果(即数组中是否存在与 x 的值相等的数组元素)。应在所有元素与 x 的值比较之后得出结论,而不应该在比较完第一个元素与 x 的值之后就直接给出结果,即在比较的循环语句执行完成后显示比较结果。

(2) 在查找的过程中,如果找到与 x 值相等的数组元素,则提前结束循环,此时需要使用 break 语句。

(3) 在该程序中只是找到了第一个与 x 的值相等的数组元素,如果数组中存在多个与 x 的值相同的数组元素,则该程序未做处理。

(4) 在该程序中,输出结果的判断依据与循环语句的条件相对应。

【例 5.12】 假设数组中存放 10 个整数,对数组中的元素按从大到小的顺序进行排列,输出排序后的数组元素。

【解】 编程点拨:

本例中使用的排序算法的基本思路是:首先从 10 个数组元素中查找值最大的元素,并将值最大的元素与数组中的第一个元素交换,这样第一个元素中存放的就是 10 个数组元素中的最大值。假设数组中存放的原始数据如图 5.8 所示,经过第一轮比较交换后数组中存放的元素如图 5.9 所示。

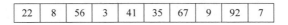

图 5.8 数组中的原始数据

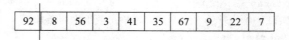

图 5.9　将值最大的数组元素与第一个元素交换后的结果

实现该操作的程序代码如下：

```
k=0;
for(j=1;j<10;j++)
    if(a[k]<a[j])
        k=j;
t=a[k];
a[k]=a[0];
a[0]=t;
```

接下来在剩下的 9 个数组元素中找值最大的元素，然后将其与数组中的第二个元素交换，这样第二个元素中存放的就是 10 个数组元素中第二大的数组元素，经过该轮比较交换后数组中存放的数据如图 5.10 所示。即数组中的前两个元素已经按照从大到小的顺序排列好了。

图 5.10　将值第二大的数组元素与第二个元素交换后的结果

实现该操作的程序代码如下：

```
k=1;
for(j=2;j<10;j++)
    if(a[k]<a[j])
        k=j;
t=a[k];
a[k]=a[1];
a[1]=t;
```

然后将数组中后 8 个元素中的最大值与第三个元素交换，该轮比较交换后数组中存放的数据如图 5.11 所示。

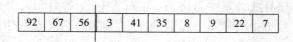

图 5.11　将值第三大的数组元素与第三个元素交换后的结果

对该数组来说，第三个元素即是未比较元素中的最大值，此时可以不必进行交换，实现该操作的程序代码如下：

```
k=2;
```

```
for(j=3;j<10;j++)
    if(a[k]<a[j])
        k=j;
if(k!=2)
{
    t=a[k];
    a[k]=a[2];
    a[2]=t;
}
```

可以将上述 3 轮的比较交换代码,写成如下有规律的程序代码段:

```
k=i;
for(j=i+1;j<10;j++)
    if(a[k]<a[j])
        k=j;
if(k!=i)
{
    t=a[k];
    a[k]=a[i];
    a[i]=t;
}
```

接下来要确定 i 的取值范围,即比较的轮数。将 10 个元素中的最大值与第一个元素交换,将后 9 个元素中的最大值与第二个元素交换,将后 8 个元素中的最大值与第三个元素交换,……,将后两个元素中的大值与第九个元素交换,这样第十个元素存放的就是 10 个元素中的最小值,经过 9 轮比较交换就可以对 10 个元素排好序,即循环进行了 9 次,i 的取值范围为 0~8。

程序如下:

```
#include <stdio.h>
int main(void)
{   int i=0,k=0,t=0,j=0;
    int a[10]={22,8,56,3,41,35,67,9,92,7};
    printf("the original array is:\n");
    for(i=0;i<10;i++)                    //输出排序前的数组元素
        printf("%d ",a[i]);
    printf("\n");
    for(i=0;i<9;i++)                     //排序操作
    {   k=i;
        for(j=i+1;j<10;j++)
            if(a[k]<a[j])
                k=j;
        if(k!=i)
        {   t=a[k];
```

```
        a[k]=a[i];
        a[i]=t;
    }
}
printf("the sorted array is:\n");
for(i=0;i<10;i++)                        //输出排序后的数组元素
    printf("%d ",a[i]);
printf("\n");
return 0;
}
```

运行结果：

```
the original array is:
22 8 56 3 41 35 67 9 92 7
the sorted array is:
92 67 56 41 35 22 9 8 7 3
```

程序说明：

（1）排序操作需要用双重循环实现，其中外层循环控制着比较交换的轮数，对 n 个数进行排序时，比较交换的轮数是 n－1 次。

（2）交换 a[k]和 a[i]两个数组元素的前提是 k!＝i，如果本轮比较中最前面的元素就是该轮参与比较的数组元素中的最大值，此时就没有必要交换数组元素，从而提高运行程序的效率。

（3）对数组元素进行排序有很多种实现方法，如冒泡排序、快速排序等，读者可自行设计相应的排序方法，并编写程序实现该方法。

【讨论题 5.9】 对 10 个整数组成的数组，按照从小到大的顺序进行排列，应如何修改上述排序的程序代码？

5.2 字　符　串

5.2.1　字符串的概念和字符串的输入输出

用双引号引起来的一串字符称为字符串（例如"abc"）。在 C 语言中，用字符型数组存放字符串。存放字符串时，系统在有效字符（例如上面的 abc）后面自动加"\0"。"\0"是 ASCII 码值为 0 的转义字符，我们称"\0"为空值，它是字符串的结束标志。在字符串中，有效字符的个数称为字符串的长度，例如，"abc"的长度为 3，但它所占的字节数是 4（"\0"占一位）。

【例 5.13】 编写程序，将字符串存放在一维字符数组中。

【解】 程序如下：

```
#include <stdio.h>
```

```
int main(void)
{   int i=0;
    char a[ ]="K";                    //等价于 char a[ ]={'K','\0'};
    char b[ ]={"Sit down"};           //等价于 char b[9]="Sit down";
    while(a[i]!='\0')                 //\0 是字符串的结束标志
    {   putchar(a[i]);  i++;    }
    printf("\n");
    i=0;
    while(b[i]!='\0')
    {   putchar(b[i]); i++;    }
    printf("\n");
    return 0;
}
```

运行结果:

```
K
Sit down
```

a、b 两个数组的存储情况如图 5.12 和图 5.13 所示。

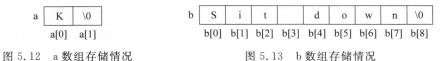

图 5.12　a 数组存储情况　　　　　图 5.13　b 数组存储情况

程序说明:

(1) "K"和"Sit down"是字符串,分别存放在字符型数组 a 和 b 中。

(2) 程序中未指定两个数组的长度,但根据所赋的字符串能够确定。例如,数组 a 的长度为 2,字符串"K"的长度为 1("\0"不计入字符串的实际长度)。

(3) 需要逐个输出字符串中的字符时,常用 while 循环和"\0"判断是否结束循环。

(4) "K"和'K'不同。"K"是字符串,占两个字节,而'K'是字符常量,占一个字节。""和'␣'(␣表示空格)也不同,""是空串,占一个字节,存放"\0",'␣'是字符常量,也占一个字节。"\0"的 ASCII 码值为 0,空格的 ASCII 码值为 32。

【例 5.14】　编写一个字符串的输入输出程序。

【解】　程序如下:

```
#include <stdio.h>
int main(void)
{   char a[10]="",b[10]="";          //必须为 a、b 开辟足够大的空间

    gets(a);    scanf("%s",b);
    puts(a);    printf("%s\n",b);
    return 0;
}
```

运行结果：

```
Sit down
Sit down
Sit down
Sit
```

程序说明：

（1）字符串的输入可调用库函数 gets 或 scanf(scanf 函数中格式说明符为％s)。这两个函数的不同之处在于：用 gets 函数输入字符串时，只有遇到回车符才认为字符串输入结束；而用 scanf 函数输入时，遇到空格、跳格符或回车符，都认为字符串输入结束，因此 b 中只存放了 Sit 和"\0"，而不是 Sit down 和"\0"。a、b 数组的存储情况如图 5.14 和图 5.15 所示。

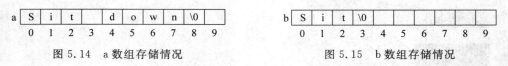

图 5.14　a 数组存储情况　　　　　　　　图 5.15　b 数组存储情况

（2）字符串的输出可调用库函数 puts 或 printf(printf 中格式说明符为％s)。puts(a)与 printf("％s\n",a)完全等价(含\n)，输出时，遇到第一个"\0"就结束。如果数组中没有存放"\0"，那么系统无法确定何时结束输出，因此得不到正确的结果，所以定义数组时，必须注意开辟的空间足够大，保证"\0"也能存上。例如，本例中 a 的长度就不能定义为 8。

调用库函数 puts 改写例 5.13，程序如下：

```
#include <stdio.h>
int main(void)
{   char a[]="K";
    char b[]={"Sit down"};
    puts(a);
    puts(b);
    return 0;
}
```

所以使用库函数 puts 可使程序简练。

5.2.2　字符串处理函数

C 语言库函数中包括丰富的字符串处理函数。下面介绍其中几个常用函数的使用。

【例 5.15】　编写程序，输入一个字符串，计算该字符串的长度。

【解】　程序如下：

```
#include <stdio.h>
#include <string.h>              //用字符串处理函数时,必须加此行
```

```
int main(void)
{   char a[80]="";   int count=0;
    gets(a);
    count=strlen(a);                    //strlen 是求字符串长度函数,需要 1 个参数
    printf("%s:%d\n",a,count);
    return 0;
}
```

运行结果：

```
I am OK
I am OK:7
```

程序说明：

（1）strlen 是求字符串长度的函数,字符串长度是有效字符的个数,不包括"\0"。函数 strlen 的参数也可以是具体的字符串,例如,strlen("Good")的值为 4。

（2）也可以不调用 strlen 函数计算字符串长度,其代码如下：

```
while(a[i]!='\0')                      //只要不是字符串的结束符,count 增 1
{   count++;   i++;   }
```

【例 5.16】 编写程序,将输入的字符串复制到另一个数组中。

【解】 程序如下：

```
#include <stdio.h>
#include <string.h>
int main(void)
{   char a[50]="",b[80]="";

    gets(a);                //给 a 输入字符串
    strcpy(b,a);            //strcpy 是字符串复制函数,需要两个参数
    puts(b);                //输出 b(不是 a)中的字符串
    return 0;
}
```

运行结果：

```
I am OK
I am OK
```

程序说明：

（1）strcpy(b,a)的功能是将 a 中的字符串复制到 b 数组中。请注意,数组 b 的长度应大于要复制的字符串长度(因为还要存放字符串结束符'\0')。strcpy 的第二个参数可以是具体的字符串,例如,strcpy(b,"Example")的功能是将字符串"Example"复制到 b 中。

（2）用下面语句实现两个数组中字符串的交换。

```
char a[5]="ABCD",b[5]="abcd",temp[5]="";
strcpy(temp,a);    strcpy(a,b);    strcpy(b,temp);
```

但不能使用"temp＝a；a＝b；b＝temp；"或"temp[5]＝a[5]；a[5]＝b[5]；b[5]＝temp[5]；"完成字符串的交换。

（3）也可以不调用strcpy函数实现字符串的复制功能，其代码如下：

```
while(a[i]!='\0')
{   b[i]=a[i];  i++;   }          //图5.16①复制
b[i]='\0';                        //图5.16②人为地存放"\0"
```

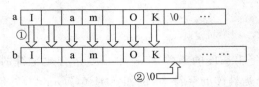

图5.16 字符串复制过程

【例5.17】 编写程序，将输入的两个字符串连接起来。

【解】 程序如下：

```
#include <stdio.h>
#include <string.h>
int main(void)
{   char a[80]="",b[30]="";
    gets(a);  gets(b);
    strcat(a,b);          //字符串连接函数,将b中字符串连接到a字符串后面
    puts(a);
    return 0;
}
```

运行结果：

程序说明：

（1）strcat(a,b)的功能是将数组b中字符串连接到a字符串后面。数组a的长度应大于a、b中两个字符串长度之和（连接后还要存放字符串结束符"\0"）。strcat的第二个参数可以是具体的字符串。

（2）也可以不调用strcat函数连接字符串的功能，参见5.6节中的训练5.3。

【例5.18】 编写程序，比较两个字符串的大小。

【解】 程序如下：

```
#include <stdio.h>
```

```
#include <string.h>
int main(void)
{   char a[30]="",b[30]="";
    gets(a);   gets(b);
    if(strcmp(a,b)>0)  printf("First string >Second string\n");
    if(strcmp(a,b)==0)  printf("Equal\n");
    if(strcmp(a,b)<0)  printf("First string <Second string\n");
    return 0;
}
```

运行结果：

```
book
boy
First string < Second string
```

程序说明：

(1) strcmp(a,b)的功能是比较数组 a 和 b 中两个字符串的大小。比较两个字符串
"book" 和"boy"的过程如图 5.17 所示。比较操作从两个字

符串左边字符开始向右依次进行,对应字符一一比较,如果

```
b   o   o   k      \0
‖   ‖   ∧
b   o   y      \0
```

图 5.17 比较字符串的过程

对应字符的 ASCII 码值都相等,则认为这两个字符串相等;
一旦出现对应字符不相等(如'o'和'y'),则 ASCII 码值大的字
符所在字符串就大,ASCII 码值小的字符所在字符串就小。例如,'y'的 ASCII 码值大于'o'
的 ASCII 码值,因此字符串"boy"大于"book"。

(2) 不能将程序中的 if(strcmp(a,b)>0)写成 if(a>b)。

(3) strcmp 的两个参数都可以是字符串常量。

(4) 也可以不调用 strcmp 函数实现比较字符串的功能,参见 5.6 节中的训练 5.3。

5.3 二 维 数 组

【例 5.19】 编写定义和输出二维数组的程序。

【解】 程序如下:

```c
#include <stdio.h>
int main(void)
{   int a[3][2]={{1,2},{3,4},{5,6}};          //二维数组的初始化
    int i=0,j=0,b[2][5]={0};

    for(i=0; i<2; i++)                        //外循环控制行
        for(j=0; j<5; j++)                    //内循环控制列
            scanf("%d",&b[i][j]);             //给二维数组赋值
    printf("Array a:\n");
```

```
        for(i=0; i<3; i++)
        {   for(j=0; j<2; j++)  printf("%5d",a[i][j]);
            printf("\n");                          //按矩阵形式输出时必须加此行
        }
        printf("Array b:\n");
        for(i=0; i<2; i++)
        {   for(j=0; j<5; j++) printf("%5d",b[i][j]);
            printf("\n");
        }
        return 0;
    }
```

运行结果：

```
1 2 3 4 5 6 7 8 9 0
Array a:
    1    2
    3    4
    5    6
Array b:
    1    2    3    4    5
    6    7    8    9    0
```

程序说明：

(1) 定义"int a[3][2]={{1,2},{3,4},{5,6}};"表示 a 为二维数组名，a 数组中包括 3×2 个元素(a[0][0]、a[0][1]、a[1][0]、a[1][1]、a[2][0]、a[2][1])，每个元素的类型为整型，其值分别为 1、2、3、4、5、6，b 数组中包括 2×5 个整型类型的元素，每个元素的值由键盘输入。

(2) 一般用双层 for 循环简化数组元素的输入、输出等操作，用外层循环控制行下标，内层循环控制列下标。

(3) a 数组的逻辑结构如图 5.18 所示。从图可以看到，在同一行上元素的第一个下标都相等，而在同一列上第二个下标都相等。我们称第一个下标为行下标，第二个下标为列下标。系统在内存中为 a 数组分配 6 个连续的存储单元(4B×6＝24B)，这 6 个元素按行顺序存放(见图 5.19)。

图 5.18　a 数组的逻辑结构

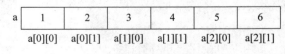

图 5.19　a 数组的存储情况

【例 5.20】　打印如下杨辉三角形。

```
1
1    1
1    2    1
```

```
1    3    3    1
1    4    6    4    1
1    5   10   10    5    1
```

【解】 编程点拨：

要打印杨辉三角形，必须先分析其特点。杨辉三角形的特点是：第一列和对角线上的元素值都是 1，其他元素值均是前一行同一列元素与前一行前一列元素之和。

程序如下：

```
#include <stdio.h>
#define N 6
int main(void)
{   int a[N][N]={0},i=0,j=0;
    for(i=0; i<N; i++)
        a[i][0]=a[i][i]=1;                      //给第 1 列和对角线上的元素赋 1
    for(i=2; i<N; i++)
        for(j=1; j<i; j++)                      //对角线上的元素已被赋值,所以 j<i
            a[i][j]=a[i-1][j-1]+a[i-1][j];      //给其他元素赋值
    for(i=0; i<N; i++)
    {   for(j=0; j<=i; j++)  printf("%5d",a[i][j]);      //参见例 4.17
        printf("\n");
    }
    return 0;
}
```

输出结果如上。

【例 5.21】 定义 4×6 的实型数组，并将各行前 5 列元素的平均值分别放在同一行的第六列上。

【解】 程序如下：

```
#include <stdio.h>
int main(void)
{   double a[4][6]={0},sum=0;
    int i=0,j=0;
    for(i=0; i<4; i++)
        for(j=0; j<5; j++)
            a[i][j]=i * j+1;                    //给数组 a 的前 5 列赋值
    for(i=0; i<4; i++)                          //计算各行平均值,并存放在 a[i][5]上
    {   sum=0;
        for(j=0; j<5; j++)
            sum=sum+a[i][j];
        a[i][5]=sum/5;
    }
    for(i=0; i<4; i++)
    {   for(j=0; j<6; j++)  printf("%5.1lf",a[i][j]);
```

```
        printf("\n");
    }
    return 0;
}
```

运行结果：

```
1.0  1.0  1.0   1.0   1.0  1.0
1.0  2.0  3.0   4.0   5.0  3.0
1.0  3.0  5.0   7.0   9.0  5.0
1.0  4.0  7.0  10.0  13.0  7.0
```

5.4 贯穿实例——成绩管理程序（4）

前几章的贯穿实例中介绍了主菜单的设计与编码，本章将介绍成绩管理程序的输入、显示、查找、最值、插入、删除、排序等各项具体功能，在第 7 章将介绍根据主菜单中的选项实现相应功能的方法。

成绩管理程序之四：编写程序完成如下功能。

（1）输入功能。编写程序，输入 10 个成绩并存放在数组中。

（2）显示功能。假设数组中已存放 10 个成绩，编写程序，输出该数组中的成绩。

（3）查找功能。假设数组中已存放 10 个成绩，编写程序，从键盘输入一个成绩，查找数组中是否存在该成绩，如果存在，则输出其下标；否则，输出不存在的信息。

（4）最值功能。假设数组中已存放 10 个成绩，编写程序，查找最高成绩并输出该成绩。

（5）插入功能。假设数组中已存放 10 个成绩，编写程序，从键盘输入一个下标值，在此下标值处插入成绩值 100。

（6）删除功能。假设数组中已存放 10 个成绩，编写程序，从键盘输入一个下标值，删除该下标对应的数组元素。

（7）排序功能。假设数组中已存放 10 个成绩，编写程序，对数组中的成绩以从高到低的顺序排序。

【解】

（1）输入功能。

```
#include <stdio.h>
int main(void)
{   int i=0,a[10]={0};
    printf("Input data:");
    for(i=0; i<10; i++)
        scanf("%d",&a[i]);
    return 0;
}
```

程序说明：

此程序仅仅为了以后的使用，从键盘输入数据的操作。

（2）显示功能。

```c
#include <stdio.h>
int main(void)
{   int i=0,a[10]={87,56,73,64,92,98,61,48,75,80};
    for(i=0; i<10; i++)
        printf("%4d",a[i]);
    printf("\n");
    return 0;
}
```

运行结果：

```
  87  56  73  64  92  98  61  48  75  80
```

（3）查找功能（查找数组中是否存在某个成绩）。

编程点拨：查找数组中是否存在某个成绩的算法可参见例 5.11。程序如下：

```c
#include <stdio.h>
int main(void)
{   int i=0,x=0,a[10]={87,56,73,64,92,98,61,48,75,80};
    printf("Input x:");    scanf("%d",&x);
    for(i=0; i<10; i++)  printf("%4d",a[i]);
    printf("\n");
    for(i=0; i<10; i++)
        if(x==a[i])  break;           //如果找到了,则提前结束循环
    if(i<10)   printf("index=%d\n",i);  //i<10 说明提前结束,找到
    else   printf("%d not exist!\n",x);  //i≥10 说明正常结束,没找到
    return 0;
}
```

第一次运行结果：

```
Input x:92
  87  56  73  64  92  98  61  48  75  80
index=4
```

第二次运行结果：

```
Input x:100
  87  56  73  64  92  98  61  48  75  80
100 not exist!
```

（4）最值功能（以最高分为例）。

编程点拨：求最高分所在元素的下标，不必用 max 记住最高分，只要用 k 记住最高分所在元素的下标就可以了。程序如下：

```
#include <stdio.h>
main()
{   int i=0,k=0,a[10]={87,56,73,64,92,98,61,48,75,80};

    for(i=0; i<10; i++)
        printf("%4d",a[i]);
    printf("\n");
    k=0;                                    //先假设最高分所在元素的下标为 0
    for(i=1; i<10; i++)
        if(a[k]<a[i])   k=i;                //找到了比自己大的元素,记该下标
    printf("k=%d,max=%d\n",k,a[k]);         //输出最高分所在的下标值和最高分
    return 0;
}
```

运行结果：

```
  87  56  73  64  92  98  61  48  75  80
k=5,max=98
```

(5) 插入功能(在下标为 k 的位置插入成绩 100)。

编程点拨：在数组中插入一个成绩时,定义数组必须多开辟一个存储单元用于插入数据。如果要在下标为 k 的位置插入一个成绩 100,首先从最后一个元素开始,依次将其前面元素中的值右移一个位置,直至下标为 k 的元素为止(插入的方法参见例 5.10),再将成绩 100 赋给下标为 k 的元素中。在数组中插入成绩时,为确保输入的 k 值是有效的数组元素下标,即在运行程序时,如果用户输入的 k 值不在[0,10]的范围内,可以重复输入 k 的值,直至 k 的值在[0,10]之间,在程序中可以通过循环语句实现该要求。程序如下：

```
#include <stdio.h>
main()
{   int i=0,k=0,a[11]={87,56,73,64,92,98,61,48,75,80};
    printf("The original sequence is:\n");
    for(i=0; i<10; i++)
        printf("%4d",a[i]);
    printf("\n");
    do
    {
        printf("Please input k:");
        scanf("%d",&k);
    }while(k<0||k>10);
    for(i=10; i>=k+1; i--)
        a[i]=a[i-1];                //右移数组元素
    a[k]=100;                       //在下标 k 处插入成绩
    printf("After the insertion sequence is:\n");
```

```
    for(i=0; i<11; i++)
        printf("%4d",a[i]);
    printf("\n");
    return 0;
}
```

运行结果：

```
The original sequence is:
  87  56  73  64  92  98  61  48  75  80
Please input k:11
Please input k:2
After the insertion sequence is:
  87  56 100  73  64  92  98  61  48  75  80
```

(6) 删除功能(删除下标为 k 的成绩)。

编程点拨：如果要删除下标为 k 的成绩，只要从下标为 k 的元素开始，将其后面元素中的值依次左移一个位置即可，删除数组元素的算法参见例 5.9。显示结果时，不应输出最后一个元素。在数组中删除某个成绩时，为确保要删除的元素下标 k 值是有效的数组元素下标，即在运行程序时，如果用户输入的 k 值不在[0,9]的范围内，可以重复输入 k 的值，直至 k 的值在[0,9]之间，在程序中可以通过循环语句实现该要求。程序如下：

```
#include <stdio.h>
int main(void)
{    int i=0,k=0,a[10]={22,33,99,11,12,13,78,54,87,65};
    for(i=0; i<10; i++)
        printf("%4d",a[i]);
    printf("\n");
    do
    {
        printf("Please input k:");
        scanf("%d",&k);
    }while(k<0||k>9);
    for(i=k; i<9; i++)    a[i]=a[i+1];        //后面的元素往前移一位
    for(i=0; i<9; i++) printf("%4d",a[i]);    //只输出前 9 个元素
    printf("\n");
    return 0;
}
```

运行结果：

```
  87  56  73  64  92  98  61  48  75  80
Please input k:34
Please input k:7
  87  56  73  64  92  98  61  75  80
```

(7) 排序功能(按成绩从高到低进行排序)。

编程点拨：对成绩进行排序的算法可参见例 5.12。

程序如下：

```
#include <stdio.h>
int main(void)
{   int i=0,j=0,k=0,temp=0,a[10]={87,56,73,64,92,98,61,48,75,80};
    for(i=0; i<10; i++)   printf("%4d",a[i]);
    printf("\n");
    for(i=0; i<9; i++)
    {   k=i;
        for(j=k+1; j<10; j++)
            if(a[k]<a[j])   k=j;
        temp=a[i];  a[i]=a[k];  a[k]=temp;
    }
    for(i=0; i<10; i++)   printf("%4d",a[i]);
    printf("\n");
    return 0;
}
```

运行结果：

```
87   56   73   64   92   98   61   48   75   80
98   92   87   80   75   73   64   61   56   48
```

5.5 提 高 部 分

【例 5.22】 将 10 个数按由小到大的顺序进行排序(用冒泡排序法)。

【解】 编程点拨：

在例 3.7 中已介绍用冒泡法对 3 个数进行排序的方法。下面观察 4 个数的排序过程，如图 5.20 所示(假设将 4 个数放在数组中)。

(1) 下面需要对 4 个数进行操作。

先比较 a[0]和 a[1]，如图 5.20(a)所示。

```
if(a[0]>a[1])   {   temp=a[0];  a[0]=a[1];  a[1]=temp;   }
```

再比较 a[1]和 a[2]，如图 5.20(b)所示。

```
if(a[1]>a[2])   {   temp=a[1];  a[1]=a[2];  a[2]=temp;   }
```

最后比较 a[2]和 a[3]，如图 5.20(c)所示。

```
if(a[2]>a[3])   {   temp=a[2];  a[2]=a[3];  a[3]=temp;   }
```

这时已冒出第一个泡 8，如图 5.20(d)所示。上面 3 个 if 语句可简化为：

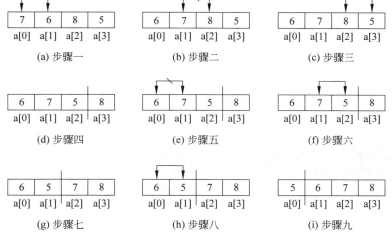

图 5.20　4 个数的排序过程

```
for(j=0; j<3; j++)
    if(a[j]>a[j+1])  {  temp=a[j];  a[j]=a[j+1];  a[j+1]=temp;  }
```

（2）下面只需要对前 3 个数进行操作。

比较 a[0] 和 a[1]，如图 5.20(e) 所示，再比较 a[1] 和 a[2]，图 5.20(f) 所示。这时冒出第二个泡 7，如图 5.20(g) 所示。

```
for(j=0; j<2; j++)
    if(a[j]>a[j+1])  {  temp=a[j];  a[j]=a[j+1];  a[j+1]=temp;  }
```

（3）下面只对前两个数进行操作。

只比较 a[0] 和 a[1]，如图 5.20(h) 所示。

```
for(j=0; j<1; j++)
    if(a[j]>a[j+1])  {  temp=a[j];  a[j]=a[j+1];  a[j+1]=temp;  }
```

这时已冒出第三个泡 6，如图 5.20(i) 所示。自然 a[0] 中的值最小。

上面的 3 个循环语句可简化成：

```
for(i=1; i<=3; i++)          //每次循环冒出一个泡,共冒出 3 个泡
    for(j=0; j<4-i; j++)
        if(a[j]>a[j+1])  {  temp=a[j];  a[j]=a[j+1];  a[j+1]=temp;  }
```

如果对 10 个数进行排序,则简单地把上面循环中的 3 改成 9,4 改成 10。程序如下：

```
#include <stdio.h>
int main(void)
{   int i=0,j=0,temp=0,a[10]={10,9,8,2,5,1,7,3,4,6};
    for(i=0; i<10; i++)  printf("%4d",a[i]);
    printf("\n");
    for(i=1; i<=9; i++)
```

```
        for(j=0; j<10-i; j++)
            if(a[j]>a[j+1])
            {  temp=a[j];  a[j]=a[j+1];  a[j+1]=temp;  }
    for(i=0; i<10; i++)  printf("%4d",a[i]);
    printf("\n");
    return 0;
}
```

运行结果：

```
10  9  8  2  5  1  7  3  4  6
 1  2  3  4  5  6  7  8  9  10
```

【例 5.23】 输入一个字符串，统计其中的单词个数。单词之间用空格隔开。

【解】 编程点拨：

用 count 统计单词数。统计单词的个数可按以下步骤进行：

（1）在字符串中找出第一个非空格字符，如图 5.21(a)所示。

（2）如果第一个非空格字符为有效字符（即不等于"\0"），count 增 1，即处理第一个单词，如图 5.21(b)所示。

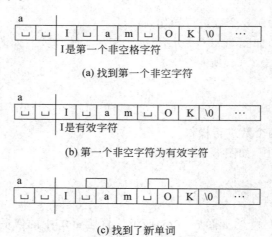

(a) 找到第一个非空字符

(b) 第一个非空字符为有效字符

(c) 找到了新单词

图 5.21　统计单词个数过程

（3）在字符串中，只要一个空格和一个非空格字符（不能为"\0"）连续存在，就说明找到了新的单词，因此 count 增 1，如图 5.21(c)所示。程序如下：

```
#include <stdio.h>
int main(void)
{   char a[80]="";
    int i=0,count=0;
    gets(a);
    while(a[i]==' ')
        i++;                    //找第一个非空格字符
```

```
    if(a[i]!='\0')
        count++;                  //非空格字符为有效字符时
    while(a[i]!='\0')
    {   if(a[i]==' ' && a[i+1]!=' ' && a[i+1]!='\0')
            count++;              //一个空格和一个非空格字符(不能为"\0")连续存在时
        i++;
    }
    printf("%s:%d Words\n",a,count);
    return 0;
}
```

运行结果：

```
I am OK
I am OK:3 Words
```

程序说明：

执行本程序时，输入的字符个数不能超过 79。如果处理含有更多字符的字符串，则数组长度需要相应调整。

*【例 5.24】 编程打印 n×n 阶的螺旋方阵（顺时针方向旋进），例如，当 n＝5 时，5×5 阶的螺旋方阵为如下形式：

```
 1   2   3   4   5
16  17  18  19   6
15  24  25  20   7
14  23  22  21   8
13  12  11  10   9
```

【解】 编程点拨：

本题要求按顺时针方向从外向内给二维数组置螺旋方阵，我们可以通过嵌套的 for 循环来实现。外层的 for 循环用来控制螺旋方阵的圈数，内层用 4 个 for 循环分别给每一圈的上行、右列、下行、左列元素赋值。程序如下：

```
#include <stdio.h>
#define N 5
int main(void)
{   int a[N][N]={0},i=0,j=0,k=1,m=0;
    if(N%2==0)   m=N/2;                  //m 为螺旋方阵的圈数
    else   m=N/2+1;
    for(i=0; i<m; i++)                   //外层 for 循环，用来控制螺旋方阵的圈数
    {   for(j=i; j<N-i; j++)             //内层第一个 for 循环给各圈上行置数
        {   a[i][j]=k;   k++;   }
        for(j=i+1; j<N-i; j++)           //内层第二个 for 循环给各圈右列置数
        {   a[j][N-i-1]=k;   k++;   }
        for(j=N-i-2; j>=i; j--)          //内层第三个 for 循环给各圈下行置数
        {   a[N-i-1][j]=k;   k++;   }
```

```
        for(j=N-i-2; j>=i+1; j--)        //内层第四个 for 循环给各圈左列置数
        {   a[j][i]=k;   k++;   }
    }
    for(i=0; i<N; i++)                    //输出螺旋方阵
    {   for(j=0; j<N; j++)   printf("%5d",a[i][j]);
        printf("\n");
    }
    return 0;
}
```

运行结果同上。

程序说明：

程序中给螺旋方阵置数的过程如下：

当 i 的值为 0 时，首次进入外层 for 循环体，并给螺旋方阵第一圈置数：

(1) 内层 for1 给第一圈的上面行分别置数 1、2、3、4、5。

(2) 内层 for2 给第一圈的右边列分别置数 6、7、8、9。

(3) 内层 for3 给第一圈的下面行分别置数 10、11、12、13。

(4) 内层 for4 给第一圈的左边列分别置数 14、15、16。

当 i 的值为 1 时，第二次进入外层 for 循环体，并给螺旋方阵第二圈置数：

(1) 内层 for1 给第二圈的上面行分别置数 17、18、19。

(2) 内层 for2 给第二圈的右边列分别置数 20、21。

(3) 内层 for3 给第二圈的下面行分别置数 22、23。

(4) 内层 for4 给第二圈的左边列分别置数 24。

当 i 的值为 2 时，第三次进入外层 for 循环体，并给螺旋方阵第三圈置数 25（只剩一个元素）。

按以上规律，通过外层 for 循环的循环控制变量的不断增加，给螺旋方阵置数。

*【例 5.25】 判断二维数组中是否存在鞍点（如果一个数组元素在该行上值最大，该列上值最小，则称此元素为鞍点），若存在，则输出之；否则，输出没有鞍点的信息。

【解】 编程点拨：

找鞍点的操作可以通过嵌套的 for 循环来实现。外层的 for 循环用来控制二维数组的行数。在外层循环体中需要处理 3 件事情：

(1) 找每行中最大值所在的列下标；

(2) 判断该元素在本列上是否为最小；

(3) 判断是否找到了鞍点，若找到，则输出后退出循环。

程序如下：

```
#include <stdio.h>
#define N 3
#define M 4
int main(void)
{   int a[N][M]={0},i=0,j=0,k=0,flag=0;
```

```
printf("Input %d data:",N*M);
for(i=0; i<N; i++)                     //输入、输出二维数组
{   for(j=0; j<M; j++)
    {   scanf("%d",&a[i][j]);  printf("%4d", a[i][j]);   }
    printf("\n");
}
for(i=0; i<N; i++)
{   k=0;                        在下标为 i 的行上找最大
    for(j=0;j<M;j++)            元素所在的列下标值 k
        if(a[i][k]<a[i][j])   k=j;
    flag=1;
    for(j=0; j<N; j++)          在下标为 k 的列上,若有比 a[i][k]
        if(a[i][k]>a[j][k])     更小的,给 flag 赋 0
            flag=0;
    if(flag==1)                          //若是鞍点,则输出后提前退出循环
    {   printf("i=%d,k=%d,saddle point:%d\n",i,k,a[i][k]);
        break;
    }
}
if(i==N)
    printf("Not exist saddle point.\n");   //如果正常退出循环,说明无鞍点
}
```

第一次运行结果：

```
Input 12 data:1 2 3 4 5 6 7 8 9 10 11 12
    1    2    3    4
    5    6    7    8
    9   10   11   12
i=0,k=3,saddle point:4
```

第二次运行结果：

```
Input 12 data:1 2 30 4 5 6 7 8 9 10 11 12
    1    2   30    4
    5    6    7    8
    9   10   11   12
Not exist saddle point.
```

*【例 5.26】 输出 n 阶魔方阵。所谓 n 阶魔方阵,是指一个行数与列数都为 n 的矩阵,该矩阵的每行、每列、两个对角线上的 n 个元素之和均相等。例如,三阶魔方阵如下：

```
8  1  6
3  5  7
4  9  2
```

【解】 编程点拨：

本题以三阶魔方阵为例,按"右上方"原则将 1～9 数值依次赋予二维数组的各个元

素,所谓"右上方"的原则是指:若当前已置数元素的下标值为 i 和 j,则下一个被置数元素的下标值应该为 i−1 和 j+1;如遇特殊情况,则另行处理。为了便于操作,先给二维数组各元素赋初值 0。

(1) 首先决定数值 1 存放位置,例如,将 1 存放在第一行中间的一列,如图 5.22(a) 所示。

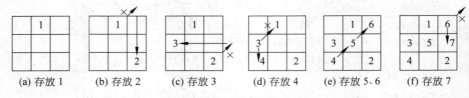

(a) 存放 1   (b) 存放 2   (c) 存放 3   (d) 存放 4   (e) 存放 5、6   (f) 存放 7

图 5.22   魔方阵置数过程

(2) 将 2～9 按"右上方"原则依次存放,行下标为 i=i−1,列下标为 j=j+1,如图 5.22(e)所示。

当计算后的下标值出现以下情况时,进行相应的处理:

如果行下标和列下标都越界,则此时该数应存放在前一个已置数元素下一行同列的位置上,如图 5.22(f)所示。

如果只有行下标越界,则存放在当前列的最后一行位置上,如图 5.22(b)所示。

如果只有列下标越界,则存放在当前行的最后一列位置上,如图 5.22(c)所示。

(3) 如果该位置上已存放过值(即元素值不为 0),此时应存放在前一个已置数元素下一行同列的位置上,如图 5.22(d)所示。

程序如下:

```
#include <stdio.h>
#define N 5                              //程序输出五阶魔方阵
int main(void)
{   int a[N][N]={0},i=0,j=0,k=0;
    j=N/2; a[i][j]=1;                    //图 5.22(a)
    for(k=2; k<=N*N; k++)                //给剩下 24 个元素赋值
    {   i=i-1;   j=j+1;                  //图 5.22(e)
        if(i<0 && j==N)                  //图 5.22(f)
        {   i=i+2;   j=j-1;   }          //求原来元素的下一行下标值
        else
        {   if(i<0)  i=N-1;              //图 5.22(b)
        if(j==N) j=0;                    //图 5.22(c)
    }
    if(a[i][j]==0)  a[i][j]=k;           //未曾置过数
    else  { i=i+2;   j=j-1;   a[i][j]=k; }   //图 5.22(d)
    }
    for(i=0; i<N; i++)
    {   for(j=0; j<N; j++)   printf("%4d",a[i][j]);
```

```
        printf("\n");
    }
    return 0;
}
```

运行结果：

```
17  24   1   8  15
23   5   7  14  16
 4   6  13  20  22
10  12  19  21   3
11  18  25   2   9
```

5.6　上　机　训　练

【训练 5.1】　若有已按降序排列的数列 20,18,16,14,12,10,8,6,4,2,现要求将键盘输入的一个数插入到该数列中,要求按原来的排序规律插入。

1. 目标

(1) 熟悉数组的定义、初始化、输出的方法。

(2) 掌握如何在一个有序的数列中查找合适的位置。

(3) 掌握如何将一个数插入到一个数列中。

2. 步骤

(1) 定义整型变量 i、j、k 和含有 11 个元素的数组 a,并为数组 a 初始化。

(2) 输出数组 a 中原来的元素值。

(3) 输入要插入的数,并存放在 k 中。

(4) 找插入位置。

(5) 将插入点(含插入点)后面的各元素均后移一位。

(6) 在插入点插入数据。

(7) 输出插入后数组 a 中的元素值。

3. 提示

(1) 定义数组时必须多开辟一个存储单元用于存放插入的数据。

(2) 若要保证插入数后原数组仍按降序排列,则应该先找到合适的位置然后再插入。查找插入点可以用 while 循环,从 a[0]元素开始一个一个与 k 比较,若用 j 表示数组元素下标,一旦 k 大于当前的 a[j],就找到了插入点,循环即可结束;假若在数列中始终找不到比 k 小的元素,为了不超出查找范围,j 应小于 10,否则循环也必须结束,因此判断循环是否进行的条件应该有两个。根据以上分析,可以按以下形式编写查找插入点的循环语句:

```
while(a[j]>=k && j<10) j++;
```

循环结束时,j 即为插入点,参见图 5.23①。

(3) 为了将 k 值插入到数组中,应从数组最后一个元素起至插入点为止,依次将数组

元素值后移一位,参见图 5.23②。可以按以下形式编写后移操作的循环语句:

```
for(i=10; i>=j+1; i--)  a[i]=a[i-1];
```

(4) 将 k 赋予 j 下标数组元素,也就是将 k 插入到数组中,参见图 5.23③。

4. 扩展

在本训练题中去掉已排好序的限制条件,而且在最大元素后面插入一个数。

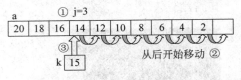

图 5.23　插入过程

【训练 5.2】 掷 100 次骰子,统计各点数出现的次数。

1. 目标

(1) 了解随机产生数的方法。

(2) 掌握用 6 个数组元素分别统计掷骰子后各点数的方法。

(3) 学会使用数组解决实际问题。

2. 步骤

(1) 定义整型变量 i、n 和数组 a。

(2) 产生 100 个 1~6 之间的整数,同时统计 1 出现的次数、2 出现的次数、……、6 出现的次数,并分别存放在 a[1]、a[2]、……、a[6] 中。

(3) 输出统计结果,即数组 a 中的值。

3. 提示

(1) 为了能够用 a[i] 统计出现点数 n(n=1,2,3,4,5,6) 的次数,不用 a[0],因此定义数组时使 a 含 7 个元素。有时为了使数组元素含义更明确,使用的数组元素下标不一定从 0 开始。

(2) 掷 100 次骰子要用 for 循环,i 从 1 变化到 100。

(3) 用 rand()%6+1 产生 1~6 之间的点数。rand()%k 的作用是随机产生大于等于 0,且小于 k 的整数。

(4) 产生点数 n(n=1,2,3,4,5,6) 时,a[n] 增 1,即执行"a[n]=a[n]+1;"。

(5) 进入循环前加一条语句"srand(time(0));",以保证每次运行时产生的随机数独立。

(6) 使用 rand 和 srand 函数时,程序的开头要加命令行"＃include ＜time. h＞"和"＃include ＜stdlib. h＞"。

(7) 步骤(2)可采用如下代码:

```
srand(time(0));
for(i=1; i<=100; i++)
{   n=rand()%6+1;
    a[n]=a[n]+1;
}
```

4. 扩展

在原功能基础上再输出出现的点数最多的元素值。

【训练 5.3】 不使用 strcat 函数实现连接两个字符串的功能。

1. 目标

（1）学会控制字符串的输入、输出操作。

（2）学会使用字符串的结束标志"\0"。

（3）了解字符串的连接思路。

2. 步骤

（1）定义整型变量 i 和 j、字符型数组 a 和 b。

（2）输入两个字符串。

（3）找 a 中字符串的末尾。

（4）将 b 中的有效字符连接到 a 中字符串后面。

（5）人为地在 a 中最后字符后加字符串结束标志。

（6）输出连接好的字符串。

3. 提示

（1）数组 a 的大小要足够大，以能够存放连接后的字符串。

（2）从数组 a 的首字符开始逐个判断是否为"\0"，以此方法找字符串末尾。可用 while 循环实现。

（3）将 b 中的有效字符连接到 a 中字符串后面，可用如下代码：

```
while(b[j]!='\0')
{    a[i]=b[j];   i++; j++;    }
```

（4）字符串连接过程参见图 5.24。

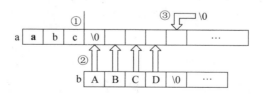

图 5.24 字符串连接过程

4. 扩展

不使用 strcmp 函数实现比较两个字符串的功能。找第一个不相等字符的代码可用 "while(a[i]==b[i] && a[i]!='\0') i++;"。

【训练 5.4】 分别计算 5×5 矩阵的两条对角线元素之和，要求每行每列元素值由随机函数（rand 函数，参见训练 5.2）产生，且为 1～20 的整数。

1. 目标

（1）熟悉二维数组的定义。

（2）学习如何进行二维数组元素的赋值、引用和输出操作。

2. 步骤

（1）定义一个含有 5 行 5 列的二维数组 a，表示行和列的整型变量 i 和 j，以及 sum1 和 sum2。

（2）将产生的随机值依次赋予二维数组各元素。

（3）输出二维数组各元素。

（4）计算主对角线各元素之和，并输出和值。

（5）计算次对角线各元素之和，并输出和值。

3．提示

（1）二维数组的定义要有两个下标，第一个下标值表示行数，第二个下标值表示列数。

（2）一般使用双循环对二维数组各元素进行赋值、引用和输出操作。

（3）n×n 二维数组的主对角线从左上角元素到右下角元素；次对角线从右上角元素到左下角元素。本题则要求分别计算处于这两条对角线位置上元素值的和。

（4）在计算和值的循环中，只要正确列出对角线位置上元素的下标表达式即可。

4．扩展

计算两个 4×5 矩阵的和，两个矩阵的每行每列元素值由随机函数产生，且为 1～20 的整数。提示：两个矩阵之和，就是两个矩阵的对应元素相加是第三个矩阵对应元素的值。

思考题 5

1．含有 10 个元素的数组在内存中代表几个存储单元？这 10 个元素与 10 个同类型的普通变量有什么区别？数组元素能像普通变量一样使用吗？

2．在以下初始化中，数组 a 的长度和数组 b 的长度相等吗？长度各是多少？

```
char a[ ]="1234567";
char b[ ]={'1','2','3','4','5','6','7'};
```

3．"int a[2][3]={{1,2},{3,4},{5,6}};"和"int a[2][3]={1,2,3,4,5,6};"都能够对二维数组 a 正确进行初始化吗？

4．若有定义"char a[10];"，则能否用"a="abcdef";"给数组 a 赋值？为什么？正确的赋值方式是什么？

习题 5

基础部分

1．执行以下程序段后的输出结果是 ___【1】___ ，系统为数组 a 开辟的字节数是 ___【2】___ 。

```
char a[ ]="\t\018\\\"12";
```

```
printf("%d",strlen(a));
```

2. 执行以下程序段后的输出结果是 ___【1】___,数组 b 中的内容为 ___【2】___。

```
char a[5]="123",b[7]="ABCDEF";
strcpy(b,a);
printf("%s",b);
```

3. 执行以下程序段后,表达式 k<0 的值为_____。

```
char a[20]="abc";   int k=0;
k=strcmp(strcat(a,"99"),"abc100");
```

4. 执行以下程序段后,k 的值为_____。

```
char a[20]="12345678912345",b[10]="0807\07\08";   int k=0;
k=strlen(strcpy(a,b));
```

5. 已有定义和初始化:"int a[10]={1,2,3,4,5,6,7,8,9,10};"。编写程序,将数组 a 中元素的值进行如下方式的移动:原倒数第二个元素值移到第一位,原倒数第一个元素值移到第二位,其余各元素值向右依次移动两位。移动后的数列为:9,10,1,2,3,4,5,6,7,8。

6. 编写程序,从键盘输入一个字符串放在字符数组 a 中,用选择法将 a 中的有效字符按降序排列。

7. 编写程序,先从键盘输入 10 个数存放在数组 a 中,再将 a 的元素中所有偶数值存放到数组 b 中。

8. 编写程序,先从键盘输入一个字符串存放在字符数组 a 中,再将 a 元素中的所有小写字母存放到字符数组 b 中。

9. 编写程序,将一个十进制正整数转换成二进制数(提示:将转换后的二进制数各位值按逆序存放在一个一维数组中,例如,转换后的二进制数 00001111 在数组中存放形式为 11110000)。

10. 编写程序,从键盘输入若干个英文字母,并统计各字母出现的次数(不区分大小写)。

11. 编写程序,将二维数组 a(5 行 6 列)各行中的最大值找出并存放到一维数组 b(含 5 个元素)中下标值与行号对应的元素内。要求数组 a 的每行每列元素值由随机函数(rand 函数,参见训练 5.2)产生,且为 0~20 的整数。

12. 编写程序,对 5×5 矩阵的下半三角形(主对角线的下方)各元素中的值乘以 2,要求数组 a 的每行每列元素值由随机函数(rand 函数,参见训练 5.2)产生,且为 0~20 的整数。

提高部分

*13. 编写程序,求两个 3×3 矩阵的积,要求这两个矩阵中每行每列的元素值由随机

函数(rand 函数,参见训练 5.2)产生,且为 1~9 的整数。提示:假设 A、B 表示两个 $n \times n$ 矩阵(元素分别为 a_{ij}、b_{ij}),C 表示两个矩阵的积,则 C 的元素 c_{ij} 通过公式 $c_{ij} = a_{i1} \times b_{1j} + a_{i2} \times b_{2j} + a_{i3} \times b_{3j} + \cdots + a_{in} \times b_{nj}$ 而得。

14. 编写程序,求一个 5×5 矩阵的转置矩阵,该矩阵每行每列元素的值由随机函数(rand 函数,参见训练 5.2)产生且为 1~9 的整数。提示:转置矩阵是原来矩阵的行变为列,列变为行,例如,矩阵 $\begin{pmatrix} 1 & 2 & 3 \\ 4 & 5 & 6 \end{pmatrix}$ 的转置矩阵为 $\begin{pmatrix} 1 & 4 \\ 2 & 5 \\ 3 & 6 \end{pmatrix}$。

*15. 编写程序,输出下面形式的图形(要求:用二维数组)。

```
1           6
  2       7
      3
  8       4
9           5
```

16. 输出数字回形矩阵。编写程序,接受用户键盘输入的一个[1,9]的整数 n,输出该数字的回形矩阵。如图 5.25 所示分别是 n 值为 2、5、7 时的输出结果。

```
                                          7777777777777
                                          7666666666667
                                          7655555555567
                                          7654444444567
                      555555555           7654333334567
                      544444445           7654322234567
                      543333345           7654321234567
                      543222345           7654322234567
                      543212345           7654333334567
                      543222345           7654444444567
         222          543333345           7655555555567
         212          544444445           7666666666667
         222          555555555           7777777777777
       (a) n = 2 时    (b) n = 5 时          (c) n = 7 时
```

图 5.25 数字回形矩阵

第 **6** 章 指 针

本章将介绍的内容

基础部分：

- 指针变量的概念、定义和引用。
- 用指针访问一维数组。
- 用指针处理字符串。

提高部分：

- 进一步学习指针及用指针访问二维数组。

各例题的知识要点

例 6.1 　指针变量的定义和引用；直接存取与间接存取。

例 6.2 　给指针变量赋值。

例 6.3 　用指针变量求 3 个数中的最大值。

例 6.4 　用指针变量引用数组元素。

例 6.5 　移动指针和比较指针。

例 6.6 　用指针变量实现数组的逆序输出和逆序存放功能。

例 6.7 　利用指针查找一维数组中的某元素。

例 6.8 　通过字符数组名引用字符串。

例 6.9 　通过指针变量引用字符串。

例 6.10 　用指针变量编写求字符串长度的程序。

例 6.11 　用指针变量编写字符串复制的程序。

（以下为提高部分例题）

例 6.12 　间接运算符"＊"和取地址运算符"＆"的使用。

例 6.13 　间接运算符"＊"和自加(减)运算符＋＋(－－)混合使用。

例 6.14 　行指针与二维数组。

例 6.15 　将二维数组看成由各行首地址组成的一维数组。

例 6.16 　二维数组元素和二维数组元素地址的多种引用形式。

指针是 C 语言的显著特点之一。利用指针可以十分方便地使用数组和字符串，能灵活地实现函数调用时的数据传递。指针支持动态分配内存。指针的使用使程序更加简洁,能提高程序的效率。要掌握 C 语言的精华,必须学好指针。由于指针概念比较复杂,使用比较灵活,因此很容易被误用,导致严重的后果。例如,使用未赋值的指针,可能造成系统错误。因此使用指针之前必须先弄清楚指针的概念。可以说正确理解和使用指针是能否成功地用 C 语言编程的关键之一。

6.1　变量的地址和指针变量的概念

　　先看现实生活中的一个实例。假设某管理部门有一排平房,每间房从 1 开始编号,其中 3 号房由 A 公司租用,6、7、8 号房由 B 公司租用,15、16 号房由 C 公司租用,而其他房间待租。该管理部门规定,各公司所租的第一个房间号作为该公司的"地址",因此,给地址为 6 的公司送材料,就相当于给 B 公司送材料。

　　同样,C 语言编译系统为了管理内存,给内存中的每一个字节都设一个编号。所有变量在内存中要占用一个或几个连续的字节,其中第一个字节的编号称为该变量的地址。字节、变量、变量地址分别像房间、公司、公司地址一样。

　　若有定义"int a;",则编译时,一般的计算机系统要为 a 分配两个字节的存储单元。假设这两个字节的编号分别为 1000 和 1001,则变量 a 的地址为 1000。将变量 a 的地址记作 &a。在程序中常常引用变量的地址,但编程者并不需要知道具体的地址值。特别需要注意的是,上面提到的地址编号 1000,不是整型类型的数据,不能存放在整型类型的变量中。在 C 语言中,有一类变量专门用来存放另一变量的地址,我们称这种变量为指针变量。

6.2　指针变量的定义和引用

【例 6.1】　编写一个指针变量的定义和引用程序。

【解】　程序如下:

```c
#include <stdio.h>
int main(void)
{    int a=0;            //定义整型变量 a
     int * p;            //定义指针变量 p
     p=&a;               //p 中存放 a 的地址,即:p 指向 a
     * p=5;              //通过指针变量 p 给 a 赋 5
     printf("a=%d\n",a);
     return 0;
}
```

运行结果:

a=5

程序说明：

（1）图 6.1 包括 4 行图，每一行图解释系统处理对应行后的含义。

（2）"int ＊p；"定义了指针变量 p，表示在 p 中只能存放整型变量的地址。

（3）要在指针变量 p 中存放变量 a 的地址，则用语句"p＝&a；"实现，这时也可称 p 指向 a。

（4）当 p 指向 a（即 p 中存放 a 的地址）时，变量 a 就像有了另一个新名字 ＊p 一样，以后可以用 ＊p 代替 a。例如，＊p＝5 相当于 a＝5，＊p＝＊p＋1 相当于 a＝a＋1，这一点从程序的运行结果可以看出。

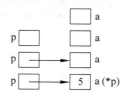

图 6.1　指针定义和引用

【讨论题 6.1】　假设已有定义"int ＊w；"，而且希望 w 也指向 a，那么除了可以使用语句"w＝&a；"以外还可以使用什么语句？

指针变量和前面介绍的普通变量一样，也必须先定义后使用。指针变量的定义形式是：

　　类型名　　＊指针变量名 1，＊指针变量名 2，…；

定义中的"＊"表示所定义的变量为指针变量，"类型名"说明此指针变量中只能存放该类型变量的地址，而且对指针的算术运算也仅能按此类型进行（参见 6.3.2 节），因此正确选用类型名是至关重要的。

从上面的例题可以看出，使指针变量指向一个变量的语句是：

　　指针变量名＝& 变量名；

当指针变量 p 指向变量 a 时，引用 a 的方式有两种：

（1）通过变量名 a 直接引用 a，这种方式称直接存取，例如，a＝5。

（2）通过指针变量 p 间接引用 a，这种方式称间接存取，例如，＊p＝5。

请注意，在这里 ＊p 代表 p 所指储单元 a。在前面讲过，当指针 p 指向 a 时，＊p 如同 a 的另一个名字，凡需要使用 a 的地方，都可以用 ＊p 代替，"＊"被称作为间接运算符，参见 6.5.1 节。

【例 6.2】　编写一个给指针变量赋值的程序（运行程序时，从键盘输入 1.0）。

【解】　程序如下：

```
#include <stdio.h>
int main(void)
{   double a=0,b=6.0,*p=NULL,*q=NULL;
    p=&a;                                   //使 p 指向 a
    printf("Input data:");  scanf("%lf",p); //用 p 给 a 输入 1.0
    *p=*p+2;                                 //a 的值增 2
    q=p;                                     //使 q 也指向 a
    p=&b;                                    //使 p 指向 b
    printf("%lf,%lf\n",*q,*p);               //输出 a 和 b 的值
    return 0;
}
```

运行结果：

```
Input data:1.0
3.000000,6.000000
```

程序说明：

（1）普通变量和指针变量可以同时定义。

（2）当 p 指向 a 时，scanf("%lf",p)相当于 scanf("%lf",&a)，* p= * p+2 相当于 a =a+2。由于 p 已指向双精度型变量，而 q 定义的类型与 p 相同，因此 q=p 是合法的，其作用是使 q 也指向 p 所指向的变量，它相当于 q=&a。执行语句"p=&b;"后，p 的指向已改变，这时不能再用 * p 引用 a。

（3）为了防止使用无确定指向的指针变量，常常用 NULL 对暂时不用的指针变量赋初值，NULL 已在 stdio.h 头文件中用"♯define NULL 0"进行了定义，我们称它为"空"值。例如，在进行初始化"int * p=NULL;"后，企图用 * p=5 给 p 所指向的存储单元赋值，则运行程序时系统将给用户一个错误信息。若指针变量得到"空"值，则称 p 为空指针。

【例 6.3】 用指针变量的引用方法编写程序。输入 3 个整数，输出其中的最大数（算法参见例 3.6）。

【解】 程序如下（参见图 6.2）：

```
#include <stdio.h>
int main(void)
{   int a=0,b=0,c=0,max=0, * p=&a, * q=&b, * w=&c, * m=&max;
    printf("Input a,b,c:");
    scanf("%d%d%d",p,q,w);
    * m= * p;
    if( * m< * q) * m= * q;
    if( * m< * w) * m= * w;
    printf("a=%d,b=%d,c=%d,max=%d\n", * p, * q, * w, * m);
    return 0;
}
```

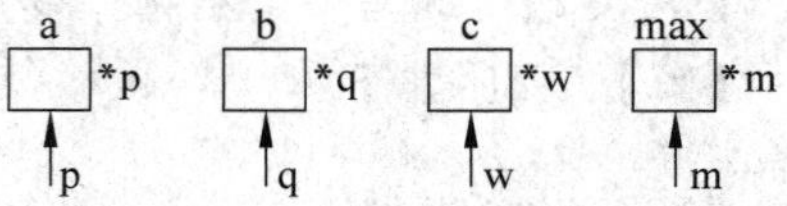

运行结果同例 3.6。

程序说明：

（1）"int * p=&a;"相当于"int * p;p=&a;"。

图 6.2 各指针变量的指向

（2）程序中指针变量 p、q、w、m 分别指向 a、b、c、max，因此可用 * p、* q、* w、* m 分别引用 a、b、c、max。

（3）由于指针变量 p、q、w 中分别存放了 a、b、c 的地址，scanf 函数中的 &a、&b、&c 可用 p、q、w 代替。

有的读者会问：为什么不直接用 a、b、c、max，而用 * p、* q、* w、* m 引用？确实，本例使用指针变量，使程序反而变得更加烦琐，但在此使用指针的目的是使学习者熟悉指针的定义和引用方式。读者将看到，在很多情况下，使用指针更方便，效率也高，而且有时只能通过指针才能对某些存储单元进行操作。请读者在以后的学习中一定要学会判断什么时候使用指针以及如何使用指针。

【讨论题 6.2】 若要通过指针变量输出两个数中的较大者,应如何编写程序?

6.3 指针和一维数组

长度为 n 的一维数组在内存中占 n 个连续的存储单元,每个数组元素所占存储单元都有地址,我们称数组第一个元素的地址为该数组的地址,且用其数组名表示,即数组名代表该数组的首地址。指针变量和一维数组有着非常密切的联系,在解决一维数组问题时,广泛使用指针。

6.3.1 使指针变量指向一维数组

【例 6.4】 编写一个使指针变量指向一维数组或数组元素的程序。

【解】 程序如下:

```
#include <stdio.h>
int main(void)
{   int i=0,a[5]={0};                //a 的每个元素都是整型变量
    int * p=NULL;                    //p 只能指向整型
    double b[3]={0}, * q=NULL;       //q 只能指向双精度型
    p=a;                             //等价于 p=&a[0];
    q=&b[2];                         //等价于 q=b+2;
    for(i=0; i<5; i++)
    {   * (p+i)=i;                   //等价于 a[i]=i;
        printf("%4d", * (a+i));      //等价于 printf("%4d",a[i]);
    }
    printf("\n");
    * q=5; * (q-1)=6; * (q-2)=7;     //等价于 b[2]=5; b[1]=6; b[0]=7;
    printf("%4.1lf%4.1lf%4.1lf\n",b[0],b[1],b[2]);
    return 0;
}
```

运行结果:

```
   0   1   2   3   4
7.0 6.0 5.0
```

程序说明:

(1) 根据数组的定义,数组 a 开辟 5 个连续的存储单元(2B×5＝10B),b 开辟 3 个连续的存储单元(4B×3＝12B)。假设 a[0]的地址为 1000,则由于数组 a 的每个元素占两个字节,a[1]、a[2]、a[3]、a[4]的地址分别为 1002、1004、1006、1008。在 C 语言中,数组名

代表该数组第一个元素的地址,因此 p=&a[0]等价于 p=a,如图 6.3(a)所示。

(2) C 语言规定,a+1、a+2、a+3、a+4 分别代表 a[1]、a[2]、a[3]、a[4]的地址,而且当 p 指向 a 时,p+1、p+2、p+3、p+4 也分别指向 a[1]、a[2]、a[3]、a[4],因此 *(a+i)和 *(p+i)都代表 a[i](i=0,1,2,3,4)。当 q 指向 b[2]时,q-1 和 q-2 分别指向 b[1]和 b[0],因此 *(q-i)代表 b[2-i] (i=0,1,2),如图 6.3(b)所示。

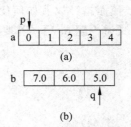

图 6.3 指针指向数组元素

(3) 当指针变量指向连续的存储单元时,能对该指针变量进行加或减一个整数的运算,但必须保证运算后的地址值不超出原连续存储单元的地址范围,否则可能产生严重错误(这时系统不报错)。

当 p 指向数组 a 时,数组元素 a[i]可用 *(p+i)或 *(a+i)引用,也允许用 p[i]取代 *(p+i)。在 C 语言中,[ ]是下标运算符。

6.3.2 对指针的算术运算

对指针只能进行如下算术运算:

(1) 当指针变量指向一个连续的存储单元时,对该指针变量可以进行加或减一个整数的运算。

在上面例题中已提到,当 p 指向 a[0] 时,p+1、p+2、p+3、p+4 分别指向 a[1]、a[2]、a[3]、a[4],又因为 a 的每个元素占两个字节,如果 a[0]的地址为 1000,那么 p、p+1、p+2、p+3、p+4 的值分别为 1000、1002、1004、1006、1008。同理,如果 b[2]的地址为 2000,则 q 的值为 2000。这时 q-1 和 q-2 的值分别为 1992 和 1984(因为每个元素占 8 个字节),请读者注意,在 p+i 中的 i 代表 i 个存储单元字节数,即,i×存储单元的字节数,而 p+i 指向从 p 向右第 i 个存储单元。

(2) 当两个指针指向同一个连续存储单元时,对这两个指针可以进行相减的运算。

例如,在图 6.4 中可以做 q-p 的操作。图 6.4(a)中 q-p 的结果为 9,表示 q 和 p 相差 9 个存储单元;图 6.4(b)、(c)中,q-p 的结果分别为 7 和 1;图 6.4(d)中 q-p 的结果为 -1,表示 q 在 p 的左边,而且 p 和 q 相差 1 个存储单元。

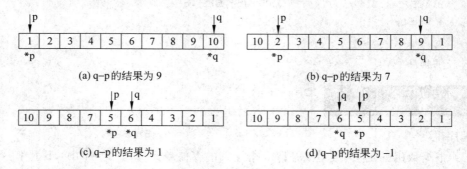

图 6.4 两个指针相减的操作

在使用指针时,经常需要移动指针或比较两个指针。

【例6.5】 编写一个移动指针和比较指针的程序。

【解】 程序如下:

```
#include <stdio.h>
int main(void)
{   int a[10]={0}, * p=NULL, * q=NULL;
    p=a;   q=&a[3];               //p、q分别指向图6.5中①和②处
    p=p+8;                        //p移动到图6.5中③处
    if(q>p)  printf("q>p\n");
    else  printf("q<=p\n");
    printf("%d\n",q-p);           //计算相差几个存储单元
    return 0;
}
```

运行结果:

程序说明:

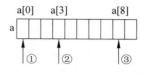

图6.5 移动和比较指针

(1) p、q指向同一连续存储单元,分别指向a[0]和a[3]。

(2) p＝p＋8给p重新赋值,这时p已不再指向a[0],而移动到图6.5中③处指向a[8]。

(3) 假设a[0]的地址为1000,则a[3]和a[8]的地址分别为1006(q的值)和1016(p的值),因此q>p不成立。需要注意的是,q－p的值不等于－10,而是－5(即(1006－1016)/存储单元长度2)。

从以上例题可以看出,当指针指向连续存储单元时,可对指针进行移动或比较操作,所谓指针移动,是指通过给指针变量加或减一个非零整数(如p＝p＋8)或直接给指针变量赋新值(如p＝&a[8])的方法使指针指向其中的另一存储单元。对于表达式p＋i或p－i,用户只需知道向右或向左移动i个存储单元就行,至于i代表多少个字节,系统会自动计算,用户不必考虑。

请注意,移动指针时应避免超范围。例如,对于已指向第一个数组元素的指针p不能再做p－－操作,同样,对于已指向最后一个数组元素的指针q不要再做q＋＋操作。

【例6.6】 定义含有10个元素的数组,并完成以下各功能:

(1) 按顺序输出数组中各元素的值。

(2) 将数组中的元素按逆序重新存放后输出其值(完成逆序存放操作时,只允许开辟一个临时存储单元)。

【解】 用指针编写,其算法参见例5.6。程序如下:

```
#include <stdio.h>
int main(void)
{   int i=0,t=0,a[10]={1,2,3,4,5,6,7,8,9,10}, * p=a, * q=NULL;
```

```
for(i=0; i<10; i++)  printf("%4d",*(p+i));      //指针不移动
printf("\n");
q=a+9;
while(p<q)
{  t=*p; *p=*q; *q=t; p++; q--;   }              //指针移动
for(p=a; p-a<10; p++)  printf("%4d",*p);         //指针移动
printf("\n");
return 0;
}
```

运行结果：

```
 1  2  3  4  5  6  7  8  9  10
10  9  8  7  6  5  4  3  2   1
```

程序说明：

（1）第一个 for 语句是按顺序输出数组中各元素的值。在循环过程中，指针 p 没有移动，始终指向 a[0]元素。因此只能通过 i 的不同取值，访问所有数组元素值。

（2）while 循环用于按逆序存放数组 a 中的值。在进入 while 循环之前，先使指针 p 和 q 分别指向数组的第一个和最后一个元素（见图 6.4(a)），这时因 p<q 成立，执行循环体，交换 a[0]和 a[9]中的值，接着两个指针移动（见图 6.4(b)），p 指向了 a[1]，q 指向了 a[8]；由于 p<q 仍成立，再次执行循环体，以此类推，图 6.4(c)是当 p 和 q 分别指向 a[4]和 a[5]时的情况。当 p 指向 a[5]，q 指向 a[4]时，由于不满足 p<q（见图 6.4(d)），退出 while 循环。

（3）最后一个 for 语句是输出逆序存放后的值。在循环中，每输出一个元素值指针就移动指向下一个元素。

例 5.6 是用下标法引用数组元素，本例则用指针法引用数组元素，两种方法的运行结果是相同的。由于指针法占内存少、运行速度快，因此访问数组元素时经常使用指针。

【例 6.7】　假设一维数组中存放互不相同的 10 个整数，要求从键盘输入一个整数，查找与该值相同的数组元素，如果存在，则输出其下标值；否则，输出相应信息（用指针编写，算法参见例 5.10）。

【解】　程序如下：

```
#include <stdio.h>
int main(void)
{  int k=0,*p=NULL,a[10]={1,2,3,4,5,6,7,8,9,10};
   printf("Input k:");   scanf("%d",&k);
   for(p=a; p-a<10; p++)   printf("%4d",*p);
   printf("\n");
   for(p=a; p-a<10; p++)
       if(k==*p)  break;
   if(p-a<10)                    //如果循环提前结束,则说明找到了
       printf("index=%d\n",p-a);
```

```
    else  printf("%d not exist.\n",k);
    return 0;
}
```

第一次运行结果：

第二次运行结果：

程序说明：

（1）第二个 for 循环有两种退出方式：一是正常退出，二是通过 break 语句提前退出。如果提前退出，则说明找到了元素；如果正常退出，则说明没找到。

（2）表 6.1 给出当 p 指向某一数组元素时，对应 p－a 的值，不难看出 p－a 的值正好是该数组元素的下标值。

表 6.1　p 的指向和对应 p－a 的值

p 的指向	a[0]	a[1]	a[2]	a[3]	a[4]	a[5]	a[6]	a[7]	a[8]	a[9]
p－a 的值	0	1	2	3	4	5	6	7	8	9

【讨论题 6.3】　要在一维数组中找出值最大的元素，并将其值与第一个元素的值对调，应如何编写程序（算法参见例 5.8）？

6.4　指针和字符串

在 C 语言中，有两种引用字符串的方法：一种是通过存放字符串的数组，另一种是通过指向字符串的指针。前者在第 5 章中已介绍过，本章将介绍后一种方式。

6.4.1　通过字符数组名引用字符串

【例 6.8】　编写一个通过字符数组名引用字符串的程序。

【解】　程序如下：

```
#include <stdio.h>
#include <string.h>
int main(void)
{   int i=0;
```

```
    char a[8]="First";
    puts(a);                           //等价于 printf("%s\n",a);
    strcpy(a,"Second");                //不能写成 a="Second";
    for(i=0; *(a+i)!='\0'; i++)        //*(a+i)与 a[i]等价
        putchar(*(a+i));   //等价于 putchar(a[i]);或 printf("%c",*(a+i));
    printf("\n");
    return 0;
}
```

运行结果：

```
First
Second
```

程序说明：

（1）系统为字符数组 a 开辟 8 个字节的存储单元，程序中分别用初始化和复制的方法两次给 a 赋字符串。字符数组的元素个数一经定义就固定不变，不随存放字符串的长度而变化，因此，这种引用形式有时会浪费存储空间（如图 6.6 所示），有时又会空间不足。

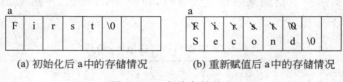

(a) 初始化后 a 中的存储情况   (b) 重新赋值后 a 中的存储情况

图 6.6　a 中的存储情况

（2）字符数组中的字符串可以整体访问，也可以逐个字符引用，后一种方法与前一节中介绍的方法类似，但是循环执行条件最好用"*(a+i) != '\0'"代替 i<8，这样可以不执行没必要的循环，减少循环执行次数，可以提高程序执行效率。

（3）将 strcpy(a,"Second")改写成 a="Second"是错误的，这是因为 a 是数组名，代表数组的首地址，不能改变其值。赋值语句"a[8]="Second";"也是非法的，数组不能整体赋值。

6.4.2　通过指针变量引用字符串

【例 6.9】　编写一个通过指针变量引用字符串的程序。

【解】　程序如下：

```
#include <stdio.h>
int main(void)
{   char *p="First";

    puts(p);                           //等价于 printf("%s\n",p);
    p="Second";                        //这是允许的,因为 p 是变量,可以改变其值
    for(  ; *p!='\0'; p++)
```

```
        putchar(* p);                    //等价于 printf("%c",* p);
        return 0;
    }
```

运行结果同例 6.8。

程序说明:

(1) 在 C 语言中,可以使字符型指针变量直接指向一个字符串,这时系统将为字符串开辟相应的存储空间,并将这段空间的首地址赋给指针变量。由于这段空间没有名称,因此只能通过指针对字符串进行操作。"char * p＝"First";"的作用是在定义指针变量 p 的同时,将字符串"First"的首地址赋给 p,如图 6.7(a)所示。

(2) p＝"Second"的作用是将字符串"Second"的首地址赋给指针变量 p,使 p 指向了"Second"。这时通过 p 只能引用新字符串,原来指向的字符串"First",因地址丢失,而无法引用,如图 6.7(b)所示。

(3) 由于 p 只存放字符串的首地址,因此 p 与字符串长度没有直接的关系。通过指针变量引用字符串的方法,不会浪费存储空间。

【例 6.10】 编写求字符串长度的程序(用指针变量处理,算法参见例 5.15)。

【解】 程序如下:

```
#include <stdio.h>
int main(void)
{   char a[80]="", * p=NULL;
    p=a;                             //p 指向数组的第一个元素,图 6.8 中①
    gets(p);  puts(p);
    while(* p!='\0')   p++;          //移动 p,直到 p 指向字符串尾,图 6.8 中②
    printf("length=%d\n",p-a);
    return 0;
}
```

运行结果:

程序说明:

(1) 本程序首先使指针变量 p 指向数组的第一个元素,然后移动指针 p,直至 p 指向串尾,此时 p－a 的值即为字符串的长度如图 6.8 所示。

(a) 初始化后 p 的指向　　　　(b) 重新赋值后 p 的指向

图 6.7　指针 p 的指向情况　　　　图 6.8　p 移动前后的指向情况

（2）程序中不能把 p++ 改用 a++，因为 a 是数组名，是一个固定值，不能进行 a++ 运算。

（3）程序中 while(* p!='\0')等价于 while(* p)。

【例 6.11】 编写字符串复制的程序（用指针变量处理，算法参见例 5.16）。

【解】 程序如下：

```c
#include <stdio.h>
int main(void)
{   char a[50]="",b[80]="", * p=NULL, * q=NULL;
    p=a;   q=b;                            //p、q 分别指向两个数组的第一个元素
    printf("Input data:");  gets(a);        //输入的字符串存放在 a 数组中
    while( * p!='\0')
    {   * q= * p;   p++; q++;   }            //p 和 q 同步移动
    * q='\0';                               //人为地赋字符串结束标志
    puts(b);                                //输出 b 中的字符串
    return 0;
}
```

运行结果：

```
Input data:I am OK
I am OK
```

程序说明：

（1）本程序的赋值过程是：先将 p 和 q 分别指向 a 数组和 b 数组的第一个元素，并将 p 所指元素的值赋给 q 所指元素，然后两指针共同向尾部移动，每指向一个新元素，就重复以上赋值操作直至 p 所指元素为"\0"。

（2）复制操作结束后，需要在 b 数组有效字符后面添加"\0"，否则在按字符串输出 b 数组时会出现乱码。

6.5　提　高　部　分

6.5.1　指针的进一步讨论

如前所述，指针变量通过"类型名 * 指针变量名;"定义，而且当指针变量指向一个存储单元时，可用" * 指针变量名"引用该存储单元。在 C 语言中，这两处出现的" * "含义不同，前者不是运算符，而是定义指针变量时用的说明符，后者则是间接运算符。"&"也是运算符，是取地址符，初学者在使用指针变量时，往往会混淆说明符" * "、间接运算符" * "、取地址运算符"&"，所以下面进一步讨论这方面的内容。

【例 6.12】 正确理解间接运算符" * "和取地址运算符"&"。

【解】 程序如下：

```
#include <stdio.h>
int main(void)
{   int a=0;   int * p=NULL;      //当"*"紧跟在类型名后面时是说明符
    int * q=&a;                   //相当于"int * q;   q=&a;",所以"*"仍是说明符
    p=&a;         //只有指针变量才能存放某变量的地址,故不能写成 * p=&a;
    * p=5;        //"*"没有紧跟在类型名后面,是间接运算符,可用 * p 间接访问 a
    printf("%d,%d,%d\n", * p, * q, * (&a));    // * (&a)相当于 a
    printf("%x,%x\n",&a,&( * p));               //&( * p)相当于 &(a)
    return 0;
}
```

运行结果：

```
5,5,5
12ff7c,12ff7c
```

程序说明：

（1）在定义"int * p＝NULL;"和"int * q＝&a;"中的"*"是说明符,说明 p 和 q 是指针变量,其中"int * q＝&a;"等价于"int * q; q＝&a;"。

（2）当给指针变量 p 和 q 赋值后,* p 和 * q 前面的"*"是间接运算符,* p 和 * q 都代表 p 和 q 所指的存储单元 a,因此可以用 * p 和 * q 来引用变量 a,参见图 6.9。

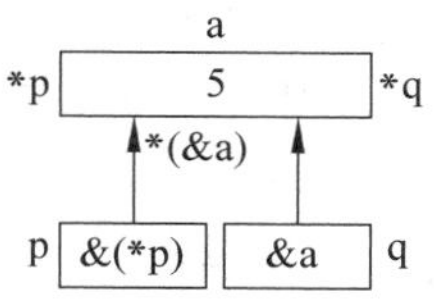

（3）当 p 指向变量 a 时,* (&a)相当于 * (p),即为变量 a,所以 * (&a)也可看作 a 的别名;而 &(* p)相当于 &(a),即变量 a 的地址,这是一个常量。本例用十六进制形式输出 a 的地址(变量的地址在内存中是以二进制数表示)。

图 6.9 "&"和"*"的含义

结论：

（1）如果"*"紧跟在类型名后面(例如,"int * p;"),则"*"表示说明符,说明其后面的变量是指针变量;如果"*"没跟在类型名后面(例如,"* p＝5;"),则"*"表示间接运算符,"*"和指针变量组合在一起代表该指针变量所指向的存储单元(例如,* p 代表 p 所指向的存储单元 a,因此可用 * p 间接访问 a)。

（2）当 p 指向变量 a 时,* (&a)和 &(* p)是合法的表达式,前者相当于变量 a,而后者相当于变量 a 的地址,是常量。

（3）取地址符"&"和间接运算符"*"后边必须都是变量,而且"*"后边的变量是指针变量。

使用指针时,经常需要移动指针,但因为不太理解诸如 * p++、(* p)++、*(++p)、++(* p)等的含义,常常会出现意想不到的错误。下面的例题有助于理解这方面的内容。

【例 6.13】 观察下面程序的运行结果。

```c
#include <stdio.h>
int main(void)
{   int a[5]={0,10,20,30,40},*p=a;        //p指向图6.10中①处
    printf("*p:%d\n",*p);                 //相当于输出a[0]的值
    printf("*p++:%d\n",*p++);             //*p++相当于*(p++)
    printf("(*p)++:%d\n",(*p)++);         //(*p)++相当于a[1]++
    printf("*(++p):%d\n",*(++p));         //p的指向由图6.10中②处变为③处
    printf("++(*p):%d\n",++(*p));         //++(*p)相当于++a[2]
    return 0;
}
```

【解】 运行结果：

```
*p:0
*p++:0
(*p)++:10
*(++p):20
++(*p):21
```

程序说明：

(1) 在第一条 printf 语句中，p 已指向图 6.10 中①处，所以 * p(即 a[0])的值为 0。

(2) 在第二条 printf 语句中的表达式 * p++相当于 * (p++)，但由于"++"运算符在指针变量 p 的后面，所以该表达式先取值 0(a[0]的值)，然后使 p 由图 6.10 中①处移动到②处。

(3) 在第三条 printf 语句中，p 已指向图 6.10 中②处，因此表达式(*p)++相当于 a[1]++。由于"++"运算符在 a[1]的后面，所以其表达式的值为 10，但 a[1]的值变为 11。

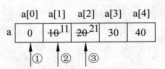

图 6.10　p 的指向和数组中值的变化情况

(4) 第四条 printf 语句中的表达式 * (++p)，先使 p 由图 6.10 中②处移动到③处，因此该表达式的值为 20。

(5) 在最后一条 printf 语句中，p 已指向图 6.10 中③处，因此++(* p)相当于++a[2]，表达式的值和 a[2]的值均为 21。

结论：

(1) 处理有关 * p++、(* p)++、* (++p)、++(* p)等类型的问题时，首先要弄清间接运算符" * "、自加运算符"++"和( )运算符的优先级和结合性；其次是要掌握求自加表达式值的规律——"加加在前，先加 1，加加在后，后加 1"。++p 和 p++均使 p 增 1，但表达式++p 的值是 p 加 1 后的值，而表达式 p++的值是 p 未加 1 的值。

(2) * p——、(* p)——、* (——p)、——(* p)的操作方法与上面类似，请读者自己分析。

6.5.2 指针和二维数组

不论是一维数组还是二维数组,都与指针有着密切的联系,但指向二维数组的指针概念较复杂,掌握其使用方法有一定的难度。

【例6.14】 编写一个使用指针与二维数组的程序。

【解】 程序如下:

```
#include <stdio.h>
int main(void)
{   int i=0,j=0,a[3][2]={{1,2},{3,4},{5,6}};
    int (*p)[2];        //定义p为行指针,要求p后方括号中的值与数组a的列数相等
    p=a;                //只有p后方括号中的值与数组a的列数相等时此句才合法
    for(i=0; i<3; i++)
    {   for(j=0; j<2; j++)
            printf("%5d",p[i][j]);        //虽然p是指向a数组的指针,但可用下标形式
        printf("\n");
    }
    printf("%x,%x,%x\n",a,a+1,a+2);    //输出数组每一行第一个元素的地址
    printf("%x,%x,%x\n",p,p+1,p+2);    //输出数组各行首地址
    return 0;
}
```

运行结果:

```
    1     2
    3     4
    5     6
12ff60,12ff68,12ff70
12ff60,12ff68,12ff70
```

程序说明:

(1) a是二维数组名,表示数组的首地址,即a[0][0]的地址,如图6.11所示,但a+1并不是元素a[0][1]的地址。C语言规定,a表示a[0][0]的地址,a+1表示下一行第一个元素a[1][0]的地址,而a+2表示a[2][0]的地址。从输出的地址值可以看出,a与a+1相差4,a与a+2相差8。a+1中的1代表一行存储单元(本题中代表2个存储单元),其字节数为4(即1行×2个元素×2个字节),而a+2中的2代表两行存储单元(本题中代表2×2个存储单元),其字节数为8(即2行×2个元素×2个字节)。总之,a+i中i的变化是按行进行的。

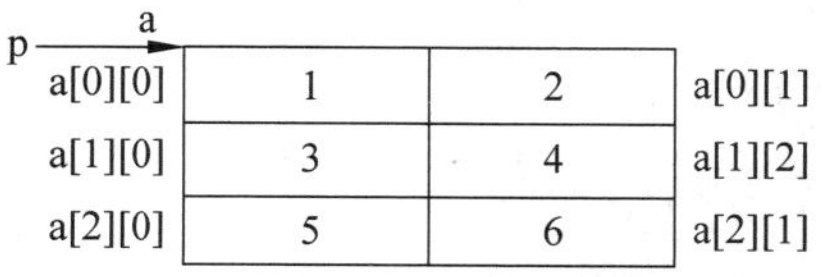

图6.11 指针指向二维数组的情况

	a		
a[0][0]	1	2	a[0][1]
a[1][0]	3	4	a[1][1]
a[2][0]	5	6	a[2][1]

(2) 从运行结果知道,p、p+1、p+2表示的地址值分别与a、a+1、a+2的值相同,那么,如何能达到这样的结果呢?请注意,在本程序中用了新的定义形式"int (*p)[2];",其中2正好与数组的列数相等。有了此定义后,p表示一个指针变量,在给p增1时(即

p+1),1 代表 2 个存储单元,其字节数为 4(即 1×2 个元素×2 个字节),给 p 增 2 时(即 p+2),2 代表 2×2 个存储单元,其字节数为 8(即 2×2 个元素×2 个字节),因此,当 p 指向 a 时(即 p＝a),p+1 和 p+2 的值就分别与 a+1 和 a+2 的值相等了。

(3) 在本程序中,由于 p 指向 a,而且 p+i 与 a+i 的变化规律一样,所以可用 p[i][j] 替代 a[i][j]进行输出。需要注意的是,如果 p 不指向 a(即不进行赋值操作 p＝a)或者定义"int(＊p)[2];"中,[ ]内的值与 a 数组的列值不相同,这时都不能用 p[i][j]代替 a[i][j]。

由于 p 的增值变化是按行进行的,所以 p 称为行指针。定义行指针的一般形式为:

类型名   (＊指针名)[m];

例如,

int (＊p)[m];

其中:

(1) 圆括号"()"不能丢,否则"int ＊p[m];"定义的是指针数组(参见 7.7.2 节),而不是行指针。因为运算符[ ]的优先级高于＊,p 先与[m]结合,构成数组 p[m],然后 p[m] 与＊相结合,说明数组 p[m]中的每一个元素都是指针变量,即 p[m]是指针数组。

(2) m 的取值应是正整数,m 的值必须与指针变量 p 所指的数组的列数(即数组每行元素的个数)相等。

【例 6.15】 观察下面程序的运行结果。

```c
#include <stdio.h>
int main(void)
{   int i=0;
    char a[3][4]={"\0"},(＊p)[4];
    printf("Input 3 string:\n");
    for(p=a; p<a+3; p++)  gets(p[0]);        //用移动行指针的方法
    printf("Output 3 string:\n");
    for(i=0; i<3; i++)  puts(a[i]);          //用改变第一个下标的方法
    return 0;
}
```

【解】 运行结果:

```
Input 3 string:
ABC
DE
FGH
Output 3 string:
ABC
DE
FGH
```

程序说明:

（1）C语言在处理二维数组时，将其看成一个包含特殊元素的一维数组，而这特殊元素即是一个一维数组。例如，有了定义"char a[3][4];"后，就可将二维数组 a 看作由 3 个元素 a[0]、a[1]、a[2]组成的一维数组，而每个元素又可以看作能存放 4 个字符的一维数组，如图 6.12 所示。请注意，二维字符数组定义中第一个长度 3 和第二个长度 4 的作用。

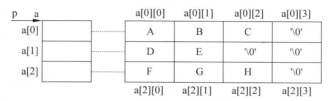

图 6.12　二维数组 a 的解释图

（2）当行指针 p 指向二维数组 a 时，p[0]代表该数组第一行的首地址，所以可通过 gets(p[0])为数组的第一行输入字符串；用 p++移动指针后，p[0]代表第二行的首地址，所以这时的 gets(p[0])是给第二行输入字符串；同理，继续移动指针，可给第三行输入字符串。

（3）C语言规定，a[0]、a[1]、a[2]分别代表第一行、第二行、第三行的首地址，因此程序中的"for(i=0; i<3; i++) puts(a[i]);"等价于"for(p=a; p<a+3; p++) puts(p[0]);"。

【例 6.16】　编写一个引用二维数组各元素的程序。

【解】　程序如下：

```c
#include <stdio.h>
int main(void)
{   int a[3][2]={0},(*p)[2],i=0,j=0;
    p=a;
    a[0][0]=1;        p[0][1]=2;
    (*(a+1))[0]=3;   *(a[1]+1)=4;
    *(*(a+2)+0)=5;   *(*(p+2)+1)=6;
    for(i=0; i<3; i++)
    {   for(j=0; j<2; j++)
            printf("%5d",*(*(p+i)+j));
        printf("\n");
    }
    return 0;
}
```

运行结果：

程序说明：

(1) 在此例题中二维数组元素可分别用以下形式表示：

a[i][j]、p[i][j]、(＊(a+i))[j]、(＊(p+i))[j]、＊(a[i]+j)、＊(p[i]+j)、＊(＊(a+i)+j)、＊(＊(p+i)+j)(其中 0≤i<3,0≤j<2)。

(2) 二维数组元素的地址可分别用以下形式表示：

&a[i][j]、&p[i][j]、&((＊(a+i))[j])、&((＊(p+i))[j])、a[i]+j、p[i]+j、＊(a+i)+j、＊(p+i)+j(其中 0≤i<3,0≤j<2)。

6.6 上 机 训 练

【**训练 6.1**】 已有定义"int a[11]={1,2,3,4,5,6,7,8,9,10};",要求通过指针完成在一维数组 a 中下标为 j(0≤j≤10) 的位置处插入值 100。

1. 目标

(1) 熟悉定义指针变量,学习将指针变量指向一维数组。

(2) 掌握如何通过指针将一个数插入到一个数列中。

2. 步骤

(1) 定义含 11 个整型元素的一维数组 a 并初始化。

(2) 定义一个基类型为 int 的指针变量 p,以及整型变量 i、j。

(3) 将数组 a 首地址赋予指针 p,使 p 指向数组 a。

(4) 输入 j 值,确定插入点。

(5) 将下标 j(含 j 点)元素后面的各元素均后移一位。

(6) 在下标 j 的位置处插入值 100。

(7) 输出插入后的数组 a。

3. 提示

(1) 定义数组时要多开辟一个存储单元用于存放插入的数据。

(2) 当将数组 a 首地址赋予指针 p 后,可以用 ＊(p+i) 或 p[i] 等形式表示数组元素 a[i]。

(3) 可参考训练 5.1 完成在数组 a 中插入一个值的操作,但注意因本题已明确插入位置,所以不需要再查找插入点。

(4) 为了将 100 插入到数组中,应从数组最后一个元素起至下标 j 为止,依次将数组元素值后移一位,可以按以下形式编写后移操作的循环语句：

```
for(i=10; i>=j+1; i--)   ＊(p+i)=＊(p+i-1)    //或 p[i]=p[i-1];
```

(5) 输出数组 a 时,元素个数应为 11。

4. 扩展

若有两个已按升序排列的数列,数列 a："1,7,9,11,13,15,17,19"和数列 b："2,4,6,8,10",现将这两个数列合并插入到 c 数列中,插入后的 c 数列仍按升序排列,要求通过指针完成。

提示：

（1）通过 while 循环进行合并,执行循环的条件为"i<8 && j<5",其含义为 a 和 b 数组同时都存在没有比过的元素时,就要继续循环。

（2）在循环体中,将两个数列中当前值小的元素存放到 c 数组中。循环结束时,有一个数组已经比到最后一个元素。

（3）再通过循环 while(i<8) 将数组 a 中余下的元素存放到 c 数组之后,或者通过 while(j<5) 将数组 b 中余下的元素存放到 c 数组之后。

【训练 6.2】 已有定义"int a[10]={1,2,3,4,5,6,7,8,9,10};",要求通过指针完成从一维数组 a 中删除下标为 k 的元素值。

1. 目标

（1）熟悉定义指针变量,学习将指针变量指向一维数组。

（2）学习如何通过指针从一维数组中定位删除一个值。

2. 步骤

（1）定义含 10 个整型元素的一维数组 a 并初始化。

（2）定义一个基类型为 int 的指针变量 p,并将数组 a 首地址赋予指针 p,使 p 指向数组 a。

（3）输入 k 值。

（4）从下标为 k 的元素开始,将其后面的元素依次向前移一位,删除该元素值。

（5）输出删除后的数组 a。

3. 提示

（1）当指针指向数组后,可以用 *(p+i) 或 p[i] 形式表示数组元素 a[i]。

（2）可参考例 5.10 完成在数组 a 中删除值的操作,注意,删除从下标为 k 的元素开始。

（3）输出数组 a 时,元素个数应为 9。

4. 扩展

已有定义"int a[10]={2,4,7,15,34,67,23,9,56,12};",要求通过指针完成在一维数组 a 中找出值最大的元素,并从数组 a 中删除该值。提示:可参考例 5.8 完成在数组 a 中找出值最大元素的下标并将该值赋予 k 的操作。

【训练 6.3】 设有两个字符串 a 和 b,要求将 a、b 串对应字符中的较小者存放在数组 c 的对应位置上,例如,a、b 字符串分别为"boy"、"girl",则 c 中字符串为"bir"。

1. 目标

（1）学会定义基类型为字符型的指针变量,并将指针变量指向串首的操作。

（2）学会通过指针判断字符串结束。

（3）了解两个字符比大小的方法。

2. 步骤

（1）定义含 80 个字符的字符型数组 a、b、c。

（2）定义基类型为字符型的指针变量 p 和 q,以及整型变量 k。

（3）将指针变量 p 指向 a 串串首,指针变量 q 指向 b 串串首。

（4）通过指针 p 给 a 读入字串；通过指针 q 给 b 读入字串。

（5）在循环中依次比较 p 所指字符和 q 所指字符，将其中较小者存放到 c 数组中，直到其中一个串结束。

（6）输出 c 串。

3. 提示

（1）可以通过语句"p＝a;q＝b;"将指针 p 指向 a 串第一个字符，指针变量 q 指向 b 串第一个字符，比较从各串串首开始。

（2）可以通过 while 循环执行比较，执行条件为" ＊ p ＆＆ ＊ q"或" ＊ p!＝'\0' ＆＆ ＊ q!＝'\0'"，其中 ＊ p 就是当前 p 所指字符，＊ q 就是当前 q 所指字符。当 ＊ p 或 ＊ q 都是有效字符时比较就进行；只要其中有一个为"\0"，即短串已到串尾，"与"运算为假，循环结束，比较停止。

（3）在循环体中，通过 if-else 比较对应字符 ＊ p 和 ＊ q，将其中的值小者赋予 c[k]，然后 k 增 1。k 为 c 数组下标，从 0 开始。

（4）两指针通过语句"p＋＋;q＋＋;"各自向串尾移动，依次指向串中各个字符，直至其中一个为"\0"为止。

4. 扩展

设有两个字符串 a 和 b，要求将 a、b 串对应字符中的较大者存放在数组 c 的对应位置上。提示：最后要将长串余下的字符通过字符串连接函数接到 c 串之后。这是因为短串有效字符结束后余下的字符是"\0"，"\0"小于长串的对应有效字符。

【训练 6.4】 编写将两个字符串连接的程序，要求用指针变量处理（可参考训练 5.3）。

1. 目标

（1）学会定义基类型为字符型的指针变量，并将指针变量指向串首的操作。

（2）学会通过指针判断字符串结束。

（3）了解两个字符串连接的思路。

2. 步骤

（1）通过语句"char a[80]＝"abcdef",b[30]＝"xyz", ＊ p, ＊ q;"定义数组 a 和 b，并初始化；定义指针变量 p 和 q。

（2）将指针 p 指向 a 串串首，指针 q 指向 b 串串首。

（3）通过指针 p 找到 a 串串尾。

（4）将 q 所指字串接到 p 所指字串之后。

（5）为 p 所指字串赋串结束标志。

（6）输出 a 串。

3. 提示

（1）数组 a 要足够大，能够存放连接后的字符串。

（2）通过语句"p＝a;q＝b;"将指针 p 指向 a 串串首，指针 q 指向 b 串串首。再通过指针移动使指针依次指向串中各个字符，＊ p 就是当前 p 所指字符，＊ q 就是当前 q 所指字符。

（3）通过语句"while(＊ p!＝'\0') p＋＋;"先将 p 指向 a 串串尾标志"\0"所占存储单

元处。

（4）再通过语句"while（＊q!＝'\0'）{ ＊p＝＊q；p＋＋；q＋＋；}"将 b 中的有效字符连接到 a 串后面。

此循环执行的过程是：只要 q 没有指到 b 串串尾就执行循环，将当前 q 所指字符赋予当前 p 所指存储单元，两个指针继续各自向串尾移动。循环终止时，＊q 为'\0'。

注意：第一次执行"＊p＝＊q；"时，由于 p 当前指在 a 串串尾，＊p 是'\0'，赋值后该'\0'即被 b 串'x'覆盖，这时 a 串中已不存在'\0'。

（5）由于以上循环终止时，并没有将 b 串的'\0'赋予 a 串，所以必须通过语句"＊p＝'\0'；"为 a 串添加串结束标志。

4. 扩展

通过指针完成字符串 a 和字符串 b 的比较程序。如何将两字符串比较大小请参见例 5.18。

提示：首先将指针 p 和 q 分别指向 a 串串首和 b 串串首；然后通过语句"while（＊p＝＝＊q＆＆＊p!＝'\0'）{p＋＋；q＋＋；}"在两串中找到第一个不相等的字符；如果当前＊p＞＊q，说明第一个字符串大于第二个字符串，如果当前＊p＝＝＊q，则说明两个字符串相等；如果当前＊p＜＊q，则说明第一个字符串小于第二个字符串。

思考题6

1. 若有定义"int ＊p，a＝1；double ＊q；"，则"＊p＝5；"和"q＝＆a；"是合法语句吗？为什么？

2. 判断正误：若有初始化"char a[9]＝"abc"，＊p＝"ABCD"；"，则语句"puts（strcat（a，p＋2））；"的执行结果是什么？

3. 若有定义"char ＊p；"，则执行语句"p＝"abcde"；"后，p 中存放了什么？是字符串"abcde"吗？

4. 若有定义"int a[10]，b[4][5]，＊p；"，则"p＝a；"和"p＝b；"都是正确的赋值语句吗？为什么？

习 题 6

基础部分

1. 下面程序段的运行结果是_____。

```
char a[10]="acegikmoq",*p;
p=a+3;
```

```
p++;
printf("%c,%c\n", * (p+2), * p+2);
```

2. 下面程序段的运行结果是_____。

```
int a[10]={2,4,6,8,10,12,14,16,18}, * p;
p=a+5;
printf("%d,%d\n", * (p+1), * p+1);
```

3. 若有定义和初始化"char t, * p="abcdefgh";",则能够将该字符串中第一个字符和最后一个有效字符进行交换的程序段是_____。

4. 若有以下定义和语句,在不移动指针 p 的情况下,可通过指针 p 引用值为 e 的数组元素的表达式是_____。

```
char c[7]={'a','b','c','d','e','f','g'}, * p;
p=c+1;
```

5. 下面程序段的运行结果是_____。

```
char s[20]="abcdefg", * p="ABC";
strcpy(s+2,p);
printf("%s,%c\n",s,s[6]);
```

6. 下面程序段的运行结果是_____(只需要填写正数、零或负数)。

```
char * s1="aBcDeF";
char * s2="AbCdEf";
s1=s1+3;   s2=s2+3;
printf("%d\n",strcmp(s1,s2));
```

7. 编写程序,对输入的 3 个数按由大到小的顺序排列(要求:用指针完成)。

8. 用指针完成训练 5.1 的功能:若有已按降序排列的数列 20,18,16,14,12,10,8,6,4,2,现要求将键盘输入的一个数插入到该数列中,要求按原来的排序规律插入。

9. 从键盘输入一个字符串存放在数组 a 中,编写程序,找出其中最大字符并输出(要求:用指针完成)。

10. 从键盘输入一个字符串存放在数组 a 中,编写程序,判断该字符串是否为回文。所谓回文,是指顺序和倒序都一样的字符串。例如,"abcba"是回文。

提高部分

11. 判断正误:假设有定义和赋值语句"int a, * p; p=&a;",则 * &a、& * a 与 a 等价, * &p、& * p 与 p 等价。

12. 判断正误:若有定义"double (* p)[4];",则 p 是行指针,p 占一个存储单元。

第 7 章 函 数

本章将介绍的内容

基础部分：

- 函数的定义、调用和函数的原型说明；调用函数时，实参（实际参数）和形参（形式参数）之间的数据传递。
- 自己建立函数库的方法。
- 变量的存储类别和使用范围。
- 贯穿实例的部分程序。

提高部分：

- 函数的递归调用，进一步学习变量存储类别以及预处理命令。
- 学习指针数组、指向指针的指针、带参数的 main 函数和指向函数的指针。

各例题的知识要点

例 7.1 库函数与自编函数的使用方法。

例 7.2 自编函数的定义。

例 7.3 库函数与自编函数的调用。

例 7.4 无参函数与有参函数。

例 7.5 使用自己建立的库函数。

例 7.6 编写主调函数和被调函数的详细过程。

例 7.7 普通变量作实参时函数的调用过程。

例 7.8 变量地址作实参时函数的调用过程。

例 7.9 函数的返回值示例。

例 7.10 函数的原型说明。

例 7.11 函数原型说明。

例 7.12 一维数组名作实参。

例 7.13 一维数组名作实参时，形参的 3 种形式。

例 7.14 调用函数统计字符串中大写字母的个数。

例 7.15 二维数组名作实参。

例 7.16 内部变量和外部变量。

例 7.17　动态存储变量和静态存储变量。

贯穿实例——成绩管理程序(5)

(以下为提高部分例题)

例 7.18　函数的递归调用示例。

例 7.19　指针数组的示例。

例 7.20　指针数组名作实参示例。

例 7.21　带参数的 main 函数示例。

例 7.22　指向函数的指针变量。

例 7.23　不带参数的宏定义 #define 命令。

例 7.24　带参数的 #define 命令。

例 7.25　#undef 命令。

例 7.26　#include 命令。

　　一个应用程序通常由上万条语句组成,如果把这上万条语句都放在主函数中,则由于程序上下文中的相互联系,程序只能由一个人编制或者由几个人以接力的形式完成,如果程序卡在某一处,所有的任务就无法进行,这样不仅费时费力,而且程序可读性也很差。

　　为了解决以上问题,编写程序时,通常将较大的程序分成若干个程序模块(子任务),每个程序模块实现一定的功能。使用程序模块的另一个好处是:减少编写程序时的重复劳动。例如,当在程序中多处(或多次)使用同一功能的程序模块时,可将实现这一功能的代码编写在一个程序模块中,需要时调用(使用)该程序模块即可。

　　在 C 语言中是用函数来实现程序模块的。将一个程序分成若干个相对独立的函数,每个函数可实现单一的功能(参见 1.1 节)。编写函数时只需对函数的入口(输入的数据)和出口(输出的数据)作出统一的规定。由于各个函数可进行单独的编辑、编译和测试,因此同一软件就可由一组人员分工同时完成,这样可大大提高程序编写的效率。由于各个模块的层次分明,也便于阅读程序。

　　C 语言规定,每一个 C 程序必须包含一个主函数,不论主函数的位置在程序的何处,程序总是从主函数开始执行。

　　函数是学习 C 程序设计的一个重点和难点。

7.1　函数的引例

【例 7.1】　从键盘输入 x 和 y 的值,计算 x^y 的值(假设 y 为整型变量)。

【解法 1】　使用 C 语言中的库函数 pow,计算 x^y 的值。

```
#include <stdio.h>
#include <math.h>                    //pow是库函数中的数学函数,必须加此行
int main(void)
{   double x=0,z=0;   int y=0;
```

```
    printf("Input data:");  scanf("%lf%d",&x,&y);
    z=pow(x,y);                    //调用库函数 pow 计算 x^y 的值
    printf("%lf,%d,%lf\n",x,y,z);
}
```

运行结果：

```
Input data:2 3
2.000000,3,8.000000
```

程序说明：

（1）C 语言中没有提供乘方运算符，所以不能用乘方的形式计算 x^y 的值。

（2）程序中的 pow(x,y)是 C 语言提供的库函数，其功能是计算 x^y 的值。在使用此函数时，由于此函数已由系统提供，用户不必考虑函数是如何编写的，只需按照函数所需格式使用即可。但在使用函数 pow 之前，必须在程序的开始加命令行"#include <math.h>"。

假设 C 语言库函数中没有提供 pow 函数，那么需要用户先编写此函数，然后再使用，请看下面的解法 2。

【解法 2】 使用自编函数 mypow，计算 x^y 的值。

```
#include <stdio.h>
//用以下自编函数 mypow(共 6 行)代替解法 1 中的命令行"#include <math.h>"
double mypow(double x,int y)
{   int i=0;   double z=1.0;
    for(i=1; i<=y; i++)   z=z * x;
    return z;
}

int main(void)                 //主函数
{   double x=0,z=0;   int y=0;
    printf("Input data:");  scanf("%lf%d",&x,&y);
    z=mypow(x,y);                  //调用函数 mypow,计算 x^y 的值
    printf("%lf,%d,%lf\n",x,y,z);
    return 0;
}
```

运行结果与解法 1 相同。

程序说明：

（1）mypow 是自编函数的函数名，由用户给定。

（2）mypow(x,y)与 pow(x,y)的作用都是计算 x^y 的值，但由于 mypow 函数不是库函数，所以在程序的开头先编写该函数，然后就像使用库函数一样使用它，这时不必添加命令行"#include <math.h>"。

通过该例题，读者初步了解了函数的概念。那么，若一个函数调用另一个函数，应具备什么条件？函数应该如何编写？各函数的位置在哪里？读者将在后面各节的学习中一一得到答案。

7.2 函数的定义与调用

C语言虽然有非常丰富的库函数,但这些函数不能满足用户的所有需求,因此大量的函数必须由用户自己来编写,本节将介绍如何定义(或自编)函数以及如何调用(或使用)自编的函数。

7.2.1 函数的定义

【例7.2】 函数定义的示例。编写求 n!(n>0) 的函数。

【解】 函数代码如下:

```
int myfac(int n)          //定义名为 myfac 的函数
{   int i=0,y=1;

    for(i=1; i<=n; i++)  y=y*i;
    return  y;             //以 y 中的值作为函数值
}
```

myfac 函数用于计算 n!

函数说明:

(1)第一行"int myfac(int n)"是函数的首部,其中 myfac 是函数名,"int n"表示 n 是参数,其类型为 int 型;函数名前的 int 是函数值(即函数计算结果)的类型。

(2)函数首部下面的一对花括号中是函数体,用来实现求 n!的功能。通常情况下在函数体(包括主函数的函数体)中,变量的定义部分在前,语句部分在后。

(3)可以通过 return 语句把函数值返回给调用此函数的函数,函数值是 return 后面表达式的值。如果将函数中的语句"return y;"改写成"return 1;",则不管 y 的值是多少,函数值都是1。有关 return 语句的内容将在 7.2.4 节中介绍。

(4)myfac 函数可以单独编译,但不能单独运行,必须被其他函数调用才能运行。在程序中除了主函数,其他自编函数都是如此。被别的函数调用的函数,称为被调函数(如myfac 函数),而调用其他函数的函数称为主调函数(如 main 函数)。

【讨论题7.1】 如何定义计算 2^n 的函数?

函数的一般定义形式如下:

```
[类型名] 函数名([类型名 形式参数 1,类型名 形式参数 2,…])      ——函数首部
{   定义部分
    语句部分                                                  函数体
}
```

其中,用方括号括起来的部分是可选项。

说明：

（1）函数名不能与该函数中其他标识符重名，也不能与本程序中其他函数名相同。

（2）形式参数简称为形参。定义函数后，形参并没有具体的值，只有当其他函数调用该函数时，各形参才会得到具体的值，因此形参必须是变量。不管形参如何起名，都不会影响函数的功能，形参只是一个形式上的参数。函数可以没有形参，但函数名后的一对圆括号不能省略。每个形参的类型必须单独定义，且各组之间用逗号隔开。

（3）如果调用函数后需要函数值，则在函数首部的最前面给出该函数值的类型，并且在函数体中用 return 语句将函数值返回；若不需要得到函数值，则将函数值的类型定义为 void。

（4）在函数体内用到的变量，除形参以外必须在其定义部分给出定义。自编函数的函数体编写方法与主函数类似。

7.2.2　函数的调用

自己编写的函数只有在调用时才能发挥作用，调用自己编写的函数与调用库函数的方法一样，例如，例 7.1 两种解法中的主函数用相同的方式分别调用了库函数 pow 和自编函数 mypow，下面的例题也说明这一点。

【例 7.3】　调用函数求 n 的平方根和 n!（n＞0）。

【解】　程序如下：

```
#include <stdio.h>
#include <math.h>              //库函数中提供求平方根的函数 sqrt
int myfac(int n)              ┐库函数中未提供求 n!
{    int i=0,y=1;             │的函数,所以在此
     for(i=1; i<=n; i++)   y=y*i; │位置上先定义该函数
     return y;               ┘
}
int main(void)
{    int n=0,z=0;   double y=0;
     printf("Input data:");   scanf("%d",&n);
     y=sqrt(n);                //调用库函数 sqrt,计算 n 的平方根
     z=myfac(n);               //调用自编函数 myfac,计算 n!
     printf("Square root of %d:%lf\n",n,y);
     printf("%d!=%d\n",n,z);
     return 0;
}
```

运行结果：

```
Input data:4
Square root of 4:2.000000
4!=24
```

程序说明：

(1) 主函数中 sqrt(n) 的作用是调用 sqrt 函数求 n 的平方根。sqrt 函数已由库函数提供，我们不必编写，但在调用之前需加命令行"#include <math.h>"。当主函数中变量 n 的值为 4 时，调用库函数 sqrt 计算出 4 的平方根 2.000000。

(2) 主函数中语句"z＝myfac(n)；"的作用是计算 n! 的值，由于库函数中未提供此功能函数，因此在调用之前(即在主函数前)已由用户自定义了 myfac 函数。当主函数中变量 n 的值为 4 时，调用 myfac 函数计算出 4 的阶乘 24。

被调函数可以不带参数，也可以没有返回值，而只是执行一些操作。参见下面的例 7.4。

【例 7.4】 调用函数，实现在屏幕上输出若干个"＊"的功能。

【解】 程序如下：

```
#include <stdio.h>
void myprint()                          自编函数 myprint 输
{   int i=0;                            出一行 20 个"＊"

for(i=1; i<=20; i++)  printf("＊");
    printf("\n");
}
void myprint_n(int n)                   自编函数 myprint_n,
{   int i=0;                            用以输出每行 n 个"＊"
    for(i=1; i<=n; i++)  printf("＊");
    printf("\n");
}
int main(void)
{   myprint();          //调用一次输出一行固定个数的"＊"(20 个)
    myprint_n(5);       //调用一次输出一行 5 个"＊"
    myprint_n(10);      //调用一次输出一行 10 个"＊"
    myprint();          //调用一次输出一行固定个数的"＊"(20 个)
    return 0;
}
```

运行结果：

```
＊＊＊＊＊＊＊＊＊＊＊＊＊＊＊＊＊＊＊＊
＊＊＊＊＊
＊＊＊＊＊＊＊＊＊＊
＊＊＊＊＊＊＊＊＊＊＊＊＊＊＊＊＊＊＊＊
```

程序说明：

(1) 程序中的 myprint 函数是一个无参函数。如果紧跟在函数名后边的圆括号中为空，则称此类函数是无参函数。

(2) 程序中的 myprint_n 函数是一个有参函数。如果紧跟在函数名后边的圆括号中不为空，这样的函数称为有参函数。

（3）在主函数中调用了 2 次 myprint 函数，每调用一次就输出一行 20 个"＊"。

（4）在主函数中调用了 2 次 myprint_n 函数，第一次调用时，参数 n 得到 5，因此输出 5 个"＊"；第二次调用时，参数 n 得到 10，因此输出 10 个"＊"。虽然每次调用同一个函数，但由于参数 n 得到的值不同，所以每次输出不同个数的"＊"。由此可见，调用有参函数，可以根据参数的不同，得到不同的结果，这样就方便了用户，使程序运用起来更加灵活。

（5）当被调函数只是执行一些操作，不返回值时，在编写被调函数时，应将其函数值的类型定义为 void。

从以上实例可看出，函数的一般调用形式为：

函数名（[实在参数 1,实在参数 2,…]）

其中，用方括号括起来的部分为可选项。

说明：

（1）在一个函数中可以多次调用其他函数，调用语句中的函数名必须与被调函数的函数名一致。

（2）实在参数简称为实参。实参应与被调函数中的形参个数相同、位置对应、类型一致。实参可以是表达式，但要求在调用函数时其值确定，以确保将一个值传递给对应的形参。当调用无参函数时，函数的调用也必须没有实参，这时函数名后的一对圆括号不能省略，参见例 7.4 中 myprint 函数的调用语句。

（3）当实参与形参的类型不匹配时，C 编译程序并不报错，程序也能运行，但可能得不到正确的运行结果。在例 7.3 主函数中，调用语句"y＝sqrt(n)；"的规范形式为"y＝sqrt((double)n)；"，因为库函数 sqrt 要求实参为 double 型。

（4）实参若是一个变量，它可以与对应的形参同名，因为实参和形参位于不同的函数内，分别占不同的存储单元。形参只按位置对应的原则接受实参的值。

也许有的读者还不太理解"实参与对应形参可以同名"的含义。为了便于理解，下面打个比方：不同的楼可以有相同编号的房间，这些房间各自占用不同的空间，它们之间互不相干。我们可以把 C 语言中的函数比喻成楼，各函数中的变量（包括形参）想象成各楼中的房间，变量名如同房间号。不同函数中的同名变量占用不同的存储空间，因此，实参与对应形参可以同名。

在程序中要调用另一函数，应注意以下问题：

（1）被调函数必须存在。被调函数可以是 C 标准库中的函数、自己建立的函数库中的函数或自编函数。

（2）被调函数的定义位置正确。如果被调函数是标准库函数或自己建立的函数库中的函数，则在主调函数前必须有 ＃include 命令行（将含有该函数信息的文件包含进来）；如果被调函数是自编函数，那么原则上应定义在主调函数之前（也可使用原型说明方法，参见 7.2.5 节）。

（3）实参与形参的个数相同；对应实参与形参的类型一致；每个实参都必须有确定值。

我们还可以建立自己的函数库,然后像调用库函数一样进行调用。建立自己函数库的方法很简单,只要把所需要的函数都编写好,然后存放在一个文件里即可。例如,在 VC++ 环境中输入以下内容:

```
double mypow(double x,int y)
{   int i=0;   double z=1.0;
    for(i=1; i<=y; i++)   z=z*x;
    return z;
}
void myprint()
{   int i=0;
    for(i=1; i<=20; i++)   printf("*");
    printf("\n");
}


{   int i=0;
    for(i=1; i<=n; i++)   printf("*");
    printf("\n");
}
int myfac(int n)
{   int i=0,y=1;

    for(i=1; i<=n; i++)   y=y*i;
    return y;
}
```

将此文件存放在 D 盘"C 语言"文件夹下,并起名为 fun. me,就建立了自己的函数库 fun. me。这时就可以像调用 C 提供的库函数一样调用其中的函数。例如,可以用命令行 "#include <D:\C 语言\fun. me>"替代例 7.1、例 7.3 和例 7.4 中 mypow、myfac、myprint 和 myprint_n 等函数的定义,而且以后还可以在该文件中增加其他函数。

【例 7.5】 观察下面程序的运行结果。

```
#include <stdio.h>
#include <d:\C 语言\fun.me>              //调用自己建立的库中函数
int main(void)
{   int a=0;
    myprint();                           //输出 20 个"*"
    a=(int)mypow((double)myfac(3),2);    //(double)myfac(3) 的值为 6.0
    myprint_n(a);                        //a 的值为 36,输出 36 个"*"
    return 0;
}
```

运行结果:

```
********************
************************************
```

程序说明：

（1）本程序调用的函数都定义在自编函数库中。myprint 函数的功能是输出 20 个 "＊"；mypow 和 myfac 函数分别用于计算 x^y 和 n！；myprint_n 输出 n 个"＊"。

（2）程序中语句"a＝(int)mypow((double)myfac(3),2);"的执行过程是：

① 调用 myfac 函数，计算 3！的值，其值为 6。

② 将 myfac(3) 的函数值 6 转化为 double 型，结果为 6.0。转化类型的原因是 mypow 函数要求第一个参数为 double 型。

③ 调用 mypow 函数，计算 6.0^2 的值，其值为 36.0。

④ 由于 a 是整型变量，因此将 mypow(6.0,2) 的函数值 36.0 转化为 int 型，结果为 36。

⑤ 将 36 赋给整型变量 a。

（3）从程序中可以看到，调用函数时，没有返回值的函数只能作为独立的语句，如 myprint 函数，而有返回值的函数，如 mypow 函数，既可作为表达式使用，也可以把其函数值作为另一个函数的实参。

为了使读者学会编写函数，我们将通过下面的例题，详细介绍编写函数的步骤。

【例 7.6】 调用自编函数 mysum，求 $\sum_{i=1}^{n} i = 1 + 2 + 3 + \cdots + n$ 的值（其中 n＞0）。

【解】 编写程序时，可以根据自己的习惯，选择先编写被调函数，还是先编写主调函数。本例则先编写主调函数。

第一步：编写主函数。本题中的主函数要完成 3 件事：输入 n 的值、调用求和函数、输出结果。

编写程序时，应该选择合适的数据类型，根据题意，n 的数据类型可以定义为 int 型，计算结果也是 int 型。另外还要确定参数个数，在求 1～n 之和的函数中，只有 n 是可变的量，所以参数个数定为一个。主函数如下：

```
int main(void)
{   int n=0,y=0;
    printf("Input data:");  scanf("%d",&n);
    y=mysum(n);             //mysum(n)将带回 1+2+3+…+n 的和
    printf("1+2+3+…+%d=%d\n",n,y);
    return 0;
}
```

在主函数中将通过调用 mysum 函数计算 1～n 的累加和，并用变量 y 接收。这里先不必考虑 mysum 函数如何定义。

第二步：测试主函数。

因为尚未定义 mysum 函数，不能运行本程序。为了观察程序的框架是否正确，可在 main 函数之前，临时加上自定义函数：

```
int mysum()   {    }
```

此函数的函数体是空的,这种函数称为空函数。这时程序可以运行,但得不到我们所希望的结果。当编写较小的程序时,可以跳过此步。

第三步:编写被调函数。

(1) 确定函数首部,这是被调函数和主调函数的接口,也是本函数的入口(接收数据)。

从主函数中语句"y=mysum(n);"可以看出被调函数的函数名是 mysum,有一个 int 型形参;由于 y 接收函数值,y 为 int 型,因此函数值的类型也应为 int 型。函数首部的定义为"int mysum(int n)"。

(2) 编写函数体,函数体应能实现求累加和的功能,其编写方法与例 4.1 类似。这里有两点需要注意:第一,函数体内定义的各变量不能与形参同名;第二,将计算结果作为函数值通过 return 语句返回主调函数。

根据(1)和(2)可以编写 mysum 函数。此函数可以独立编译,但不能单独运行,因为运行程序必须要有主函数。

完整的程序如下:

```
#include <stdio.h>
int mysum(int n)            //自编函数 mysum,用于计算 1+2+3+…+n 的和
{   int i=0,sum=0;
    for(i=1; i<=n; i++)    sum=sum+i;
    return   sum;
}
int main(void)
{   int n=0,y=0;
    printf("Input data:");   scanf("%d",&n);
    y=mysum(n);             //调用自编函数 mysum 求 1+2+3+…+n 的和
    printf("1+2+3+…+%d=%d\n",n,y);
    return 0;
}
```

运行结果:

```
Input data:100
1+2+3+...+100=5050
```

综上所述,当编写较大的程序时,可按如下方法进行:

(1) 根据需要将程序按功能分成若干个相对独立的模块,并将它们定义成无参空函数形式。

(2) 先设计主框架,写出 main 函数。在 main 函数中按执行顺序调用这些自定义函数,进行调试。在程序开发阶段,对于尚未编写的函数,经常先使用空函数,以后再用编好的函数代替它,这样容易找出程序中的各种错误。

(3) 当 main 函数测试无误后,才可以逐步编写 main 函数中所调用的函数。

(4) main 函数中的被调函数也可以调用其他函数,因此对于每个被调函数,都要用类似于 main 函数的编写方法逐步细化。

以上的方法是"自顶向下、逐步细化、模块化"的程序设计方法,请读者掌握这种方法。当程序中需要定义较多的函数时,不要把所有程序都编辑完才测试和调试,而是用逐步扩充功能的方式分批进行。

7.2.3　函数的调用过程

要掌握函数的调用过程,首先要弄清主调函数和被调函数间的数据传递过程,那么在C语言中,主调函数和被调函数的数据是怎样传递的呢? 我们来看下面的例题。

【例 7.7】　阅读以下程序,观察其运行结果。

```
#include <stdio.h>
void myswap1(int x,int y)              //x,y是形参
{   int z=0;                           //定义在 myswap1 函数内使用的变量
    z=x;  x=y;  y=z;                   //交换形参 x,y 中的值
}                                      //调用完毕,释放形参 x,y 和变量 z 所占的存储单元
int main(void)
{   int x=3,y=5;

    printf("before:x=%d,y=%d\n",x,y);
    myswap1(x,y);                      //调用函数 myswap1,x 和 y 是实参
    printf("after:x=%d,y=%d\n",x,y);
    return 0;                          //程序运行结束,释放实参 x 和 y 所占的存储单元
}
```

【解】　运行结果:

```
before:x=3,y=5
after:x=3,y=5
```

程序说明:

(1) 本程序在 main 函数之前定义了自编函数 myswap1,但程序从主函数开始执行。在主函数中系统开辟了 x、y 两个存储单元,并分别存放 3 和 5(见图 7.1(a))。

(2) 当执行语句"myswap1(x,y);"的时候,程序的流程转到 myswap1 函数,这时系统又为两个形参 x、y 分配两个存储单元,同时把实参 x、y 的值 3 和 5 分别传递给对应的形参 x、y(见图 7.1(b))。在被调函数中交换形参 x 和 y 的值(见图 7.1(c)),当遇到函数最后的"}"时调用结束,形参 x、y 所占的存储单元被释放,形参 x、y 消失(见图 7.1(d))。

(3) 函数调用完毕,流程回到 main 函数中调用 myswap1 函数的地方,然后继续执行其后面的语句,输出 x 和 y 的值 3 和 5。

本题原本希望通过调用 myswap1 函数交换两个实参 x 和 y 的值,但结果仅是交换了两个形参值,实参值并没有改变。请注意,在 C 语言中调用函数时数据是"按值"单向传递的,即数据只能从实参单方向传递给形参,形参值的改变不会反向影响对应实参的值。如何达到此目的,请参见例 7.8。另外,编写程序时,形参不宜过多,否则会给程序的测

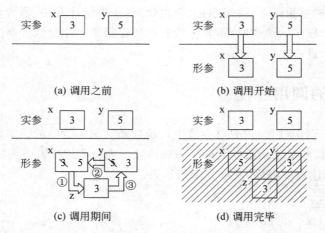

(a) 调用之前　　　　　　　　(b) 调用开始

(c) 调用期间　　　　　　　　(d) 调用完毕

图 7.1　实参为普通变量时函数的调用过程

试、调试带来不便,也会降低程序的可读性。请读者在学习和实践过程中积累经验,学会如何确定形参个数和选择数据类型。

【例 7.8】　调用 myswap2 函数,实现 main 中 x 和 y 值的交换。

【解】　编程点拨:

为了交换主函数中 x 和 y 的值,必须在函数调用期间能够访问这两个存储单元。当实参为 x 和 y 的地址,形参是指向 x 和 y 的指针变量时,可以做到这一点。程序如下:

```c
#include <stdio.h>
void myswap2(int * p,int * q)          //形参 p,q 必须是指针变量
{   int z=0;
    z= * p;   * p= * q;   * q=z;       //相当于交换主函数中的变量 x 和 y 值
}
int main(void)
{   int x=3,y=5;
    printf("before:x=%d,y=%d\n",x,y);
    myswap2(&x,&y);                     //实参为变量 x 和 y 的地址
    printf("after:x=%d,y=%d\n",x,y);
    return 0;
}
```

运行结果:

```
before:x=3,y=5
after:x=5,y=3
```

程序说明:

(1) 当执行语句“myswap2(&x,&y);”的时候,流程转到 myswap2 函数,系统为两个形参 p、q 分配存储单元,同时把实参的值即 x、y 的地址,传递给它们,所以指针变量 p 指向实参 x,q 指向 y。这时实参 x 又有了一个新名字 * p,y 又有了一个新名字 * q,因此

可以通过＊p和＊q分别引用实参 x 和 y(如图 7.2(a)所示)。

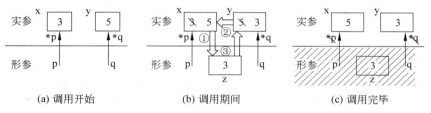

(a) 调用开始　　　　　(b) 调用期间　　　　　(c) 调用完毕

图 7.2　实参为变量的地址时函数的调用过程

(2) 在被调函数 myswap2 中,交换＊p 和＊q 的值,就是交换主函数中 x 和 y 的值(如图 7.2(b)所示)。在 myswap2 函数调用结束后,p、q 所占的存储单元被释放,＊p 和＊q 也就不存在了(如图 7.2(c)所示)。

(3) 从输出结果可以看到 x 和 y 的值已被交换。

本例通过传递实参地址的方法,在被调函数中交换了实参 x 和 y 的值。综上所述,若希望通过被调函数改变多个实参值时,只能采用传递这些实参地址的方式。若只需改变一个实参的值,则可通过 return 语句将改变后的值返回,请参考 7.2.4 节的内容。

7.2.4　函数的返回值

根据需要,函数可以有返回值,也可以没有返回值,函数的返回值也称为函数值。

【例 7.9】　函数的返回值示例。通过调用函数求两个数的和。

【解】　方法 1:用 return 语句完成。程序如下:

```
#include <stdio.h>
int myadd1(int x,int y)          //返回值的类型为 int 型
{   int z=0;
    z=x+y;                       //z 中存放 x 和 y 的和
    return z;                    //将 z 的值作为返回值
}
int main(void)
{   int a=1,b=2,c=0;
    c=myadd1(a,b);               //myadd1 函数调用完毕,将返回值赋给 c
    printf("%d+%d=%d\n",a,b,c);
    return 0;
}
```

运行结果:

```
1+2=3
```

方法 2:不用 return 语句完成。这时只能在被调函数里,直接访问主函数中存放和值的存储单元 c,所以必须把 c 的地址也作为实参。程序如下:

```
#include <stdio.h>
void myadd2(int x,int y,int * p)          //函数的类型为无值型
{   * p=x+y;   }                           //* p中存放 x 和 y 的和,即 c 中存放 a 和 b 的和
int main(void)
{   int a=1,b=2,c=0;
    myadd2(a,b,&c);                        //myadd2 函数调用完毕,无需返回值
    printf("%d+%d=%d\n",a,b,c);
    return 0;
}
```

运行结果同上。

程序说明:

(1) 方法 1 用"return z;"语句将 z 的值 3 作为返回值,所以 c 得到了 3。

(2) 在方法 2 中不使用 return 语句,因此返回值类型选为 void 型,我们称 void 型为无值型,其含义是不带回返回值。如果在主函数中,将语句"myadd2(a,b,&c);"误写成"c=myadd2(a,b,&c);"后运行程序,则系统显示"不允许使用类型"的错误信息,这时用户能够非常容易地查找到错误原因,如果将 void 改成 int,则运行程序时系统并不报错,但这时 c 的值不一定是我们所希望的 3。

(3) 调用函数时实参除了 a、b 外还有 c 的地址,由于在被调函数中不访问 a 和 b,所以不必把它们的地址作为实参。

【讨论题 7.2】 在方法 2 中,如果将实参改用 &a、&b、&c,应如何修改程序?

在 C 语言中,函数值是通过 return 语句返回,return 语句的一般形式是:

return 表达式;

说明:

(1) return 语句有两个作用:一是退出被调函数;二是返回函数值。return 语句中表达式的值即为函数的返回值。当需要提前退出函数,又不需要函数的返回值时,可用不带表达式的 return 语句,即用"return;"形式。

(2) 在被调函数中可以没有 return 语句,也可以有多个 return 语句,程序执行到其中一个 return 语句或函数的最后"}"时,立即结束函数调用。

(3) return、break、exit 的作用:在 C 语言中,用 return 语句退出被调函数;用 break 语句退出 switch 语句或循环;调用 exit 函数则结束整个程序执行。

观察函数调用过程时,经常结合使用 F10 键和 F11 键单步执行,即按 F10 键单步执行的过程中,只要遇到调用函数,就要考虑继续按 F10 键还是 F11 键,如果需要观察函数内部的执行过程,就按 F11 键,否则按 F10 键。例如,对于例 7.9 中方法 1 的程序,先按两次 F10 键,当黄色箭头停留在"c=myadd1(a,b);"语句行时,考虑要不要观察 myadd1 函数内部的执行过程,如果确定该函数编写正确,则按 F10 键(可以加快调试速度),否则按 F11 键进入函数,然后再按 F10 键继续单步执行。

若要停止调试,执行"调试"|Stop Debugging 菜单项。

7.2.5　被调函数的原型说明

编写程序时，一般采用自顶向下、逐步细化的方法编写各模块，即先编写主函数，后编写主函数中调用的函数，如果被调函数又调用其他函数，那么再编写那些函数。但由于 C 语言要求函数定义在前，调用在后（实际上返回值类型为 int 或 char 型时无此要求），所以最先执行的主函数往往放在各函数的后面，这样阅读程序非常不方便。我们有时希望各函数按其执行的顺序出现在程序中，使用被调函数的原型说明可以做到这一点。

【例 7.10】　编写函数，求 $1-\dfrac{1}{2}+\dfrac{1}{3}-\dfrac{1}{4}+\cdots-\dfrac{1}{n}$ 的值（算法参见例 4.7）。

【解】　编程点拨：

由于只要确定整数 n 的值，上面式子的值就被确定，所以形参是一个整型变量；函数值是若干分数的和，应该是实型，因此函数的首部可定义为"double mycal(int n)"。参照例 4.7 的程序，编写函数体。程序如下：

```
#include <stdio.h>
double mycal(int n);              //被调函数在主调函数后面,需要加函数原型说明
int main(void)
{   int n=0;   double sum=0;

    printf("Input data:");   scanf("%d",&n);
    sum=mycal(n);                //mycal(n)的值为所求的值
    printf("sum=%lf\n",sum);
    return 0;
}
double mycal(int n)              //函数的计算结果为 double 型
{   int i=0,sign=1;   double sum=0.0;
    for(i=1; i<=n; i++)
    {   sum=sum+(double)sign/i;
        sign=-sign;
    }
    return sum;
}
```

运行时若从键盘输入 100，则运行结果同例 4.7。

程序说明：

虽然 mycal 函数的定义在主函数之后，但因为前面有函数原型说明"double mycal(int n);"，所以允许调用该函数。在 C 语言中，除了主函数以外的自编函数，应根据情况进行函数原型说明。原型说明可采用"先复制该函数首部，再加一个分号"的方法，当然也可以直接输入。请读者注意，原型说明以"；"结尾。

7.3 函数的嵌套调用

C语言允许被调函数又调用另一个函数,这种调用方式被称为函数的嵌套调用。

【例 7.11】 函数嵌套调用示例。编写函数 mysum 用以求 $\sum_{i=0}^{n} f(i)$,其中 $f(i) = i+5$。

【解】 程序如下:

```c
#include <stdio.h>
int myum(int n);
int myf(int i);
int main(void)
{   int n=0,s=0;
    printf("Input data:");    scanf("%d",&n);
    s=mysum(n);                //主函数调用 mysum 函数
    printf("n=%d,s=%d\n",n,s);
    return 0;
}
int mysum(int n)
{   int i=0,s=0;
    for(i=0; i<=n; i++)
        s=s+myf(i);            //mysum 函数又调用 myf 函数
    return s;                  //返回到主函数
}
int myf(int i)                 //求 i+5 的值
{   return i+5;    }           //返回到 mysum 函数
```

运行结果:

```
Input data:2
n=2,s=18
```

程序说明:

程序中被调函数 mysum 又调用了 myf 函数。函数调用过程如图 7.3 所示,其中①~⑮表示程序的执行顺序。无论函数在何处被调用,调用结束后,其流程总是返回到调用该函数的地方。

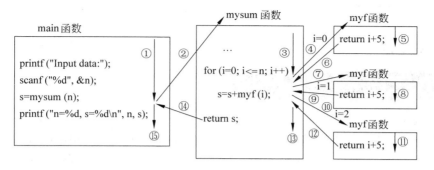

图 7.3　例 7.11 函数的嵌套调用过程

7.4　数组作实参

我们知道要正确调用一个函数,必须做到实参和形参的个数相同,对应类型一致。数组作实参也要遵循这一原则。

由于数组元素是一个普通变量,因此数组元素作实参与普通变量作实参的情况类似。例如,以 int 型数组元素作为实参,用"myfun(a[0],a[1],a[2]);"形式调用 myfun 函数时,被调函数 myfun 的首部中形参定义应为"int x,int y,int z"形式。

当数组中所含元素较多时,通常用数组名作实参的方法引用数组的所有元素。

7.4.1　一维数组名作实参

由于一维数组名代表该数组的首地址,因此将一维数组名作为函数的实参时,对应的形参应该是指针变量。

【例 7.12】　编写一个将一维数组名作实参的程序。

【解】　程序如下:

```
#include <stdio.h>
void myout(int * p,int n);
int main(void)
{   int a[5]={1,2,3,4,5},b[10]={1,2,3,4,5,6,7,8,9,10};
    myout(a,5);                    //一维数组名 a 和该数组的长度作为实参
    myout(b,10);
    return 0;
}
void myout(int * p,int n)          //一维数组名对应的形参是指针变量 p
{   int i=0;
    for(i=0; i<n; i++)             //输出时指针没有移动
        printf("%3d", * (p+i));
```

```c
        printf("\n");
}
```

运行结果：

```
1  2  3  4  5
1  2  3  4  5  6  7  8  9  10
```

程序说明：

在第一次调用 myout 函数时，形参 p 指向 main 函数中 a[0]，如图 7.4(a)所示，所以 a[0]、a[1]、……、a[4]分别有别名 $*p$、$*(p+1)$、……、$*(p+4)$，因此在 myout 函数中可用这些别名访问 a 数组。第二次调用情况与之类似，如图 7.4(b)所示。

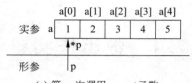

(a) 第一次调用 myout 函数

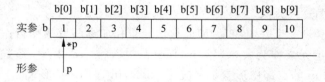

(b) 第二次调用 myout 函数

图 7.4 一维数组名做实参

注意：数组不能整体传递，企图使用"myout(a[5]);"传递整个数组是错误的。

【例 7.13】 用选择法将 10 个数按由小到大的顺序进行排列（算法参见 5.4 节）。

【解】 程序如下：

```c
#include <stdio.h>
void mysort(int p[10],int n)            //注意形参的形式
{   int i=0,j=0,k=0,t=0;
    for(i=0; i<n-1; i++)                //i=0,1,2,…,8
    {   k=i;
        for(j=k+1; j<n; j++)
            if(p[k]>p[j])   k=j;        //等价于 if(*(p+k)>*(p+j))  k=j;
        t=p[i];  p[i]=p[k];  p[k]=t;
    }
}
void myout(int a[],int n)               //注意形参的形式
{   int * p=NULL;
    for(p=a; p<a+n; p++)                //输出时指针移动
        printf("%4d", * p);
    printf("\n");
```

C程序设计教程（第 5 版）

```
}
int main(void)
{   int a[10]={10,9,8,2,5,1,7,3,4,6};
    printf("before:");   myout(a,10);
    mysort(a,10);
    printf("after:");   myout(a,10);
    return 0;
}
```

运行结果：

```
before:   10   9   8   2   5   1   7   3   4   6
after:     1   2   3   4   5   6   7   8   9  10
```

程序说明：

当一维数组名作为实参时，对应的形参必须是指针变量，但允许用以下 3 种形式定义形参（以 myout 函数为例）。

形式一：

```
void myout(int * p,int n)
```

形式二：

```
void myout(int p[10],int n)
```

形式三：

```
void myout(int p[ ],int n)
```

【例 7.14】 输入字符串，调用函数统计其中大写字母的个数，并将该个数作为函数值返回主函数，在主函数中输出统计结果。

【解】 编程点拨：

在调用函数时要统计主函数中输入的字符串中的大写字母个数，并将个数作为函数值返回，由此可以确定被调函数的形参为字符型指针变量，返回值的类型为整型，由此确定函数的首部为 int myfun(char * p)。在被调函数中通过指针 p 的移动依次判断每个字符是否为大写字母，直至到达字符串的尾，即 * p 的值为"\0"。虽然在主函数中定义字符数组 a 的大小为 50，但输入时最后一个有效字符的下标并不是 49，如图 7.5 所示。程序如下：

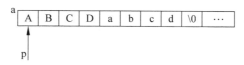

图 7.5　调用 myfun 函数时 p 的指向

```
#include <stdio.h>
int myfun(char * p);
```

```
int main(void)
{   char a[50];   int n=0;
    printf("input string:");
    gets(a);
    n=myfun(a);
    printf("number:%d\n",n);
    return 0;
}
int myfun(char * p)
{   int n=0;
    while(* p!='\0')                    //判断是否到达字符串结尾
    {   if(* p>='A' && * p<='Z')  n++;
        p++;                            //指针右移,逐个字符判断
    }
    return n;
}
```

运行结果:

```
input string:ABCDabcd
number:4
```

【讨论题 7.3】 本程序中可用求字符串长度的函数 strlen 得到字符串的最后一个有效字符的下标,此时应如何修改程序才能得到正确结果?

从以上例题的介绍可以看出,当一维数组名作实参时,除了函数的入口和出口外,函数体内的其他部分与第 6 章中的程序形式类似。

7.4.2 二维数组名作实参

二维数组名与一维数组名一样,是地址值,所以当二维数组名作实参时,对应的形参也应该是指针变量。

【例 7.15】 二维数组名作实参的示例。调用自编函数,输出二维数组元素的值。

【解】 程序如下:

```
#include <stdio.h>
#define M 3
#define N 4
void myout(int p[M][N]);        //函数原型说明,函数无返回值
int main(void)
{   int a[M][N]={{1,2,3,4},{5,6,7,8},{9,10,11,12}};
    myout(a);                   //输出二维数组,数组名 a 作为实参
    return 0;
}
void myout(int p[M][N])         //可用数组形式,但实际上 p 是行指针
```

```
{   int i=0,j=0;
    for(i=0; i<M; i++)
    {   for(j=0; j<N; j++)  printf("%5d",p[i][j]);
        printf("\n");
    }
}
```

运行结果：

```
    1    2    3    4
    5    6    7    8
    9   10   11   12
```

程序说明：

（1）当二维数组名 a 作实参时，对应的形参 p 应该是行指针（有关行指针的概念参见6.5.2 节）。在函数的首部可用数组的形式定义行指针，在被调函数的函数体中，也可用下标形式访问行指针所指向的存储单元，这种方法比较好理解，编程者也不必深究行指针的概念。本书只采用这种形式，对于指针形式感兴趣的读者请参考 6.5.2 节自行改写。

（2）与一维数组一样，此时系统并没有为形参开辟一串连续的存储单元，而只开辟了一个存储单元。通过这个指针变量，在被调函数里可以直接引用 main 函数中数组 a 的各个元素。

7.5 变量的存储类别

变量按其在程序文件中的定义位置分为内部变量和外部变量，而且根据外加的说明符能够确定其为动态存储变量还是静态存储变量。

7.5.1 内部变量和外部变量

变量必须先定义后使用。变量的定义可以在函数内部、函数外部、复合语句内部。如果变量定义在某函数或复合语句内部，则称该变量为内部变量（也称局部变量），如果变量的定义在所有函数外部，则称该变量为外部变量（也称全局变量）。到目前为止，我们所介绍的变量均在函数内部定义，因此这些变量都属于内部变量。

【例 7.16】 编写使用内部变量和外部变量的程序。

【解】 程序如下：

```
#include <stdio.h>
int a=100,b=10;          //变量 a 和 b 的定义在函数外部,a、b 均为外部变量
int main(void)
{   int a=1,c=0;         //a 在两处定义,但此处 a 是本函数内的内部变量
    c=a+b;               //1+10⇒c,此处的 b 是外部变量
```

```
    printf("%d,",c);
    {   int a=2,b=2;        //c是主函数开始定义的变量,a和b是本复合语句内的内部变量
        c=a+b;              //2+2⇒c
        printf("%d,",c);
    }
    printf("%d\n",a+b); //退出复合语句后,此处的a、b不是复合语句内定义的变量
    return 0;
}
```

运行结果:

`11,4,11`

程序说明:

(1) 在函数的外部定义了两个变量a和b(外部变量),并分别赋初值100和10,它们从定义位置开始到程序结束为止一直占用存储单元,其使用范围是定义位置以后的所有函数,但不包括有同名变量定义的函数或复合语句。

(2) 在main函数的开头定义了内部变量a,它从定义位置开始到主函数结束为止一直占用存储单元(与外部变量a占用不同的存储单元),其使用范围是本函数,但不包括有同名变量定义的复合语句。变量b没有重新定义,所以系统认为b是外部变量,因此第一个输出值为11(即1+10)。

(3) main函数中有复合语句,在其中又定义了内部变量a和b,它们从定义位置开始到复合语句结束为止一直占用存储单元(与上面a、b占用不同的存储单元),其使用范围是本复合语句,所以第二个输出值为4(即2+2)。

(4) 退出复合语句后,复合语句内定义的a、b已无效,主函数中的a和外部变量b有效,所以第三个输出值为11。

编写程序时,何时使用内部变量或外部变量? 先看下面内部变量和外部变量的比较:

- 从变量占用存储单元的角度看,复合语句内定义的变量占用内存空间的时间最短,外部变量最长。
- 从可读性的角度看,使用内部变量容易阅读,外部变量则不然。
- 从出错的角度看,使用外部变量,容易因疏忽或使用不当而导致外部变量中的值意外改变,从而引起副作用,产生难以查找的错误。
- 从通用性的角度看,外部变量必须在函数以外定义,降低了函数的通用性,影响了函数的独立性。

因此除十分必要的情况以外,一般不提倡使用外部变量。选择变量可按下面两条原则:

(1) 当变量只在某函数或复合语句内使用时,不要定义成外部变量。

(2) 当多个函数都引用同一个变量时,在这些函数上面定义外部变量,而且定义部分尽量靠近这些函数。

7.5.2　动态存储变量和静态存储变量

动态存储变量(也称自动类变量)是指那些当程序的流程转到该函数时才开辟内存单元,执行结束后又立即被释放的变量;静态存储变量则是指在整个程序运行期间分配固定存储空间的变量。打个比方,这就好像预订宾馆房间,静态存储变量如同长期包订固定房间,动态存储变量如同预订临时房间,临时预订方式有利于宾馆合理利用资源。因此程序中绝大多数变量均为动态存储变量,只在必要的情况下才定义静态存储变量。

【例 7.17】　编写一个使用动态存储变量和静态存储变量的程序。

【解】　程序如下:

```c
#include <stdio.h>
int myfun();
int main(void)
{   int i=0,a=0;
    for(i=1; i<=2; i++)
    {   a=myfun();   printf("%4d",a);   }
    return 0;
}
int myfun()
{   auto int x=1;             //x 为动态存储变量
    static int y=1;           //y 为静态存储变量
    x=x+2; y=y+2;
    return   x+y;
}
```

运行结果:

```
  6     8
```

流程两次进入 myfun 函数时,动态变量 x 和静态变量 y 的变化情况如图 7.6 所示。

程序说明:

(1) 用 auto 说明的变量是动态变量,auto 可以省略,因此 main 函数中的变量 i 和 a、myfun 函数中的变量 x 均是动态变量。动态变量是当程序的流程进入函数时才开辟,其值在该函数执行期间被赋值,执行结束后立即被释放。例如,i 和 a 是流程进入主函数时开辟,在主函数内被赋值,主函数执行结束时才被释放;x 是流程进入 myfun 函数时开辟,在 myfun 函数内被赋值,退出该函数时消失。

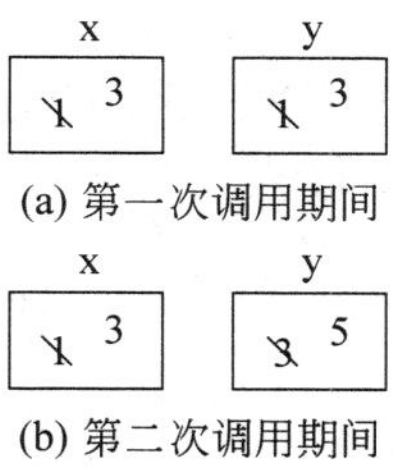

图 7.6　myfun 两次调用过程

需要注意的是,虽然 i 和 a 在 myfun 函数中不能使用,但调用 myfun 函数期间也保留原来的存储单元,因为这时主函数还没有执行完。另外,由于每进入一次 myfun 函数,系统就为 x 开辟存储单元,所以在两次的调用中 x 占有不同的存储单元。

（2）用 static 说明的变量是静态变量，myfun 函数中的 y 是静态变量，在编译程序时开辟，同时被赋初值 1（由定义"static int y＝1;"得知）。y 在执行主函数和调用 myfun 函数期间都占用同一个存储单元，整个程序执行结束时才被释放。请注意，由于每次调用 myfun 函数后，静态变量不被释放，所以 y 中的值应是前一次调用后的计算结果。

说明：

（1）静态变量在编译时被赋初值，若未赋值，系统自动赋 0；动态变量则在运行时被赋值，若未赋值，动态变量将有一个不确定的值。

（2）如果函数被多次调用，其中的静态变量将保留前一次的计算值，动态变量因存储单元被释放而不能保留前次的值。

有关变量的存储类别请参考相关文献。

7.6　贯穿实例——成绩管理程序（5）

在前面各章的实例中介绍了设计主菜单和成绩管理程序的各项具体功能，本章将用函数把主菜单和各项具体功能整合到同一个程序中。程序编写过程是按"自顶向下、逐步细化、模块化"的方法进行的。

成绩管理程序之五：将 4.6 节的贯穿实例与 5.4 节的贯穿实例整合，即编写程序，在主菜单中重复输入选项，并根据输入的选项调用相应函数实现输入、显示、查找、最值、插入、删除、排序等的功能。具体函数功能请见 5.4 节。

【解】　编程点拨：

（1）编写主函数。在主函数中显示主菜单，并根据输入的选项调用函数实现相应的功能。为了能够测试主函数的运行，先用空函数为主函数中调用的函数占位，之后逐个编写各函数，并用它们代替相应的空函数。

```
#include <stdio.h>
#include <conio.h>
#include <stdlib.h>
#define N 10                  //定义符号常量,用于存放成绩个数
//以下用空函数占位
void myprint()                //显示主菜单
{   }
void mycreate(int * p)        //用指针变量作为形参,实现在各函数中对同一数组的处理
{   }
void mydisplay(int * p)
{   }
void mysearch(int * p)
{   }
void mymax(int * p)
{   }
void myadd(int * p)
```

```c
{    }
void mydelete(int * p)
{    }
void mysort(int * p)
{    }
int main(void)
{    char choose='\0',yes_no='\0';
     int a[N+1];                      //定义存放成绩的数组
     do
     {    myprint();                   //显示主菜单
          printf("              ");
          choose=getch();             //首次显示的菜单中必须选择 1,学文件后没有此限制
          switch(choose)
          {    case '1':mycreate(a);  break;      //输入成绩,运行程序时必先输入成绩
               case '2':mydisplay(a);  break;     //显示成绩
               case '3':mysearch(a);  break;      //查找成绩
               case '4':mymax(a);  break;         //查找最高成绩
               case '5':myadd(a);  break;         //插入一个成绩
               case '6':mydelete(a);  break;      //删除一个成绩
               case '7':mysort(a);  break;        //对成绩排序
               case '0': exit(0);                 //结束程序的执行
               default : printf("    %c 为非法选项!",choose);
          }
          printf("\n          要继续选择吗(Y/N)? \n");
          do
          {    yes_no=getch();
          }while(yes_no!='Y' && yes_no!='y'&& yes_no!='N' && yes_no!='n');
     }while(yes_no=='Y' || yes_no=='y');
     return 0;
}
```

（2）在空函数处补充编写实现相应功能的函数。编写时可以参考5.4节中介绍的相应功能代码。

① myprint 函数如下：

```c
void myprint()
{    system("cls");
     printf("     |~~~~~~~~~~~~~~~~~~~~~~~~~~~~|\n");
     printf("     |      请输入选项编号(0-7):  |\n");
     printf("     |~~~~~~~~~~~~~~~~~~~~~~~~~~~~|\n");
     printf("     |          1:输入            |\n");
     printf("     |          2:显示            |\n");
     printf("     |          3:查找            |\n");
     printf("     |          4:最值            |\n");
     printf("     |          5:插入            |\n");
```

```
        printf("        |            6:删除            |\n");
        printf("        |            7:排序            |\n");
        printf("        |            0:退出            |\n");
        printf("        ~~~~~~~~~~~~~~~~~~~~~~~~~~~~~\n");
}
```

② mycreate 函数如下：

```
void mycreate(int * p)
{   int i=0;

    printf("\nInput data:");
    for(i=0;i<N;i++)
        scanf("%d",&p[i]);
}
```

③ mydisplay 函数如下：

```
void mydisplay(int * p)
{   int i=0;
    for(i=0;i<N;i++)
        printf("%4d",p[i]);
    printf("\n");
}
```

④ mysearch 函数如下：

```
void mysearch(int * p)
{   int i=0,x=0;
    printf("\nInput x:");   scanf("%d",&x);
    mydisplay(p);                       //输出成绩
    for(i=0; i<N; i++)
        if(x==p[i])  break;             //找到第一个相同的成绩后退出循环
    if(i<N)
        printf("index=%d\n",i);
    else
        printf("%d not exist!\n",x);
}
```

⑤ mymax 函数略，请学习者自行补充。

⑥ myadd 函数如下：

```
void myadd(int * p)
{   int i=0,k=0;
    printf("\nThe original sequence is:\n");
    mydisplay(p);
    printf("Please input k:");
```

```
        scanf("%d",&k);          //k 的值在 0~N 之间
        for(i=N; i>=k+1; i--)
            p[i]=p[i-1];
        p[k]=100;
        printf("After the insertion sequence is:\n");
        for(i=0; i<N+1; i++)     //能插入一个数即可,学习第 9 章后完善
            printf("%4d",p[i]);
        printf("\n");
    }
```

⑦ mydelete 函数略,请学习者自行补充。注意,在此只要实现删除一个数的功能即可,学习第 9 章后完善。

⑧ mysort 函数参见例 7.13。

程序说明:

(1) 本实例中的数组在主函数中定义,为了保证程序的正常运行,运行程序时须先执行 mycreate 函数为数组元素输入数据;同时为了保证程序对同一个数组进行处理,在主函数中用数组名作为实参,被调函数中相应的形参是同类型的指针。

(2) 本实例中被调函数的位置在主调函数之前,也可以调换两者的位置,调换后须加被调函数的原型说明。

(3) 在执行插入和删除操作时,要确保输入的下标不超过数组元素的有效范围。为此读者可进一步完善程序确保输入的下标有效。

(4) 本实例在执行一次插入或删除操作后,如果继续执行插入或删除等操作,则程序会存在一些缺陷,这是由于在调用函数时未传递数组元素个数所致,在本章设计本实例的目的是将第 4 章设计的成绩管理程序主菜单与第 5 章介绍的各项具体功能整合起来,使学习者学会通过使用函数组织整个程序。我们将在第 8 章和第 9 章进一步完善该程序,最后得到的程序将不会再有运行程序时必须先输入成绩、只能进行一次删除或插入等限制的缺陷。

(5) 本实例采用调用函数的方法来编写程序,使整个程序变得更简练,模块更明晰、更易懂。

7.7　提　高　部　分

7.7.1　函数的递归调用

C 语言允许嵌套调用函数,如果嵌套调用的形式为:fun1 调用 fun2,fun2 调用 fun3,……,funk−1 调用 funk(funk 不再调用其他函数),那么只要确定了 funk 的调用结果就可以按一定的规律确定 fun1 的运行结果。假如 fun1、fun2、……、funk 函数的形参和函数体完全一样,这时不必定义 k 个函数,而只需定义一个函数 fun 就够了,我们将这种在一个函数中又调用该函数自身的函数调用形式称为函数的递归调用。

【例 7.18】 函数的递归调用示例。编写用递归调用方法求 n! 的函数。

【解】 编程点拨：

在第 4 章曾介绍用循环求 n! 的方法，在此采用另一种处理方法。先看以下各式子：

n!=n×(n-1)!	(为了求 n 的值，只要知道 (n-1)!的值就行)
(n-1)!=(n-1)×(n-2)!	(为了求 (n-1)!的值，只要知道 (n-2)!的值就行)
(n-2)!=(n-2)×(n-3)!	(为了求 (n-2)!的值，只要知道 (n-3)!的值就行)

$\vdots$

2!=2×1!	(为了求 2!的值，只要知道 1!的值就行)
1!=1	(1!的值为 1)

因此可用以下式子表示 n!：

$$n! = \begin{cases} 1, & \text{当 } n=1 \text{ 时(实际上 } n=0 \text{ 时，}n! \text{的值也是 } 1\text{)} \\ n×(n-1)!, & \text{当 } n>1 \text{ 时} \end{cases}$$

程序中 myf 函数的功能是计算 n! 的值。每次调用该函数首先需要判断 n 是否为 0 或者为 1，如果为真，则返回 1；否则，返回 n×(n-1)!的值。当计算其中(n-1)!值的时候，需要再次调用 myf 函数，这时实参的值已比原来的值小 1。每次调用 myf 函数都要反复上面的过程。程序如下：

```
#include <stdio.h>
long int myf(int n);
int main(void)
{   int n=0;  long int x=0;
    printf("Input data:");   scanf("%d",&n);
    if(n<0)  printf("Wrong!\n");
    else
    {  x=myf(n);   printf("%d!=%ld\n",n,x);  }
    return 0;
}
long int myf(int n)
{   long int x=0;
    if(n==0 || n==1)  x=1;          //n 为 0 或 1 时，n!值均为 1
    else   x=n*myf(n-1);            //n>1 时，n!的值为 n×(n-1)!的值
    return x;                       //x 的值为 n!的值
}
```

运行结果：

```
Input data:4
4!=24
```

程序说明：

当输入 4 时，程序执行的具体过程如下：

(1) 在主函数中通过键盘给 n 输入了 4，因此调用 myf 函数时实参即为 4，如图 7.7(a) 所示。

（2）第一次调用 myf 函数时，形参 n 得到 4，因此执行"x＝4 * myf(3);"，然后返回 x 的值，但执行该语句时，还需要调用 myf 函数（第二次调用，实参为 3，如图 7.7(b)所示）。

（3）第二次调用 myf 函数时，形参 n 得到 3，执行语句"x＝3 * myf(2);"后返回 x 的值。求 x 的值时，还要调用 myf 函数（第三次调用，实参为 2，如图 7.7(c)所示）。

（4）第三次调用 myf 函数时，执行"x＝2 * myf(1);"，然后返回 x 的值。求 x 的值时，也要调用 myf 函数（第四次调用，实参为 1，如图 7.7(d)所示）。

（5）第四次调用 myf 函数时，形参 n 的值为 1，因此执行"x＝1;"，然后返回 x 的值（不再调用 myf 函数，如图 7.7(e)所示）。

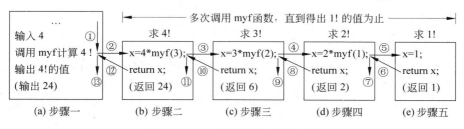

图 7.7　myf 函数的递归调用过程

注意：递归调用是一个特殊的嵌套调用，递归调用也遵循"自顶向下、逐步细化"的原则。虽然计算 4!时需要用到 3!的计算结果(4!＝4×3!)，但暂时先不必考虑 3!的具体求解过程，而只要知道通过调用 myf 函数将带回 3!的值即可，计算 3!的过程是需要逐步细化的内容。每次调用结束后都要回到调用该次函数的位置。

说明：

（1）例 7.18 若用循环的方法（按例 7.3），能节省内存，而且提高执行效率，所以实际应用中不应该用递归调用的方法求 n!的值。该例题只是为了使读者通过简单的例题，了解递归调用的方法。但有些实际问题若不用递归调用的方法，则无法解决（参阅参考文献[1]中的 Hanoi 塔问题）。

（2）递归调用的过程是反推的过程，即要解决一个问题，必须解决新的一个问题，为了解决这一新问题，还要解决另一个新的问题，以此类推，但是每一个问题的解决方案必须都相同，而且最后还要有一个能够结束递归调用的条件。

7.7.2　带参数的 main 函数

到目前为止，我们所编写的所有主函数都没有带参数，即主函数的首部写成 main()。实际上 main 函数也能带形参，那么 main 函数的形参有什么要求？其值从哪里来？这是本小节要解决的问题。

1. 指针数组

有时我们需要用多个同类型的指针变量解决问题，这时使用指针数组较方便。指针数组是指数组中的每个元素都是指针变量的数组。

【例 7.19】　指针数组的示例。假设有若干个字符串，它们分别由指针数组中的每一个元素(指针)指向。找出最小的字符串,并使指针数组的第一个元素指向它,而原来指向最小字符串的数组元素指向第一个字符串。

【解】 编程点拨:

先判断指针数组中哪个元素指向最小的字符串,然后将指向最小字符串的指针数组元素和第一个元素交换指针,这样不必改变字符串的存放位置,就能使指针数组的第一个元素指向最小字符串。程序如下:

```c
#include <stdio.h>
#include <string.h>
int main(void)
{   int i=0,k=0;                 //k 记住 p[0]的下标
    char * temp=NULL;
    char * p[4];                 //定义指针数组 p,p 包含的 4 个元素均为指针变量
    p[0]="Zhang";
    p[1]="Li";               使指针数组 p 的 4 个元素分别指向 4 个字符串
    p[2]="Chen";
    p[3]="Wang";
    printf("before:\n");
    for(i=0; i<4; i++)   printf("p[%d]->%s\n",i,p[i]);
    printf("\n");
    for(i=0; i<4; i++)
        if(strcmp(p[i],p[k])<0)
            k=i;     //p[i]指向的字符串比 p[k]指向的字符串小时,k 记住 p[i]的下标
    temp=p[0]; p[0]=p[k]; p[k]=temp;   //使 p[0]指向最小的字符串
    printf("after:\n");
    for(i=0; i<4; i++)   printf("p[%d]->%s\n",i,p[i]);
    printf("\n");
    return 0;
}
```

运行结果:

```
before:
p[0]->Zhang
p[1]->Li
p[2]->Chen
p[3]->Wang

after:
p[0]->Chen°
p[1]->Li
p[2]->Zhang
p[3]->Wang
```

程序说明:

(1) p 为指针数组,p 的 4 个元素 p[0]、p[1]、p[2]、p[3]分别指向 4 个字符串,如

图 7.8(a)所示。

（2）通过循环找到指向最小字符串的元素 p[2]后，并不需要 p[0]和 p[2]所指向的两个字符串交换位置，而是简单地改变这两个指针的指向，也能达到本题的目的，如图 7.8(b)所示。

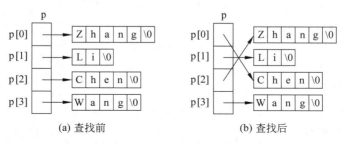

(a) 查找前   (b) 查找后

图 7.8   指针数组的指向情况

（3）指针数组的元素所指向的 4 个字符串，可以是不连续存储区的字符串，而且每个字符串的长度不受任何限制。如果把这些字符串存放在二维数组中，则数组所开辟的部分空间会浪费，因为需要根据最长字符串长度定义二维数组的列数。

指针数组的一般定义形式为：

类型名 *数组名 1[常量表达式 1]，*数组名 2[常量表达式 2]，…；

其中，各常量表达式代表数组长度，数组的每个元素是能够指向同一类型变量的指针变量。

【讨论题 7.4】   假设有若干个字符串，指针数组中的每一个元素分别指向它们。如何将这些字符串按由小到大的顺序输出？

2. 指向指针的指针

我们知道，若有定义"int i，* p；"，则可以用语句"p＝&i；"使 p 指向 i（如图 7.9(a)所示），这时可通过 * p 访问变量 i。由于 p 也是一个变量，所以 p 也有自己的地址，那么什么样的变量能够存放指针变量的地址呢？首先我们肯定，此变量必须是指针变量，假设此变量名为 w，由于该变量要指向指针变量，不能用"int * w；"定义，而要用"int * * w；"定义。在这里第二个"*"表示 w 为指针变量，第一个"*"表示 w 能够指向一个指向整型变量的指

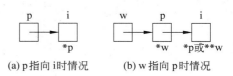

(a) p 指向 i 时情况   (b) w 指向 p 时情况

图 7.9   指针指向变量的情况

针变量。要实现图 7.9(b)的指向，必须先定义"int i，* p，* * w；"，然后执行语句"p＝&i；w＝&p；"。有了这一指向关系后，p 可用 * w 引用，i 可用 * p 或 * * w（即 *(* w)）引用。我们称 w 为指向指针的指针变量。

3. 指针数组名作实参

【例 7.20】   指针数组名作实参示例。调用函数实现例 7.19 的功能。

【解】   编程点拨：

在例 7.19 中，p 代表指针数组的首地址，即代表 p[0]的地址，而 p[0]是指针变量。

如果将 p 作为实参,则相应的形参应该是指向指针的指针。程序如下:

```
#include <stdio.h>
#include <string.h>
void mymin(char * * w,int n);
int main(void)
{   char * p[4];   int i=0;
    p[0]="Zhang";   p[1]="Li";   p[2]="Chen";   p[3]="Wang";
    printf("before:\n");
    for(i=0; i<4; i++)   printf("p[%d]->%s\n",i,p[i]);
    printf("\n");
    mymin(p,4);                    //调用后 p[0]指向最小字符串
    printf("after:\n");
    for(i=0; i<4; i++)   printf("p[%d]->%s\n",i,p[i]);
    printf("\n");
    return 0;
}
void mymin(char * * w,int n)
{   int i=0,k=0;   char * temp=NULL;
    for(i=1; i<n; i++)
        if(strcmp(w[i],w[k])<0)   k=i;            //w[i]相当于 p[i]
    temp=w[0]; w[0]=w[k]; w[k]=temp;              //使 w[0]指向最小的字符串
}
```

运行结果同例 7.19。

程序说明:

(1) w 中存放指针数组 p 的首地址,如图 7.10(a)所示。

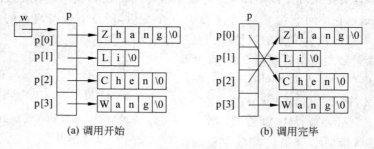

(a) 调用开始　　　　　　　　　　　(b) 调用完毕

图 7.10　指针数组名做实参示例

(2) 在被调函数中交换 w[0]与 w[2]的指向,也就是交换了 p[0]与 p[2]的指向,所以调用结束后,p[0]指向最小的字符串,如图 7.10(b)所示。

4. 带参数的主函数

【例 7.21】　带参数的 main 函数示例。改写例 7.19。

【解】　程序如下:

```
#include <stdio.h>
#include <string.h>
int main(int argc,char * * argv)        //main 带两个形参
{   int i=0,k=1;   char * temp=NULL;   //k 从 1 开始
    for(i=2; i<argc; i++)                //argc 的值是命令行中输入的字符串个数
        if(strcmp(argv[i],argv[k])<0) //argv 的指向由命令行中输入的字符串决定
            k=i;
    temp=argv[1];   argv[1]=argv[k];   argv[k]=temp;
    for(i=1; i<argc; i++)   printf("argv[%d]->%s\n",i,argv[i]);
    printf("\n");
    return 0;
}
```

在 Visual C++ 6.0 环境中，先编译、连接该程序后，执行"工程"|"设置"菜单项，打开 Project Settings 对话框，在"调试"选项卡的"程序变量"文本框中输入"Zhang Li Chen Wang"，各输入项之间用空格隔开，如图 7.11 所示。如果输入项中包括空格，则用双引号括起来，确定输入后运行程序。

图 7.11 "工程设置"对话框

运行结果：

程序说明：

(1) 本程序中主函数带两个形参：一个是整型变量，另一个是指向字符型指针变量的指针变量，其名字由用户给定，一般用 argc 和 argv。请注意，两个形参的类型是固

定的。

（2）argc 的值和 argv 的指向由命令行中的输入内容来决定。本题在输入命令行后，形参 argc 的值为 5，代表命令行中输入项的个数（含可执行文件名），系统将每一项作为字符串处理。这时系统自动开辟一个含有 6（即 argc＋1）个元素的指针数组，并使 argv 指向该数组。这时指针数组的最后元素中存放"\0"，而其他元素分别指向 5 个字符串（如图 7.12 所示）。

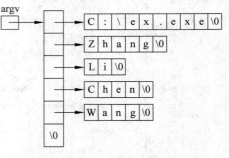

图 7.12　argv 的指向情况

（3）本题由于不必要对第一项（可执行文件名）进行操作，因此 k 的初值为 1。

7.7.3　指向函数的指针

C 源程序一般包括多个函数，除了主函数，其他的函数在运行程序时都需要被另外的函数所调用。系统根据函数名确定调用函数，因此函数名在程序中必须唯一。每个函数名代表该函数的入口地址，所以可以用指针指向函数。

【例 7.22】　编写一个指针变量指向函数的程序。

【解】　程序如下：

```
#include <stdio.h>
long int mysum(int n);
long int myfac(int n);
int main(void)
{   int n=0; long x=0;
    long (*p)(int n);          //定义指向函数的指针变量
    scanf("%d",&n);
    p=mysum;                   //使 p 指向函数 mysum
    x=(*p)(n);                 //等价于"x=mysum(n);",(*p)相当于 mysum 的别名
    printf("sum=%ld\n",x);
    p=myfac;                   //使 p 指向函数 myfac
    x=(*p)(n);                 //等价于"x=myfac(n);",(*p)相当于 myfac 的别名
    printf("fac=%ld\n",x);
    return 0;
}
long int mysum(int n)          //求 1+2+3+…+n 的值
{   int i=0;  long  sum=0;
    for(i=1; i<=n; i++)
        sum=sum+i;
    return sum;
}
```

```
long int myfac(int n)                //求 1×2×3×…×n 的值
{   int i=0;   long fac=1;

    for(i=1; i<=n; i++)
        fac=fac * i;
    return fac;
}
```

运行结果：

程序说明：

（1）程序中"long（＊p）(int n)；"定义 p 为指向函数的指针变量,而且 p 能够指向的函数只有一个形参(int 型),返回值的类型为 long 型。由于函数 mysum 和 myfac 满足这些条件,所以 p 可以指向 mysum 或 myfac。

（2）使指针指向函数的方法与指向数组的方法一样,都是将其首地址(函数名或数组名)赋给指针变量。当指针 p 指向一个函数后,该函数就像多了一个名字(＊p)一样,所以在程序中可用(＊p)代替该函数名。

7.7.4   多文件组成的程序运行方法

如果一个程序包含多个源程序文件,则需要建立一个项目文件(project file),项目文件中包含多个文件(源文件和头文件)。项目文件是放在项目工作区中的,因此还要建立项目工作区。在编译时,系统会分别对项目文件中的每个文件进行编译,然后将所得到的目标文件连接成为一个整体,再与系统的有关资源连接,生成一个可执行文件,最后执行这个文件。

假设程序由 f1.c、f2.c、f3.c 组成,每个文件中分别存放下面内容。

f1.c：

```
#include <stdio.h>
int max(int x,int y)
{   if(x>y) return x;
    else return y;
}
```

f2.c：

```
int min(int x,int y)
{   if(x<y) return x;
    else return y;
}
```

f3.c：

```c
int main(void)
{   int x=2,y=3;

    printf("%d\n",max(x,y));
    printf("%d\n",min(x,y));
    return 0;
}
```

由这 3 个文件组成的源程序可按如下步骤运行：

（1）编辑文件。编辑以上文件后分别存放在 f1.c、f2.c、f3.c 中（假设文件在 c 盘根下）。

（2）创建项目文件。在 Visual C++ 6.0 环境中，执行"文件"|"新建"菜单项，在"新建"对话框的"工程"选项卡中选择 Win32 Console Application，在右侧"工程名称"处输入项目名称 f123，在"位置"处输入或选择"D:\C 语言\f123"，如图 7.13 所示。单击"确定"按钮后选择"一个空工程"完成项目文件的创建。

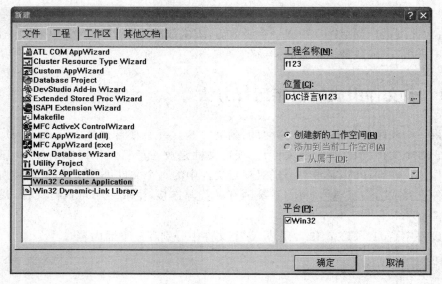

图 7.13 "新建"对话框

（3）将源程序文件添加到项目文件中。在 Visual C++ 6.0 环境中，执行"工程"|"添加工程"|"文件"菜单项，在"插入文件到工程"对话框中选中 D 盘"C 语言"文件夹中的 f1.c、f2.c、f3.c 文件，单击"确定"按钮完成源文件的添加，添加各程序文件后的界面如图 7.14 所示。单击该界面左侧 f123 classes 前的"＋"按钮，打开 Globals，单击其前的"＋"按钮，可看到该工程中所包含的各程序，双击其中的 main()，此时的界面如图 7.15 所示。

（4）编译、连接和执行项目文件。与单个文件一样，分别单击编译、连接、运行按钮即可。

———————— C程序设计教程(第 5 版)

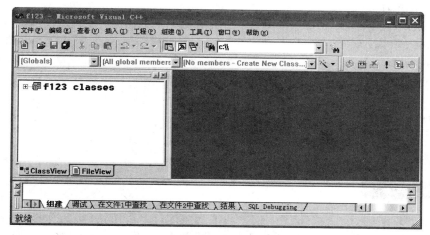

图 7.14　将源程序文件添加到项目文件中后的界面

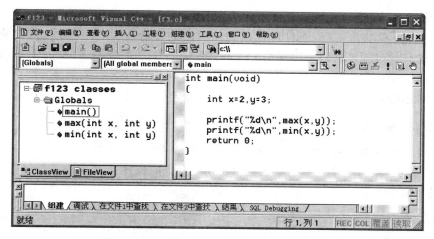

图 7.15　双击 Globals 下的 main()后的界面

7.7.5　预处理命令

在前面曾用过♯include 和♯define 命令行,在 C 语言中,以"♯"开头的行都是预处理命令,这些命令由 C 语言编译系统在对 C 源程序进行编译之前处理,因此叫"预处理命令",预处理命令不是 C 语言的内容,但是可以用它们扩展 C 的编程环境。C 语言的预处理命令主要有三大类:宏定义、文件包含、条件编译。下面介绍几个常用的预处理命令。

1. 宏定义:♯define、♯undef 命令

【例 7.23】　编写一个不带参数的宏定义♯define 命令的程序。

【解】　程序如下:

```
#include <stdio.h>
```

```
#define N 3+5
int main(void)
{   int a=0,b=0;
    a=2*N;                      //等价于"a=2*3+5;"
    b=2*(N);                    //等价于"b=2*(3+5);"
    printf("a=%d,b=%d\n",a,b);
    return 0;
}
```

运行结果：

`a=11,b=16`

程序说明：

（1）在程序中，将用字符串 3+5（不是 8）代替 N，这是简单的替换过程，所以 a 的值是 2 * 3+5 的结果 11，而不是 16，但由于"b=2 * (N);"中加了圆括号，所以 b 的值为 2 * (3+5)的值 16。

（2）宏定义单独占一行，而且可以出现在程序的任意行上，但一般在函数的外部给出。宏名的有效范围是宏定义出现的位置起到所有程序结束或用 #undef 命令结束该宏名的作用范围为止。

不带参数的宏定义一般形式为：

#define　标识符 字符串

宏定义中的标识符称为宏名，一般用大写字母表示。

【例 7.24】　编写一个含有带参数的 #define 命令的程序。

【解】　程序如下：

```
#include <stdio.h>
#define MAX(x,y) (x>y) ? x : y
int main(void)
{   int a=2,b=3,c=0;
    c=MAX(a,b);             //等价于"c=(a>b) ? a : b;"
    printf("c=%d\n",c);
    return 0;
}
```

运行结果：

`c=3`

程序说明：

在此例的宏定义中，宏名后面带两个参数 x 和 y，因此我们称此宏定义为带参数的宏定义。在程序中用字符串替换宏名 MAX 时，也要进行参数替换，即用(a>b) ? a : b 替换 MAX(a,b)。带参数的宏定义一般形式为：

```
#define   宏名(参数表) 字符串
```

【**例 7.25**】   编写一个含有 ♯undef 命令的程序。

【**解**】   程序如下：

```
#include <stdio.h>
#define N 3.14159             //从此 N 代表字符串 3.14159
void fun();
int main(void)
{   printf("N=%f\n",N);
    fun();
    return 0;
}
#undef N                      //从此 N 已不是宏名
#define N 3+5                 //从此 N 代表字符串 3+5
#define M 2*N                 //从此 M 代表字符串 2*3+5
void fun()
{   printf("N=%d,M=%d\n",N,M);   }
```

运行结果

```
N=3.141590
N=8,M=11
```

程序说明：

（1）在 C 语言中用"♯undef 宏名"可提前解除宏定义。由于本题在进入主函数前定义了宏名 N，因此主函数中的 N 代表字符串 3.14159，但因为在主函数后面用"♯undef N"解除宏名 N 的定义后，又重新定义了新的宏名 N，所以从此 N 代表新的字符串"3+5"。

（2）在本例中，定义宏名 N 后，又将 N 作为另一个宏定义"♯define M 2*N"中的一部分，这在 C 语言中是允许的。

2．文件包含：♯include 命令

【**例 7.26**】   编写一个含有 ♯include 命令的程序。

【**解**】   假设有一个文件 c:\myfile.txt，其中的内容为：

```
#undef N
#define N 3+5
#define M 2*N
void fun()
{   printf("N=%d,M=%d\n",N,M);   }
```

则例 7.25 中的程序和下面的程序结果完全相同。

```
#include <stdio.h>
#define N 3.14159
void fun();
int main(void)
```

```
{   printf("N=%f\n",N);
    fun();
    return 0;
}
#include <c:\myfile.txt>    //在此位置上包含文件"c:\myfile.txt"中的所有内容
```

程序说明：

（1）C 语言允许在一个源文件中包含另一个文件（称为文件包含）。文件包含的形式为：

```
#include  <文件名>
```

C 语言编译系统在对 C 源程序进行编译之前，将用＜文件名＞指定的文件中的所有内容来替换此命令行。

（2）♯include 后面的文件可以是系统提供的（如 stdio.h），也可以是用户自己建立的（如 c:\myfile.txt）。一般把♯include 命令行写在程序的开头，因此将♯include 后面的文件称为"头文件"。实际上此命令行的位置根据具体情况而定，在本例中不能把"♯include ＜c:\myfile.txt＞"写在程序的开头，否则将出错。用户自己建立的文件其扩展名可以不是.h。

（3）包含的文件名也可以用双引号括起来，例如，将"♯include ＜stdio.h＞"可写成"♯include "stdio.h""，但两者有区别。若用尖括号括起文件名，则直接到系统规定的目录下查找此文件；若用双引号括起文件名，则系统将先在源程序所在的目录中查找；如果未查到，那么再到系统规定的目录下查找。

（4）一行只能写一个命令行。

7.8 上 机 训 练

【训练 7.1】 将 $1 \sim 100$ 以内的所有素数存放到一维数组 s 中，要求判素数在函数中完成。

1. 目标

（1）熟悉一个数是否为素数的判断方法。

（2）学习如何定义函数和调用函数。

（3）掌握参数的传递和将函数返回值返回的方法。

2. 步骤

（1）将数学库函数包含到本程序文件中。

（2）定义 myprime 函数，判断数 a 是否为素数。

① 通过 int myprime(int a)确定函数首部。

② 定义 myprime 函数中用到的整型变量 i、end。

③ 通过语句"end＝(int)sqrt((double)a);"计算 end 的值。

④ 判断 a 是否为素数,如果不是返回 0,如果是返回 1。

（3）定义主函数。

① 定义含 100 个整型元素的一维数组 s,以及整型变量 i、a、n 等。

② 在 for(a＝1;a＜＝100;a＋＋)循环中,调用 myprime 函数判断 a 是否为素数,并将返回值赋予变量 k。如果 k 为 1,将其存放到 s 数组中,数组 s 下标值 n 增 1。

③ 循环结束后输出数组 s。

3．提示

（1）在主函数中,k 值可能为 1 也可能为 0。k 为 1,说明当前 a 为素数,应将 a 存放到数组 s 中。本题对 k 为 0 的情况不讨论。

（2）变量 n 作为数组 s 的下标,初值为 0,每当 s 中存放一个素数 n 值就要增 1。

4．扩展

将 1～100 以内的所有 3 的倍数值存放到一维数组 s 中,要求判断在函数中完成。

【训练 7.2】 已有定义"int a[10]＝{1,2,3,4,5,6,7,8,9,10};",输入一个下标值 k,从数组中删除与该下标对应的元素,要求删除操作在函数中完成。可参考 5.4 节和训练 6.2。

1．目标

（1）学习如何定义函数和调用函数。

（2）掌握将一维数组名作参数进行传递的方法。

（3）掌握如何通过指针从一维数组中定位删除一个值。

2．步骤

（1）定义 mydel 函数,从数组 a 中删除 k 下标元素。

① 通过 int mydel(int ＊p,int n,int k)确定函数首部。

② 定义 mydel 函数中用到的整型变量 i。

③ 通过指针 p 删除数组 a 中下标为 k 的元素。

④ 将存放数组元素个数的变量 n 减 1。

⑤ 返回 n 值。

（2）定义 myout 函数,输出数组 a 中各元素。

① 通过 void myout(int ＊a,int n)确定函数首部。

② 通过指针 a 输出数组中各元素的值。

（3）定义主函数。

① 定义并初始化一维数组"a[10]＝{1,2,3,4,5,6,7,8,9,10};",定义整型变量 n 和 k。

② 给变量 k 输入值,确定要删除的元素下标。

③ 通过语句"myout(a,10);"调用 myout 函数,输出删除操作前的 a 数组。

④ 通过语句"n＝mydel(a,10,k);"调用 mydel 函数,删除数组 a 中下标为 k 的元素,通过变量 n 接收删除后数组元素的个数值。

⑤ 通过语句"myout(a,n);"调用 myout 函数,输出删除操作后的 a 数组。

3. 提示

(1) 在调用 mydel 函数时,形参指针 p 接收了实参 a 的值,即指向了数组 a 的第一个元素;形参 n 接收了实参 10 的值;形参 k 接收了实参 k 的值。

当指针 p 指向数组 a 后,可以用 ∗(p+i)或 p[i]形式表示数组元素 a[i]。

可参考例 5.10 完成在数组 a 中删除值的操作。注意,删除从下标为 k 的元素开始。可参考训练 6.2 完成通过指针删除下标为 k 的元素值的操作。

删除操作完成后,数组 a 中元素减少,因此变量 n 要减 1,并且要将变化的 n 值返回主函数。

(2) 在调用 myout 函数时,形参指针 a 接收了实参 a 的值,即指向了数组 a 的第一个元素。这时可以用 ∗(a+i)或 a[i]形式表示数组元素 a[i];也可以通过 a++使指针 a 移动,用 ∗a 表示各元素。可参考例 7.12 和例 7.13。

(3) 删除前后都调用 myout 函数输出数组,删除前调用,形参 n 接收实参 10 的值,输出 10 个元素的值;删除前调用,形参 n 接收实参 n 的值,输出 n 个元素的值。

4. 扩展

已有定义“int a[10]={2,4,7,15,34,67,23,9,56,12};”,在一维数组 a 中找出值最大的元素,并从数组 a 中删除该值,要求删除操作在函数中完成。

【训练 7.3】 编写函数,计算二维数组中除周边元素之外的其他元素之和。

1. 目标

(1) 学习如何定义函数和调用函数。

(2) 掌握将二维数组名作实参进行传递的方法。

(3) 掌握通过指针引用二维数组各元素的方法。

2. 步骤

(1) 预处理命令及函数原型说明。

① #define N 4

② void myout(int a[N][N]);

③ int myfun(int a[N][N]);

(2) 定义主函数。

① 定义并初始化二维数组“a[N][N]={1,2,3,4,5,6,7,8,9,10,11,12,13,14,15,16};”,定义整型变量 sum。

② 通过语句“myout(a);”调用 myout 函数,输出 a 数组。

③ 通过语句“sum=myfun(a);”调用 myfun 函数计算二维数组除周边元素之外的其他元素之和,并接受和值。

④ 输出和值。

(3) 定义 myout 函数,输出二维数组 a 中的各元素。

① 通过 void myout(int a[N][N])确定函数首部。

② 定义 myout 函数中用到的整型变量 i、j。

③ 通过指针 a 输出数组中各元素的值。

(4) 定义 myfun 函数,计算数组 a 中除周边元素之外的其他元素之和。

① 通过 int myfun(int a[N][N])确定函数首部。

② 定义 myfun 函数中用到的整型变量 i、j、sum。

③ 通过指针 a 计算数组 a 中除周边元素之外的其他元素之和。

④ 返回和值。

3. 提示

(1) 当主函数定义在所有函数之上时,应对除主函数外的所有函数进行原型说明。

(2) 在 myfun 和 myout 函数首部,形参可以定义为"int a[N][N];",这时 a 为行指针。当用二维数组名 a 作实参调用 myfun 和 myout 函数时,形参 a 指向二维数组 a 中行下标为 0 的行行首。这时可以通过指针 a[i][j]形式表示数组元素 a[i][j]。对二维数组的操作一般要使用双循环。可参考例 7.15。

(3) 二维数组周边元素有第一行(i=0)、最后一行(i=N−1)、第一列(j=0)、最后一列(j=N−1)。所以为了求其他元素之和,可使外循环变量 i 和内循环变量 j 都从 1 变化到 N−2。

4. 扩展

编写函数,查找 n×n 矩阵主对角线值最大元素及其下标。

思考题 7

1. 在 C 语言程序中,能否将实参和形参起相同的名字? 起相同名字的目的是为了节省存储单元吗?

2. 调用函数时,对实参和形参个数有什么限制? 对应参数的数据类型有什么限制?

3. C 语言中,所有函数都能被其他函数调用吗? 主调函数必须在被调函数后面吗?

4. 函数中能否出现多个 return 语句? 程序运行后函数同时可以有多个返回值吗?

习 题 7

基础部分

1. 以下程序的运行结果是_____。

```
#include <stdio.h>
int fun()
{   static int x=0;
    x++;
    return x;
}
int main(void)
```

```
{   int a=0,b=0;
    a=fun();
    b=fun();
    printf("a=%d,b=%d\n",a,b);
    return 0;
}
```

2. 以下程序的运行结果是_____。

```
#include <stdio.h>
int fun()
{   static int x=1;
    x=x+2;
    return x;
}
int main(void)
{   printf("%d\n",fun()+fun());        return 0;    }
```

3. 下面程序的功能是将从键盘输入的一个数,插入到已按降序排列的数组中,要求插入后的数组仍然有序。请编写 myinsert 函数。

```
#include <stdio.h>
    【    】                //编写函数
void myout(int * a,int n)
{   while(n>0)
    {   printf("%4d ",* a);   a++;   n--;   }
    printf ("\n");
}
int main(void)
{   int a[11]={20,18,16,14,12,10,8,6,4,2},n=0,k=0;
    printf("before:");   myout(a,10);
    printf("Input data:");   scanf("%d",&k);
    n=myinsert(a,10,k);
    printf("after:");   myout(a,n);
    return 0;
}
```

4. 下面程序的功能是从键盘输入一个整数,并在给出的一维数组中查找与该值相同的数组元素,输出其下标值。请编写 mysearch 函数。

```
#include <stdio.h>
    【    】                //编写函数
int main(void)
{   int x=0,k=0,a[10]={1,2,3,4,5,6,7,8,9,10};
    printf("Input x:");   scanf("%d",&x);
    k=mysearch(a,x,10);
```

```
    if(k<10)    printf("index=%d\n",k);
    else   printf("%d not exist.\n",x);
    return 0;
}
```

5. 请用图示表示下面函数的调用过程(参照图 7.1)。

```
#include <stdio.h>
void myexample(int a,int b)
{   a=a+5;
    b=b+5;
}
int main(void)
{   int a=1,b=2;
    myexample(a,b);
    printf("a=%d,b=%d\n",a,b);
    return 0;
}
```

6. 请用图示表示下面函数的调用过程(参照图 7.1)。

```
#include <stdio.h>
void myexample(int * a,int b)
{   * a= * a+5;
    b=b+5;
}
int main(void)
{   int a=1,b=2;
    myexample(&a,b);
    printf("a=%d,b=%d\n",a,b);
    return 0;
}
```

7. 编写程序完成以下功能:在主函数中通过键盘输入 x 和 y 的值,调用函数找出它们中的较大值,将该值返回主函数后输出。

8. 编写程序完成以下功能:在主函数中通过键盘输入 x 的值,调用函数对 x 进行判断,如果 x 的值大于 0,则返回 1;否则返回 0,在主函数中输出返回信息。

9. 编写程序完成以下功能:在主函数中通过键盘输入一个字符串存放在数组 a 中,调用函数完成用选择法对数组 a 中的有效字符按升序进行排列,在主函数中输出排序后的 a 数组。

10. 编写程序完成以下功能:在主函数中通过键盘输入 10 个互不相同的整数存放在一维数组 a 中,调用函数找出数组 a 中的最大值,并从数组中删除该值,在主函数中输出删除后的 a 数组。

11. 调用函数实现字符串逆置功能。

12. 调用函数实现字符串复制的功能。

13. 调用函数输出如下杨辉三角形。

```
1
1    1
1    2    1
1    3    3    1
1    4    6    4    1
1    5    10   10   5    1
```

14. 调用函数计算二维数组所有元素的平均值。

提高部分

15. 判断正误：若有命令行"♯define N 2＋3"，则在程序中用 N 代替的是 5。
16. 判断正误：♯include 后面的文件可以是系统提供的，也可以是用户自己建立的。
17. 用递归方法，计算 $1^2＋2^2＋3^2＋\cdots＋n^2$ 的值，n 的值由键盘输入。
18. 用递归方法，求斐波纳契级数的第 n 项，求斐波纳契级数第 n 项的公式为：

$$f(n) = \begin{cases} 1, & \text{当 } n=1 \text{ 或 } 2 \text{ 时} \\ f(n-1)+f(n-2), & \text{当 } n > 2 \text{ 时} \end{cases}$$

19. 调用函数实现例 4.23 的功能。
20. 调用函数实现例 5.26 的功能。

第 **8** 章　结构体和其他构造类型

本章将介绍的内容

　　基础部分：
- 结构体类型的概念。
- 结构体类型的声明和变量的定义。
- 结构体类型参数的传递。
- 贯穿实例的部分程序。

　　提高部分：
- 内嵌形式的结构体类型。
- 链表的概念、链表的构成、链表结点的插入和删除。
- 共用体类型。

各例题的知识要点

　　例 8.1　结构体类型声明、结构体类型变量的定义；结构体类型变量所占字节数。

　　例 8.2　结构体类型的指针和结构体成员的 3 种引用方式。

　　例 8.3　结构体数组。

　　例 8.4　一个结构体类型变量中找最大成员。

　　例 8.5　结构体数组中找某成员最大的元素。

　　例 8.6　结构体类型变量的成员作实参。

　　例 8.7　结构体变量作实参。

　　例 8.8　结构体变量地址作实参。

　　例 8.9　结构体类型数组名作实参。

　　贯穿实例——成绩管理程序(6)

　　(以下为提高部分例题)

　　例 8.10　内嵌结构体类型。

　　例 8.11　内嵌结构体类型为本结构体类型。

　　例 8.12　动态开辟和释放存储单元。

　　例 8.13　单向动态链表的建立、输出各结点的值、插入或删除一个结点。

　　例 8.14　共用体的示例。

8.1 结构体类型变量的定义和使用

8.1.1 结构体类型的概念和声明

1. 结构体类型的概念

在实际生活中,经常要用多种属性来描述一个对象。例如,谈到生日会用年、月、日 3 个数据表示;在学籍管理中,经常用姓名、学号、各科成绩等共同反映一个学生的基本情况。由于这些数据项的类型各不相同,若用简单变量分别表示,则难以反映出它们之间的内在联系。

C 语言在解决上述问题时,通常把这些不同类型的数据组合在一个类型之中,作为一个整体进行处理,这个类型被称为结构体类型。由于面对的问题多种多样,包含的内容各不相同,因此 C 允许用户根据需要自己构造结构体类型,例如,如果要表示日期,则可用以下形式构造一个名为 date 的结构体类型:

```
struct date
{    int year,month,day;
};
```

如果要表示学生情况,则可用以下形式构造一个名为 student 的结构体类型:

```
struct student
{    char name[20],number[9];
     double s1,s2,s3;
};
```

在一个程序中允许构造多个结构体类型,但规定在使用每个结构体类型之前,必须先对该结构体类型进行声明。

2. 结构体类型的声明

结构体类型声明的一般形式为:

```
struct 结构体名
{    类型名 1    成员名表 1;
     类型名 2    成员名表 2;
         ⋮
     类型名 n    成员名表 n;
};
```

结构体类型的声明必须由关键字 struct 开头(struct 是结构体类型标志),"struct 结构体名"表示用户自己构造的结构体类型,其中"结构体名"用于区分不同的结构体类型,它由用户命名。在结构体类型的声明中,一对花括号内是该结构体类型所含有的成员(也可称为"域")及其类型,这些成员可以是简单变量、数组、指针变量,也可以是结构体一类的构造类型变量(参见 8.4.1 节)。注意,花括号后的";"不能省。

8.1.2　结构体类型变量的定义和使用

前面已介绍如何声明一个结构体类型。在构造一个结构体类型(如 struct date 型)后,就可以像使用简单类型(如 int 型)一样使用该类型。

【例 8.1】　假设学生基本情况包括学号和两门课成绩,编写程序计算某学生两门课的平均成绩,并输出该学生的有关信息。

【解】　编程点拨:

先声明含学号和两门课成绩的结构体类型,并将表示学生基本情况的变量定义为该结构体类型;平均成绩定义为简单类型。具体解题步骤如下:

(1) 通过声明把描述学号和两门课成绩的 3 种简单数据类型组合在一起,构造成一个名为 ex1 的结构体类型。3 种数据成员的基本描述为:

学生学号(num):整型
第一门课成绩(s1):双精度型
第二门课成绩(s2):双精度型

(2) 在主函数中定义一个 struct ex1 类型的变量 wang 和 double 类型的变量 ave。用变量 wang 存放该学生的学号和两门课成绩,用 ave 存放平均成绩。

(3) 在主函数中,计算平均成绩并通过变量 wang 输出有关信息。程序如下:

```
#include <stdio.h>
struct ex1                      //结构体类型的声明
{   int num;                    //第一个成员 num 表示学号
    double s1;                  //第二个成员 s1 表示成绩 1 ┐等价于 double s1,s2;
    double s2;                  //第三个成员 s2 表示成绩 2 ┘
};
int main(void)
{   double ave=0;               //定义简单类型变量 ave
    struct ex1 wang;            //定义 struct ex1 类型的变量 wang
    wang.num=1000101;           //给 wang 的 num 成员赋值
    wang.s1=89.5;               //给 wang 的 s1 成员赋值
    wang.s2=90;                 //给 wang 的 s2 成员赋值
    ave=(wang.s1+wang.s2)/2;    //将计算的平均成绩赋予 ave
    printf("   number   score1   score2   average\n");
    printf("%10d%8.1lf%8.1lf%8.1lf\n",wang.num,wang.s1,wang.s2,ave);
    return 0;
}
```

运行结果:

```
number     score1   score2   average
1000101     89.5     90.0     89.8
```

程序说明:

(1) 在程序的开头声明 struct ex1 类型之后,程序中除了可以使用 int 型、double 型、char 型等简单类型外,还可以使用自己构造的 struct ex1 类型。

(2) 主函数中定义了两个变量 ave 和 wang。

通过"double ave;"定义 ave 为 double 类型的简单变量,其中 double 是系统提供的类型名(用户可以直接使用)。一经定义,系统就为 ave 开辟 8 个字节的内存空间。

通过"struct ex1 wang;"定义 wang 为 struct ex1 类型的变量,其中 struct ex1 是用户自己构造的结构体类型(必须事前自己声明后才能使用)。一经定义,系统就为 wang 开辟 20 个字节的内存空间,20 是各成员所占字节数总和,如图 8.1(a)所示。从图中可见,结构体变量的各成员在内存中是按声明的顺序依次排列的。

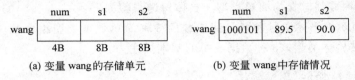

(a) 变量 wang 的存储单元   (b) 变量 wang 中存储情况

图 8.1   struct ex1 型变量 wang 的结构图

(3) 结构体类型变量的赋值应针对结构体变量的具体成员进行,如程序中的语句"wang.num=1000101;",赋值号左边表示变量 wang 的 num 成员。注意,中间的"."不能丢。本语句操作结果是给 wang 的 num 成员赋予数值 1000101。赋值后变量 wang 中存储情况如图 8.1(b)所示。

表 8.1 以 ave 和 wang 为例,对系统提供的简单类型和用户自己构造的结构体类型进行比较。

表 8.1   简单类型的变量和结构体类型的变量比较

类 型	使用前的准备	定义变量	字 节 数	赋值方法
简单类型	不声明,直接使用	double ave;	8B	ave=5.0;

结构体类型	先声明,后使用
	struct ex1
	{ int num;
	  double s1,s2;
	};
		struct ex1 wang;	20B,即各成员所占字节总和	对各成员分别赋值
				wang.num=1000101;
				wang.s1=89.5;
				wang.s2=90;

(4) 可以在定义结构体变量的同时,通过初始化的方法给各成员赋值,例如:

```
int main(void)
{   struct ex1 wang={1000101,89.5,90.0};      //按成员的顺序提供数据
    ...
}
```

(5) 也可通过输入的方式给各成员赋值,例如:

```
scanf("%d%lf%lf",&wang.num,&wang.s1,&wang.s2);
```

如果学生含有多门成绩(例如 10 门课),则应用数组形式更为方便,即定义数组为"double s[10];"。

【例 8.2】 假设学生基本情况包括学号和多门课的成绩,计算某学生的平均成绩。

【解】 编程点拨:

解决的方法与例 8.1 类似,只是由于要处理的成绩较多,所以将数组定义为存放成绩的成员。为简化操作,在此假设只有 3 门课;如果处理 10 门课成绩,则简单地把命令行中的 3 改成 10 即可。程序如下:

```
#include <stdio.h>
#define N 3
struct ex2
{   int num;                        //第 1 个成员 num 表示学号
    double s[N];                    //第 2 个成员 s 数组的 3 个元素均表示成绩
};
int main(void)
{   struct ex2 wang;                //将 wang 定义为 struct ex2 型变量
    struct ex2 * p;                 //p 可指向 struct ex2 型的变量
    double ave=0,sum=0;   int i=0;
    p=&wang;                        //使指针 p 指向变量 wang
    printf("Input number:");
    scanf("%d",&(* p).num);         //(* p).num 等价于 wang.num,(* p)代表 wang
    printf("Input score:");
    for(i=0; i<N; i++)
        scanf("%lf",&(* p).s[i]);   //用循环给 wang 的成员 s 的各元素输入值
    printf("number:%d\n",p->num);   //p->num 与 (* p).num 等价
    for(i=0; i<N; i++)
    {   sum=sum+p->s[i];            //p->s[i]与(* p).s[i]等价
        printf("%8.1lf",p->s[i]);
    }
    printf("\n");
    ave=sum/N;
    printf("average:%.1lf",ave);
    return 0;
}
```

运行结果:

```
Input number:1000101
Input score:89.5 90.0 79.0
number:1000101
    89.5    90.0    79.0
average:86.2
```

程序说明:

(1) 执行语句"p＝&wang;"后,使指针 p 指向变量 wang,其结构如图 8.2 所示。

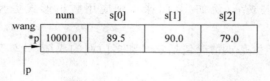

图 8.2　指针 p 指向变量 wang 的情况

（2）p 指向变量 wang 时，就像变量 wang 有一个新的名字"＊p"一样，因此可以用
"＊p"代替 wang，"（＊p）.成员名"等价于"wang.成员名"。

（3）当 p 指向变量 wang 时，也可用 p—＞num、p—＞s[0]、p—＞s[1]、p—＞s[2]等
形式引用变量 wang 的各成员，p—＞num 代表 p 所指向的结构体类型变量的 num 成员。

当指针指向结构体类型变量时，引用该结构体成员有以下 3 种形式：

① 结构体变量名.成员名

②（＊指针变量名）.成员名

③ 指针变量名—＞成员名

其中"."、"—＞"分别是结构体成员运算符和指向结构体成员运算符，"—＞"由"—"和"＞"
两部分构成，中间不能有空格。在 C 语言的所有运算符中，这些运算符的优先级最高。
第二种形式中的一对圆括号不可缺少，如果把（＊p）.num 写成＊p.num，由于"."的优
先级高于"＊"，因此相当于＊（p.num）形式，显然这是错误的。

对于没有指针指向的结构体类型变量，只能用第一种形式引用各成员。

【例 8.3】　设有 5 名学生，而且每位学生基本情况都包括学号和多门课成绩，计算各
学生 3 门课的平均成绩。

【解】　编程点拨：

在例 8.2 中，因为只计算 1 个学生（如 wang）的平均成绩，所以定义 1 个变量（wang）
就够了。但本题要计算多个学生的平均成绩，所以需要定义多个结构体类型变量，这时最
好使用数组处理。程序如下：

```
#include <stdio.h>
#define N 3
struct ex2
{   int num;   double s[N];   };

int main(void)
{   struct ex2 stu[5];                        //数组 stu 的 5 个元素均为 struct ex2 型
    double ave=0,sum=0;   int i=0,j=0;
    printf("Input number and score:\n");
    for(i=0; i<5; i++)                         //i 控制处理哪个学生
    {   scanf("%d",&stu[i].num);              //输入学号
        for(j=0; j<N; j++)                     //j 控制处理哪个成绩
            scanf("%lf",&stu[i].s[j]);         //将成绩赋给成员 s 的各元素
    }
    printf("number,score,average:\n");
```

```
        for(i=0; i<5; i++)
        {   printf("%10d",stu[i].num);
            sum=0;                              //注此行的位置
            for(j=0; j<N; j++)
            {   printf("%8.1lf",stu[i].s[j]);
                sum=sum+stu[i].s[j];
            }
            ave=sum/N;
            printf("%8.1lf\n",ave);
        }
        return 0;
    }
```

当运行程序时,若从键盘输入图 8.3 中提供的数据,则各学生的平均成绩是 86.2、67.7、64.2、81.0、91.5,请读者自行试做。

程序说明:

程序中定义的 stu 数组含有 5 个元素 stu[0]、stu[1]、……、stu[4],分别存放 5 名学生的基本数据,每个元素都是 struct ex2 类型,stu 数组的内存结构如图 8.3 所示。

以上介绍了结构体类型的概念和各成员的引用方法。下面再举两个应用例题。

	num	s[0]	s[1]	s[2]
stu[0]	1000101	89.5	90.0	79.0
stu[1]	1000102	68.0	80.0	55.0
stu[2]	1000103	56.5	59.0	77.0
stu[3]	1000104	81.0	88.0	74.0
stu[4]	1000105	90.5	95.0	89.0

图 8.3 结构体类型数组 stu 的结构示意

【例 8.4】 假设学生基本情况包括学号和 5 门课成绩,找出某学生 5 门课成绩中的最高成绩(算法参见例 4.6)。

【解】 程序如下:

```
#include <stdio.h>
struct ex3
{   char n[10];                    //将学号定义为字符串,处理问题时比 int 型更方便
    double s[5];
};
int main(void)
{   struct ex3 wang={"1000101",89.5,90.0,79.0,99.0,69.0};
    double max=0;    int i=0;      //max 表示当前最大值,设初值为 0

    for(i=0; i<5; i++)
        if(max<wang.s[i])          //将 max 依次与各科成绩进行比较
            max=wang.s[i];         //max 中始终存放比较后的较大值
    printf("number:%s    maximum score:%5.1lf\n",wang.n,max);
    return 0;
}
```

运行结果:

```
number:1000101        maximum score: 99.0
```

程序说明：

（1）本题将学号定义为字符串，除了可以通过初始化使其得到值外，还可以通过以下方式：

```
scanf("%s",wang.n);              //通过%s进行格式输入
gets(wang.n);                    //通过字符串输入函数
strcpy(wang.n,"1000101");        //通过字符串复制函数
```

【讨论题 8.1】 能否通过"wang. n＝"1000101""形式赋值？为什么？

（2）除了可以通过％s对学号进行格式输出外，还可以调用字符串输出函数，形式为："puts(wang. n);"。

（3）本题属于在 wang. s[0]、wang. s[1]、……、wang. s[4]中求最大值的问题。用结构体类型处理问题时，除了成员的表示方法不同外，其他解决方法都类似。

【例 8.5】 假设学生基本情况包括学号和英语、C 程序设计、数学 3 门课成绩，输出 5 个学生中，数学成绩最高的学生的所有信息。

【解】 编程点拨：

需要处理多名学生的信息，因此用数组较方便。假设 stu[0]、stu[1]、stu[2]、stu[3]、stu[4]代表 5 名学生，则本题需要在 stu[0]. s[2]、stu[1]. s[2]、stu[2]. s[2]、stu[3]. s[2]、stu[4]. s[2]中，先找出最大值所在的下标，然后输出该下标所对应学生的所有信息。程序如下：

```
#include <stdio.h>
struct ex4
{   char n[10];              //学号
    double s[3];             //3门课成绩
};
int main(void)
{   struct ex4 stu[5]={{"1000101",89.5,90.0,79.0},
                       {"1000102",68.0,80.0,55.0},
                       {"1000103",56.5,59.0,77.0},
                       {"1000104",81.0,88.0,74.0},
                       {"1000105",90.5,95.0,89.0}};    //各成员赋初值
    int i=0,k=0;
    for(i=1; i<5; i++)
        if(stu[k].s[2]<stu[i].s[2])   k=i;
    printf("number:%s    score:",stu[k].n);
    for(i=0; i<3; i++)
        printf("%5.1lf", stu[k].s[i]);
    return 0;
}
```

运行结果：

`number:1000105    score: 90.5 95.0 89.0`

8.2　结构体和函数调用

1. 结构体类型变量的成员作实参

【例8.6】　编写一个将结构体类型变量的成员作实参的程序。

【解】　程序如下：

```c
#include <stdio.h>
struct ex2
{   int num;   double s[3];   };
void myfun1(int num,double * p)              //形参为同类型的变量
{   int i=0;
    printf("number:%d,score:",num);
    for(i=0;   i<3; i++)
        printf("%5.1lf",* (p+i));
    printf("\n");
}
int main(void)
{   struct ex2 wang={1000101,89.5,90.0,79.0};
    myfun1(wang.num,wang.s);                 //实参是 int 型变量和实型数组名
    return 0;
}
```

运行结果：

`number:1000101,score: 89.5 90.0 79.0`

程序说明：

（1）实参是 int 型变量和实型数组名，因此相应的形参应该定义为 int 型和能够指向实型变量的指针类型，如图 8.4 所示。

（2）当 p 指向数组 wang.s 时，* p、*（p+1）、*（p+2）分别代表 wang.s[0]、wang.s[1]、wang.s[2]。

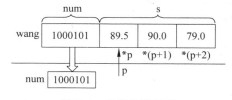

图 8.4　参数传递过程

（3）由于被调函数中没有用到结构体类型数据，因此只要在主函数前面声明结构体类型即可。编写程序时，通常在所有函数前面声明结构体类型。

【讨论题8.2】　如果将 wang.num 的地址作实参，程序如何修改？

2. 结构体类型变量作实参

【例8.7】　编写一个将结构体变量作实参的程序。

【解】　程序如下：

```
#include <stdio.h>
struct ex2
{   int num;   double s[3];   };
void myfun2(struct ex2 xiaowang)          //形参为相同的结构体类型
{   xiaowang.num=1000105;
    xiaowang.s[2]=95.5;
}
int main(void)
{   struct ex2 wang={1000101,89.5,90.0,79.0};   int i=0;
    myfun2(wang);                          //结构体类型变量作实参
    printf("number:%d,score:",wang.num);
    for(i=0; i<3; i++)
        printf("%5.1lf",wang.s[i]);
    printf("\n");
    return 0;
}
```

运行结果：

number:1000101,score: 89.5 90.0 79.0

程序说明：

（1）由于实参是一个结构体类型变量，因此形参也为相同的结构体类型变量，并将实参中各成员的值一一赋给对应形参的成员（如图 8.5(a)所示）。这种传递方法内存开销大，效率也低，但较好理解。

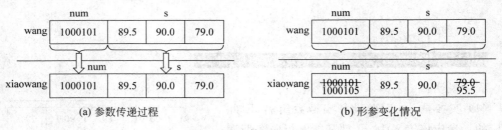

图 8.5　函数调用过程

（2）实参与形参之间的数据传递是单方向的，形参的改变不能影响实参的值（如图 8.5(b)所示），因此企图用本程序的调用方法，在被调函数中改变学生信息是不可能的。

（3）由于被调函数中也用到结构体类型数据，因此必须在两个函数前面声明结构体类型。

3. 结构体类型变量地址作实参

【例 8.8】　编写一个将结构体变量地址作实参的程序。

【解】　程序如下：

```
#include <stdio.h>
```

```
struct ex2
{   int num;   double s[3];   };
void myfun3(struct ex2 * p)
{   p->num=1000105;
    p->s[2]=95.5;
}


int main(void)
{   struct ex2 wang={1000101,89.5,90.0,79.0};   int i=0;
    myfun3(&wang);                              //结构体类型变量地址作实参
    printf("number:%d,score:",wang.num);
    for(i=0; i<3; i++)
        printf("%5.1lf",wang.s[i]);
    printf("\n");
    return 0;
}
```

运行结果：

number:1000105,score: 89.5 90.0 95.5

程序说明：

（1）由于实参是一个结构体类型变量的地址，因此形参定义为能够指向相同结构体
类型的指针变量（如图 8.6 所示）。这种传递方法
内存开销小。

（2）虽然在被调函数中，不能使用 wang 变量
名，但通过指向该变量的指针变量 p 访问 wang，
因此可用这种调用方法，在被调函数中改变学生
信息。

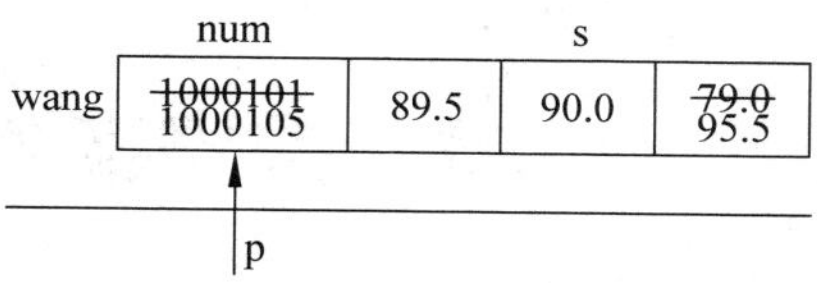

图 8.6　函数调用过程

4. 结构体类型数组名作实参

【例 8.9】　结构体类型数组名作实参的示例。

【解】　程序如下：

```
#include <stdio.h>
struct ex2
{   int num;   double s[3];   };
void myfun4(struct ex2 * p)
{   int i=0;   struct ex2 * q=NULL;
    for(q=p; q<p+5; q++)
    {   scanf("%d",&q->num);
        for(i=0; i<3; i++)
            scanf("%lf",&q->s[i]);
    }
}
```

```
int main(void)
{   int i=0,j=0;   struct ex2 stu[5]={0};
    myfun4(stu);
    for(i=0; i<5; i++)
    {   printf("number:%d,score:",stu[i].num);
        for(j=0; j<3; j++)
            printf("%5.1lf",stu[i].s[j]);
        printf("\n");
    }
    return 0;
}
```

运行结果:

```
1000101 89.5 90.0 79.0
1000102 68.0 80.0 55.0
1000103 56.5 59.0 77.0
1000104 81.0 88.0 74.0
1000105 90.5 95.0 89.0
number:1000101,score: 89.5 90.0 79.0
number:1000102,score: 68.0 80.0 55.0
number:1000103,score: 56.5 59.0 77.0
number:1000104,score: 81.0 88.0 74.0
number:1000105,score: 90.5 95.0 89.0
```

8.3　贯穿实例——成绩管理程序(6)

成绩管理程序之六: 完善 7.6 节的贯穿实例,即用结构体类型数据,改写该实例。假设学生信息有学号(int)和成绩(int),调用 myprint 函数显示主菜单,在主菜单中输入选项,并根据输入的选项调用相应函数实现输入、显示、查找、最值、插入、删除、排序等功能。具体函数功能如下:

(1) 输入功能。编写程序,输入 10 个学生的学号和成绩并存放在结构体数组中。

(2) 显示功能。假设结构体数组中已存放 10 个学生的学号和成绩,编写程序,输出所有学生的信息。

(3) 查找功能。假设结构体数组中已存放 10 个学生的学号和成绩,编写程序,从键盘输入一个学号,结构体数组中查找该学生,如果找到,则输出该学生信息;否则,输出不存在的信息。

(4) 最值功能。假设结构体数组中已存放 10 个学生的学号和成绩,编写程序,查找最高成绩并输出该学生的学号和成绩。

(5) 插入功能。假设结构体数组中已存放 10 个学生的学号和成绩,编写程序,从键盘输入一个下标值,在此下标值处插入学号 1100 和成绩 78。

(6) 删除功能。假设结构体数组中已存放 10 个学生的学号和成绩,编写程序,从键盘输入一个下标值,删除该下标对应的数组元素。

(7) 排序功能。假设结构体数组中已存放 10 个学生的学号和成绩,编写程序,对结构体数组按成绩从高到低的顺序排序。

【解】 编程点拨:

可以用结构体类型数据将每个成绩与对应学生的学号联系起来。程序如下:

```c
#include <stdio.h>
#include <conio.h>
#include <stdlib.h>
#define N 10                //定义符号常量,用于存放成绩个数
struct st                   //声明结构体类型,包括 num 和 s 两个成员
{   int num;
    int s;
};
void myprint();
void mycreate(struct st * p);
void mydisplay(struct st * p);
void mysearch(struct st * p);
void mymax(struct st * p);
void myadd(struct st * p);
void mydelete(struct st * p);
void mysort(struct st * p);

int main(void)
{   char choose='\0',yes_no='\0';
    struct st a[N+1]={0};               //定义存放学号和成绩的结构体数组
    do
    {   myprint();                      //显示主菜单
        printf("              ");
        choose=getch();     //首次显示的菜单中必须选择 1,学习第 9 章后没有此限制
        switch(choose)
        {   case '1':mycreate(a);  break;       //输入学号和成绩
            case '2':mydisplay(a);  break;      //显示学号和成绩
            case '3':mysearch(a);  break;       //按学号查找
            case '4':mymax(a);  break;          //查找最高成绩的学生
            case '5':myadd(a);  break;          //插入一个学生
            case '6':mydelete(a);  break;       //删除一个学生
            case '7':mysort(a);  break;         //按成绩排序
            case '0': exit(0);                  //结束程序的执行
            default : printf("    %c 为非法选项!",choose);
        }
        printf("\n          要继续选择吗(Y/N)? \n");
        do
        {   yes_no=getch();
```

```c
        }while(yes_no!='Y' && yes_no!='y'&& yes_no!='N' && yes_no!='n');
    }while(yes_no=='Y' || yes_no=='y');
    return 0;
}
void myprint()                    //显示主菜单
{   system("cls");
    printf("        |~~~~~~~~~~~~~~~~~~~~~~~~~~~~|\n");
    printf("        |     请输入选项编号(0~7):    |\n");
    printf("        |~~~~~~~~~~~~~~~~~~~~~~~~~~~~|\n");
    printf("        |            1:输入           |\n");
    printf("        |            2:显示           |\n");
    printf("        |            3:查找           |\n");
    printf("        |            4:最值           |\n");
    printf("        |            5:插入           |\n");
    printf("        |            6:删除           |\n");
    printf("        |            7:排序           |\n");
    printf("        |            0:退出           |\n");
    printf("          ~~~~~~~~~~~~~~~~~~~~~~~~~~~~\n");
}
void mycreate(struct st * p)          //输入学号和成绩
{   int i=0;
    printf("\n");
    for(i=0; i<N; i++)
    {   printf("%d:",i+1);
        scanf("%d%d",&p[i].num,&p[i].s);
    }
}
void mydisplay(struct st * p)          //显示学号和成绩
{   int i=0;
    printf("\n");
    for(i=0;i<N;i++)
        printf("%8d%4d\n",p[i].num,p[i].s);
}
void mysearch(struct st * p)          //按学号查找
{   int i=0,x=0;

    printf("\nInput x:");   scanf("%d",&x);
    mydisplay(p);                    //输出学号和成绩
    for(i=0; i<N; i++)
        if(x==p[i].num)  break;
    if(i<N)
        printf("查到的信息是:%8d%4d\n",p[i].num,p[i].s);
    else
        printf("%d not exist!\n",x);
```

```
}
void mymax(struct st * p)                    //查找最高成绩的学生
{   int i=0,k=0;
    mydisplay(p);
    for(i=1; i<N; i++)
        if(p[k].s<p[i].s)
            k=i;
    printf("max:%8d%4d\n",p[k].num,p[k].s);
}

void myadd(struct st * p)                    //插入一个学生
{   int i=0,k=0;
    printf("The original sequence is:\n");
    mydisplay(p);
    printf("Please input k:");
    scanf("%d",&k);                          //k 的值在 0~N 之间
    for(i=N; i>=k+1; i--)
        p[i]=p[i-1];
    p[k].num =1100;
    p[k].s=78;
    printf("After the insertion sequence is:\n");
    for(i=0; i<N+1; i++)                      //能插入一个即可,学习第 9 章后完善
        printf("%8d%4d\n",p[i].num,p[i].s);
}


void mydelete(struct st * p)                 //删除一个学生
{   int i=0,k=0;
    mydisplay(p);
    printf("Input k:");
    scanf("%d",&k);
    for(i=k; i<N-1; i++)                      //能删除一个即可,学习第 9 章后完善
        p[i]=p[i+1];
    for(i=0; i<N-1; i++)
        printf("%8d%4d\n",p[i].num,p[i].s);
}
void mysort(struct st * p)                    //按成绩排序
{   int i=0,j=0,k=0;
    struct st temp={0};
    mydisplay(p);
    for(i=0; i<N-1; i++)
    {   k=i;
        for(j=k+1; j<N; j++)
            if(p[k].s>p[j].s)
                k=j;
        temp=p[i];
```

```
        p[i]=p[k];
        p[k]=temp;
    }
    mydisplay(p);
}
```

程序说明:

为了保证程序的正常运行,运行程序时须先调用 mycreate 函数为数组元素输入数据;同时为了保证程序对同一个结构体数组进行处理,在主函数中用结构体数组名作为实参,被调函数中相应的形参是同类型的结构体指针变量。

我们将在第 9 章用文件进一步完善该程序,使其更实用。

8.4 提 高 部 分

8.4.1 结构体的进一步讨论

在一个结构体类型中可以含有另一个结构体类型,例如,某学籍管理系统不仅包括学生的姓名、3 门课成绩,还含有学生的出生日期。这时可以先将出生年、月、日组成一个结构体类型,然后再用该类型去定义另一个结构体类型的成员。下面就以该学籍管理系统为例介绍内嵌形式的结构体类型。

【例 8.10】 编写一个含有内嵌结构体类型的程序。

【解】 程序如下:

```
#include <stdio.h>
struct date                     //声明 struct date 类型
{   int y;                      //成员 y 表示年(year)
    int m;                      //成员 m 表示月(mouth)
    int d;                      //成员 d 表示日(day)
};
struct student                  //声明 struct student 类型
{   char name[10];
    struct date birthday;       //成员 birthday 是 struct date 类型
    float s[3];
};
int main(void)
{   struct student Li={"LiLan",1982,12,25,88,75,85.5};    //初始化
    printf("name:%s\n",Li.name);
    printf("birthday:%d-%d-%d\n",Li.birthday.y,Li.birthday.m,Li.birthday.d);
    printf("score:%f,%f,%f\n",Li.s[0],Li.s[1],Li.s[2]);
    return 0;
}
```

运行结果：

```
name:LiLan
birthday:1982-12-25
score:88.000000,75.000000,85.500000
```

程序说明：

(1) 本程序声明了两个结构体类型，由于 struct student 类型中成员 birthday 的类型为 date 结构体类型，因此在声明 struct student 类型之前必须先声明 struct date 类型。

(2) 定义变量 Li 为 struct student 类型，它含有 3 个成员 name、birthday 和 s。其中成员 birthday 是 struct date 类型，该类型同样含有 3 个成员 y、m 和 d。

(3) 内嵌结构体变量也可以初始化。

注意：在变量 Li 中只能存放一组数据，它记录了一个学生的学籍情况。初始化后，变量 Li 中的内容如图 8.7 所示。

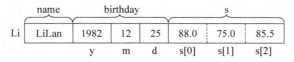

图 8.7　赋初值后变量 Li 中的内容

(4) 对内嵌结构体成员的操作与前面类似，也要用"."作间隔。例如，要修改出生年、月、日，可用如下形式：

```
Li.birthday.y=1985;
Li.birthday.m=10;
Li.birthday.d=5;
```

又如，对 Li 的出生年、月、日进行输入输出操作可用：

```
scanf("%d%d%d",&Li.birthday.y,&Li.birthday.m,&Li.birthday.d);
printf("%d,%d,%d",Li.birthday.y,Li.birthday.m,Li.birthday.d);
```

如果定义指针变量，并已使该指针指向变量 Li，则可通过指针引用出生年、月、日。

```
struct student * p;
p=&Li;
p->birthday.y=1985;          //或 (* p).birthday.y=1985;
p->birthday.m=10;            //或 (* p).birthday.m=10;
p->birthday.d=5;             //或 (* p).birthday.d=5;
scanf("%d%d%d",&p->birthday.y,&p->birthday.m,&p->birthday.d);
//或 scanf("%d%d%d",&(* p).birthday.y,&(* p).birthday.m,&(* p).birthday.d);
printf("%d,%d,%d\n",p->birthday.y,p->birthday.m,p->birthday.d);
//或 printf("%d,%d,%d\n",(* p).birthday.y,(* p).birthday.m,(* p).birthday.d);
```

(5) 也可以把关于出生日期的结构体类型声明放在 student 结构体类型的声明当中，形式如下：

```
struct student
{   char name[10];
    struct
    {   int y;
        int m;      等价于 int y,m,d;
        int d;
    } birthday;
    double s[3];
};
```

当一个结构体类型声明中又包含另一个结构体类型声明时,内层结构体类型名可以省略(如 date)。

【例 8.11】 编写一个内嵌结构体类型为本结构体类型的程序。

【解】 程序如下:

```c
#include <stdio.h>
struct lst
{   int num;              //成员 num 为整型,用于存放学号
    struct lst * next;    //成员 next 为能够指向 struct lst 类型变量的指针
};

int main(void)
{   struct lst a={0},b={0},c={0}, * p=NULL;
    a.num=1;
    a.next=&b;            //连接 a、b
    b.num=2;
    b.next=&c;            //连接 a、b
    c.num=3;
    c.next=NULL;
    p=&a;                 //①
    printf("%4d",p->num);
    p=p->next;            //等价于"p=&b;" ②
    printf("%4d",p->num);
    p=p->next;            //等价于"p=&c;" ③
    printf("%4d\n",p->num);
    return 0;
}
```

运行结果:

```
   1   2   3
```

程序说明:

(1) 结构体成员可以是指针,也可以是能够指向本结构体类型变量的指针。

(2) 本程序定义了 3 个 struct lst 类型变量 a、b、c,如图 8.8(a)所示,并用赋值语句给

它们的各成员分别赋值,我们称 a、b、c 为结点。程序通过语句"a. next＝&b;"和"b. next＝&c;"将这 3 个结点连接起来,如图 8.8(b)所示,并给结点 c 的 next 成员赋空值(NULL),说明此结点后面没有其他结点与它连接。

(3) 程序中又定义了指针变量 p,并通过语句"p=&a;"使 p 指向结点 a,如图 8.8(c)①所示,因此 p－＞num 代表 a. num(其值为 1)。由于 a. next 中存放结点 b 的地址,而 p－＞next 代表 a. next,所以"p＝p－＞next;"相当于"p＝&b;",即 p 移动到 b 处,如图 8.8(c)②所示,这时 p－＞num 代表 b. num(其值为 2),同样,在执行语句"p＝p－＞next;"后,p 移动到 c 处,如图 8.8(c)③所示,这时 p－＞num 的值为 c. num 的值 3。

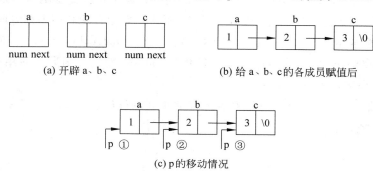

(a) 开辟 a、b、c   (b) 给 a、b、c 的各成员赋值后

(c) p 的移动情况

图 8.8   变量 a、b、c 中的存储情况

注意:语句"p＝p－＞next;"只当 p 指向已连接好的结点时才有效,而且执行该语句后,p 指向下一个结点。

8.4.2   链表

1. 链表的概念

图 8.8 将 3 个地址不连续的存储单元 a、b、c 连接了起来,这时可以通过 a 结点对 b 结点进行操作(例如,a. next－＞num 代表 b. num),通过 b 结点对 c 结点进行操作。如果将若干个结点按一定的方式连接起来,就形成链表,链表需要用一个指针指向开头的结点,我们称该指针为头指针,一般用标识符 head 表示。图 8.9 给出空链表和非空链表的结构。

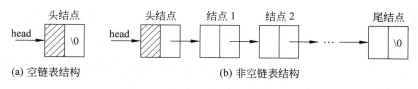

(a) 空链表结构   (b) 非空链表结构

图 8.9   单向链表的示意图

说明:

(1) 链表结点通常有以下特点:

① 链表上所有的结点均为相同的结构体类型。

② 该结构体类型至少有一个成员为指针,该指针的基类型与链表结点的类型相同。

（2）若链表结点中只有一个成员是能够指向本结构体类型结点的指针,且前一结点的指针域中存放着后一结点的地址,这种形式的链表称为单向链表。我们将链表中开头的结点称为头结点(不使用其数据域),最后一个结点称为尾结点(其指针域中存放NULL),这时可以通过头指针依次找到后续各个结点。

2. 动态开辟和释放函数

在本节之前我们使用的变量都是经过定义产生的,这种变量在函数的执行过程中始终存在。C 语言的动态存储分配可以在程序的运行过程中根据需要随时开辟新的存储单元,又可以根据需要随时释放这些存储单元,从而达到更加合理利用内存空间的目的。

ANSI C 标准定义了 4 个动态分配函数,它们是 malloc、calloc、realloc 和 free,前 3 个为动态开辟函数,free 为释放函数。这里只介绍 malloc 和 free 函数。使用这些函数时,必须在程序开头包含 stdlib.h 头文件。

【例 8.12】 编写一个动态开辟和释放存储单元的程序。

【解】 程序如下:

```
#include <stdio.h>
#include <stdlib.h>
int main(void)
{   int * p=NULL;
    p=(int * )malloc(4);              //p 指向动态开辟的 4 个字节的内存空间
    if(p!=NULL)  * p=6;               //只要开辟成功,就进行赋值
    printf("%4d", * p);
    free(p);                          //释放 p 所指内存空间
    p=(int * ) malloc(sizeof(int));   //p 指向重新开辟的 int 类型大小的内存空间
    if(p!=NULL)  * p=38;              //如果开辟成功,就进行赋值
    printf("%4d\n", * p);
    free(p);
    return 0;
}
```

运行结果:

```
  6   38
```

程序说明:

（1）malloc 函数可以根据其实参的值分配若干字节的存储区,并返回该存储区的首地址,若系统不能提供足够的内存单元,函数将返回空指针(NULL)。

程序中两次调用 malloc 函数(见图 8.10)。在语句"p=(int *)malloc(4);"中,函数的参数表示向系统申请 4 个字节的内存空间,用来存放整型值。由于函数调用成功后将返回一个无类型的指针,因此在 malloc 函数名之前先通过强制类型转换运算(int *)将指针的基类型转换为 int 型,再将其值赋给基类型为 int 型的指针变量 p。

(a) 首次开辟　(b) 首次释放　(c) 再次开辟　(d) 再次释放

图 8.10　两次开辟和释放过程

如果不知道所用系统中某种类型数据所占内存的字节数(例如,int 型在有的系统占 2 个字节,有的系统占 4 个字节),可按语句"p＝(int ＊)malloc(sizeof(int));"那样,先通过表达式 sizeof(int)计算出本系统 int 类型应占内存字节数,再使用 malloc 函数向系统申请如此大小的存储空间。

(2) 如果开辟失败,则 malloc 函数将返回一个空指针。为了避免使用空指针,可通过语句 if(p!＝NULL)先进行判断,在确认指针 p 已正确指向存储空间后再使用。

(3) 用动态方式开辟的存储单元没有名称,所以必须通过指针对它们进行操作,一旦指针改变指向,这些存储单元及其所存数据都将丢失。

(4) 调用 free 函数后,可将指针 p 所指的存储单元交还给系统。注意:free 函数释放的空间必须是经动态函数开辟的。

3. 动态链表

将动态开辟的存储单元按特定方式链接在一起形成动态链表。有关的主要操作有:

(1) 建立一个单向动态链表。

(2) 输出链表中各结点的值。

(3) 在链表中插入一个结点。

(4) 删除链表中的一个结点。

下面分别介绍其操作过程。为了简化操作,假设结构体类型只包括一个数据域和一个指针域。多个数据域的操作过程类似。

【例 8.13】　调用函数完成单向动态链表的建立、输出各结点的值、插入或删除一个结点的功能。题目的具体要求如下:

(1) 调用 mycreat 函数建立一个单向动态链表,如图 8.11 所示。要求按由小到大的顺序从键盘输入数值,以 −1 作为输入结束标志,链表头结点的地址通过头指针 h 返回到主函数。

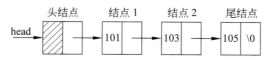

图 8.11　需创建的单向动态链表结构

(2) 调用 myinsert 函数在已建立的链表中插入一个结点,新结点插入后,使链表中的数值依然有序。

(3) 调用 mydelete 函数删除链表中值为 m 的结点。若链表中存在这个结点,则进行删除,函数返回 1 值;否则,输出不存在的信息,函数返回 0 值。

（4）调用 myprint 函数输出链表各结点信息。

【解】 编程点拨：

遵循"自顶向下、逐步细化"的原则编写。

（1）定义结构体类型。链表结点的类型声明如下：

```
struct lst
{   int num;
    struct lst * next;
};
typedef struct lst LST;                    //作用：程序中可用 LST 代替 struct lst
```

（2）编写主函数，并先用空函数占被调函数的位置后测试（检查语法错误）。

```
#include <stdio.h>
#include <stdlib.h>
typedef struct lst                      //声明 struct lst 类型的同时起新名 LST
{   int num;   struct lst * next;   } LST;
LST * mycreat() {  }                    //注意函数返回值的类型
void myprint()   {  }
void myinsert()   {  }
int mydelete()   {  }
int main(void)
{   LST * head=NULL;
    int k=0,m=0,choose=0;               //choose 用于选择操作
    head=mycreat();                     //调用建链表函数，得到头结点地址
    printf("new list:");
    myprint(head);                      //输出各结点的数据
    printf("please choose(1-insert,2-delete):"); scanf("%d",&choose);
    switch(choose)
    {   case 1: printf("to insert list:");   scanf("%d",&m);
                myinsert(head,m);        //插入结点
                printf("after inserting:");
                myprint(head);           //输出插入后各结点的数据
                break;
        case 2: printf("to delete list:");   scanf("%d",&m);
                k=mydelete(head,m);     //调用删除结点函数
                if(k==1)
                {   printf("after deleting:");  myprint(head);   }
                else printf("not exist.\n");
                break;
    }
    return 0;
}
```

说明：

① 主函数中的 head 是基类型为 LST 的指针类型，这是因为调用 mycreat 函数后，将返回链表头结点的地址。

② 由于 head 中存放着链表头结点地址,找到头结点后才能够通过结点中的指针域依次找到其他结点,因此在对链表的操作(如 myprint、myinsert 和 mydelete)中,都必须用 head 作实参。

③ 当输入的 choose 值为 1 时,进行插入操作;为 2 时,作删除操作,对其他数据不进行任何处理。

④ 程序一开始,使用 typedef 给 struct lst 类型起一个新的名字 LST,有了该重命名操作后,程序中凡需要使用 struct lst 的位置都可用 LST 代替,简化书写形式。

(3) 编写 mycreat 函数,并用此函数代替对应的空函数后运行程序。

步骤和对应代码如下(参见图 8.12):

① 开辟头结点,并用头指针 head 指向它。

```
head=(LST * )malloc(sizeof (LST));
```

② 使指针变量 q 也指向该头结点。

```
q=head;
```

③ 根据输入的 m 值,判断是否开辟新的结点,如果判断结果为"真",则转到④,否则转到⑧。

```
while(m!=- 1)
```

④ 开辟新的结点,并使指针变量 p 指向它。

```
p=(LST * )malloc(sizeof(LST));
```

⑤ 连接新结点和当前链表的最后结点。

```
q->next=p;
```

⑥ 将数据赋予新结点的 num 成员。

```
p->num=m;
```

⑦ 使 q 指向新链表的最后一个结点(然后转到③)。

```
q=p;
```

⑧ 链表的最后一个结点设为尾结点。

```
q->next=NULL;
```

⑨ 返回链表头结点的地址。

```
return  head;
```

mycreat 函数的代码如下:

```
LST  * mycreat ( )        //返回头结点的地址,其类型是基类型为 LST 的指针类型
{   int m=0;
    LST   * head=NULL, * p=NULL, * q=NULL;
```

```
head=(LST *)malloc(sizeof(LST));            //①
q=head;                                     //②
printf("create,input data:");
scanf("%d",&m);
while(m!=-1)                                 //③
{   p=(LST *)malloc(sizeof(LST));           //④ p总是去开辟新的结点
    q->next=p;                              //⑤
    p->num=m;                               //⑥
    q=p;                                    //⑦ q总是记住最后一个结点
    scanf("%d",&m);
}
q->next=NULL;                               //⑧
return   head;                              //⑨
}
```

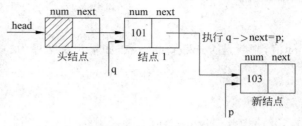

图 8.12   链表的建立过程

请注意 3 个指针 head、p、q 的作用,它们的作用分别如下:

① head 指向头结点。在动态链表中,每个结点都没有自己的名字,只能靠指针维系结点之间的接续关系,一旦某个结点的指针"断开",后续结点就再也无法找到。由于 head 指向头结点,所以有了头指针,就能找到整个链表,丢失了头指针,就丢失了整个链表,因此对链表的操作,都是从头指针开始的。

② p 总是去开辟新的结点,即指向新开辟的结点。

③ q 总是记住链表的最后一个结点。当 p 指向新的结点后,通过语句"q—>next=p;"把新结点连接到链表最后,然后 q 后移,又指向这一新的表尾结点,p 则指向下一个新开辟的结点。反复执行 while 循环,不断接入新结点,可使链表不断加长,如图 8.12 所示。由于新结点总是插在表尾,因此称这种方法为尾插法。在本函数中,如果一开始就给变量 m 输入值—1,流程一次也不进入 while 循环,直接执行循环后的"q—>next=NULL;"语句,这时只有头结点,建立的只是一个空链表,如图 8.9(a)所示。

(4) 编写 myprint 函数,并用此函数代替对应的空函数后运行程序。

步骤和对应代码如下:

① 使指针 p 指向链表中结点 1(若不存在结点 1,p 为 NULL)。

```
p=head->next;
```

② 判断是不是空链,如果是,输出"链表为空表!",否则,转到③。

```
if(p==NULL)
```

③ 输出 p 所指结点的 num 成员值。

```
printf("%5d",p->num);
```

④ 移动 p,即使 p 指向下一个结点(若不存在下一结点,p 为 NULL)。

```
p=p->next;
```

⑤ 判断是否到链表尾,如果未到链表尾,转到③,否则,结束。

```
do-while(p!=NULL)
```

myprint 函数的代码如下:

```
void myprint(LST * head)
{    LST * p=NULL;
     p=head->next;                           //①
     if(p==NULL)  printf("empty list!");     //②
     else                                    //否则,p 指向结点 1
     do
     {   printf("%5d",p->num);               //③
         p=p->next;                          //④
     } while(p!=NULL);                       //⑤
     printf("\n");
}
```

(5) 编写 myinsert 函数,并用此函数代替对应的空函数后运行程序。
步骤和对应代码如下(参见图 8.13):

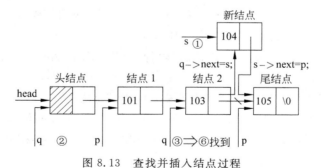

图 8.13　查找并插入结点过程

① 指针 s 去开辟需插入的结点,并将需插入的数值赋予新结点的 num 成员。

```
s=(LST * )malloc(sizeof(LST));   s->num=m;
```

② q 指向头结点,p 指向结点 1(若不存在结点 1,p 为 NULL)。

```
q=head;  p=head->next;
```

③ 判断是否到表尾,如果未到,转到④继续查找,否则,转到⑥。

```
while(p!=NULL)
```

④ 判断是否找到插入点,如果未找到,则转到⑤,否则,转到⑥。

```
if(p->num<=m)
```

⑤ q、p 都移到自己的下一个结点后转到③(若不存在下一结点,p 为 NULL)。

```
q=q->next;   p=p->next;
```

⑥ 插入新结点。

```
s->next=p;   q->next=s;
```

myinsert 函数的代码如下:

```
void myinsert(LST * head,int m)
{   LST * p=NULL, * q=NULL, * s=NULL;
    s=(LST * )malloc(sizeof(LST));   s->num=m;      //①
    q=head;   p=head->next;                         //②
    while(p!=NULL)                                  //③
    if(p->num<=m)                                   //④
    {   q=q->next;   p=p->next;  }                  //⑤
    else  break;
    s->next=p;   q->next=s;                         //⑥
}
```

说明:

① 要在链表中插入新的结点,可以按指定位置插入,也可以按某一条件进行有序插入,本题则要求根据输入的 m 值进行有序插入。

② 根据插入方式又有"前插"和"后插"两种,这里采用的方式是"前插"。程序中的 s 用来指向新开辟的结点,p 指向需插入的位置,q 指向 p 的前一结点,通过语句"s—>next＝p; q—>next＝s;"可将 s 所指新结点插入到 p 所指结点之前。

③ 如果链表是空链,在执行语句"p＝head—>next;"后,p 的值就为 NULL,所以不进入循环,而直接执行循环后的"s—>next＝p;"和"q—>next＝s;"语句,这时新插入的结点是链表的第一个结点,也是尾结点。

④ 如果链表为非空,为了使数值有序,则要根据 if 的条件查找新结点的插入位置。一旦查找条件 p—>num＜＝m 为假,说明找到插入位置,提前退出循环。在执行语句"s—>next＝p;"和"q—>next＝s;"后就将新结点插在 p 所指结点之前。如果正常退出循环,p 的值变为 NULL,说明已查找到尾结点,这时将新结点插在链表的最后。

(6) 编写 mydelete 函数,并用此函数代替对应的空函数后运行程序。

步骤和对应代码如下(参见图 8.14):

① q 指向头结点,p 指向结点 1(若不存在结点 1,p 为 NULL)。

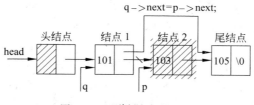

图 8.14 删除结点的过程

```
q=head; p=head->next;
```

② 判断是否到表尾,如果未到,转到③继续查找,否则,转到⑤。

```
while(p!=NULL)
```

③ 判断是否找到需删结点,如果未找到,转到④,否则,转到⑤。

```
if(m!=p->num)
```

④ q、p 都移到自己的下一个结点后转到②(若不存在下一结点,p 为 NULL)。

```
q=q->next;  p=p->next;
```

⑤ 判断 p 的值是否为 NULL,若是,则说明不存在被删结点,返回 0;否则,转到⑥。

```
if(p==NULL)  return 0;
```

⑥ 删除结点。

```
q->next=p->next;
```

⑦ 释放该结点后返回 1。

```
free(p);  return 1;
int mydelete(LST * head,int m)              //删除一个结点,m值由实参传入
{  LST * p=NULL, * q=NULL;

   q=head;   p=head->next;                   //①
   while(p!=NULL)                            //②
      if(m!=p->num)                          //③
      {  q=q->next;  p=p->next;  }          //④
      else  break;
   if(p==NULL)   return 0;                   //⑤
   q->next=p->next;                          //⑥
   free(p);   return 1;                      //⑦
}
```

说明:

① 图 8.14 中 p 指向需删除结点,q 指向被删结点的前一结点,通过执行"q->next=p->next;"语句就可从链表上摘除 p 所指结点。

② 当表不为空时,根据 if 的条件查找需删除的结点。在执行循环时,p 指针在前,q

指针在后，从表头向表尾方向移动。当 p 正好指向被删结点时，if 的条件为假，提前退出循环。由于 p 此时不为 NULL，所以需通过"q－＞next＝p－＞next；"语句完成删除操作，函数返回 1 值。

③ 有两种情况函数返回 0 值。其中之一是当链表为空时，在执行"p＝head－＞next；"语句后，p 的值即为 NULL，这时不进入 while 循环，直接执行 if 子句(return 0;)，第二种情况是链表虽然不为空但不存在被删结点，循环查找直至表尾，这时 p 的值为 NULL，也应执行 if 子句(return 0;)，函数返回 0 值。

用所编写的函数代替相应的空函数后运行程序，其结果如下：

```
create,input data:101 103 105 -1
new list:  101  103  105
please choose(1-insert,2-delete):1
to insert list:104
after inserting:  101  103  104  105
```

8.4.3 共用体

C 语言的"共用体"数据类型与结构体类型相似，允许用户自行定义其结构组成，它们之间所不同的是："共用体"数据类型允许不同类型的数据项在内存中共占同一段存储单元。

例如，假设某班体育课测验包括两项内容：一项是百米跑，男女生都要测试；另一项若是男生则测试引体向上，若是女生则测试跳远。引体向上和跳远各属不同的数据类型，引体向上以个数记成绩，是整型；而跳远以米值记成绩，是实型。这时可以将引体向上和跳远组成一个整体，定义为"共用体"数据类型，系统将开辟相应的存储单元；若为男同学，该空间则用来存放引体向上成绩；若为女同学，该空间则用来存放跳远成绩。

【例 8.14】 编写一个含有共用体的程序。

【解】 程序如下：

```
#include <stdio.h>
#include <string.h>
#define N 3
union sel                        //声明 sel 共用体类型
{   int body;                    //记录引体向上成绩
    float jump;                  //记录跳远成绩
};
struct student                   //student 结构体类型声明
{   char num[10];                //记录学号
    char sex;                    //记录性别
    float run;                   //记录百米成绩
    union sel pick;              //记录引体向上或跳远成绩
};
void myinput(struct student * p)
{   int i=0;
```

```
        for(i=0; i<N; i++)
        {   printf("Input number,sex,100-metre dash score:");
            scanf("%s %c %f",p[i].num,&p[i].sex,p[i].run);
            if(p[i].sex=='M')              //如果性别为'M'
            {   printf("Input pull-up score:");
                scanf("%d",&p[i].pick.body);
            }
            else if(p[i].sex=='F')         //如果性别为'F'
            {   printf("Input long jump score:");
                scanf("%f",&p[i].pick.jump);
            }
            else
            {   printf("Invalid  sex,input again:\n");   i--;   }
        }
}
void myoutput(struct student * p)
{   int i=0;

    printf("Sports record:\n");
    printf("number   sex  100-metre  pull-up  jump\n");
    for(i=0; i<N; i++)
    {   printf(" %s    %c    %.2f    ",p[i].num,p[i].sex,p[i].run);
        if(p[i].sex=='M')   printf("%d\n",p[i].pick.body);
        else if(p[i].sex=='F')   printf("%10.2f\n",p[i].pick.jump);
    }
}
int main(void)
{   struct student a[N]={0};           //N 名学生
    myinput(a);                        //输入各学生的信息
    myoutput(a);                       //输出各学生的信息
    return 0;
}
```

运行结果：

```
Input number,sex,100-metre dash score:101 M 14.2
Input pull-up score:10
Input number,sex,100-metre dash score:102 F 17.2
Input long jump score:3.40
Input number,sex,100-metre dash score:103 A 16.5
Invalid  sex,input again:
Input number,sex,100-metre dash score:103 F 16.5
Input long jump score:3.45
Sports record:
number        sex  100-metre  pull-up  jump
   101        M       14.20       10
   102        F       17.20               3.40
   103        F       16.50               3.45
```

程序说明：

（1）共用体类型声明中 union 为关键字，是共用体类型的标志，sel 是用户自行定义的共用体名，共用体中的成员可以是简单类型，也可以是结构体或共用体类型的变量、数组、指针等。

（2）由定义"struct student a[N];"可知，数组 a 的所有元素都是 student 结构体类型，而其中的一个成员 pick 是 sel 共用体类型。根据共用体类型的特性，共用体变量中的所有成员共享一段存储区，所以共用体变量所占内存字节数应与其成员中占字节数最多的那个成员相等。因此本例应以成员 jump 的类型为准（8 个字节），系统为数组的每一元素开辟 27（即 10＋1＋8＋8）个字节的内存空间。

（3）对共用体类型变量进行存取的方法同结构体类型。

注意，假设有定义和语句"union sel d；d. body＝10；d. jump＝3.60；"，则由于共用体变量 d 的各成员共用同一存储单元，因此该存储区中存放的值应是最后一次存入的成员 jump 的值 3.60，而原有成员 body 的值将被覆盖，如图 8.15 所示。

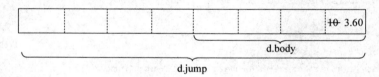

图 8.15　共用体变量的示意图

从以上例题可以看到共用体和结构体类型变量的声明、定义、引用形式都很相似，但有本质区别。结构体变量中的各成员占不同存储空间，因此结构体变量所占字节数是每成员所占字节数的总和，且该变量的地址是第一个成员的地址；而共用体变量中的所有成员共占公共存储单元，所以共用体变量所占字节数是其成员中需开辟最大空间的成员字节数，该变量的地址是任意一个成员的地址。

8.5　上机训练

【训练 8.1】　读入 5 位用户的姓名（字符串）和电话号码（8 位数字），输出这些用户的姓名和电话号码，并按电话号码由小到大的顺序排列，输出排列后用户的姓名和电话号码。

1. 目标

（1）熟悉结构体类型的声明和变量的定义。

（2）学习如何对结构体类型的变量进行输入、引用和输出值的操作。

（3）学习如何对结构体类型变量中的成员进行排序等操作。

2. 步骤

（1）宏定义和声明结构体类型。

① ＃define N 5

② 声明 user 结构体类型；含"char name[20]； int num；"两个成员。

（2）定义主函数。

① 通过"struct user sp[N]，temp；"定义一个含 N 个元素的 user 结构体类型数组 sp 和变量 temp。

② 定义整型变量 i、j、k。

③ 为数组元素各成员输入值。

④ 输出数组元素各成员值。

⑤ 用选择法按成员 num 的大小重新排列 sp 数组各元素。

⑥ 输出排序后数组元素各成员值。

3. 提示

（1）题目要求电话号码为 8 位数字，因此应定义为 int 型。

（2）应针对结构体类型变量的某成员进行输入、引用和输出值的操作。

（3）排序也要针对结构体类型变量的某成员进行。

（4）结构体类型变量可以整体赋值。

4. 扩展

读入 5 位用户的姓名（字符串）和电话号码（8 位数字），并按姓名的字典顺序排列，输出排列后用户的姓名和电话号码。提示：题目要求姓名为字符串，因此在排序操作中要调用系统标准函数（字符串比较函数）进行比较。

【训练 8.2】 已有一个带头结点的动态单向链表，链表中结点结构的类型声明如下：

```
struct lst
{    int num; struct lst * next;   };
```

要求通过调用 s 函数计算所有结点数据域的和，并将和值返回。

1. 目标

（1）学习如何声明链表结点结构的类型。

（2）学习如何建立动态单向链表。

（3）学习如何引用和输出链表中各结点数据域的值。

2. 步骤

（1）定义结构体类型。

（2）调用 mycreat 函数，建立带头结点的动态单向链表，返回头结点地址。

（3）调用 myprint 函数，输出链表中各结点数据域的值。

（提示：以上 3 步可参考例 8.13）

（4）调用 s 函数，计算各结点数据域的和值。

① 通过 s(LST * head) 形式确定函数首部。

② 通过"int sum＝0；LST * p＝NULL；"定义存放和值变量 sum 和工作指针 p。

③ 通过"p＝head－＞next"使指针 p 指向第一个数据结点。

④ 执行 while 循环，使指针依次指向各结点，循环执行条件是 p！＝NULL，其含义为只要指针不为空值，即指向确定地址，循环就执行。每指向一个结点就通过语句"sum＝

sum+p−>num;"将其数据域值累加;再通过语句"p=p−>next;"使指针指向下一个结点。

3. 提示

（1）使用链表的最基本内容有：确定结点结构,建立链表,输出链表,以及其他功能函数。由于链表结构的特殊性,所以要通过头指针对链表进行操作,因此头指针作为各有关函数的参数必不可少。

（2）由于链表中各结点地址不连续,因此在查找各结点时,应通过语句"p=p−>next;"使工作指针依次指向各个结点,直到指针值为空地址,表示已到链表尾部。

（提示：关于链表的操作请认真阅读例 8.13）

4. 扩展

已有一个带头结点的动态单向链表,链表中结点结构的类型声明如下：

```
struct lst
{   int num; struct lst * next;   };
```

要求通过调用 smax 函数找到数据域值最大结点,输出该最大值。提示：在 smax 函数中要设置两个工作指针,其中一个指针依次指向各个结点,另一个指针总是指在当前数据域值最大的结点。

思考题 8

1. 结构体类型的成员可以是什么类型？ 成员类型可以是另一个结构体类型吗？

2. 结构体类型的声明位置有何要求？ 必须在函数外面或在函数内部吗？ 结构体类型不声明可以直接定义结构体类型变量吗？

习 题 8

基础部分

1. 若有如下结构体类型说明：

```
struct ss
{   char a[10];
    double b;
};
```

则将 x 定义为该类型变量的正确形式是＿＿【1】＿＿,x 所占字节数是 ＿【2】＿。

2. 下面程序的输出结果是＿＿＿＿＿。

```
#include <stdio.h>
struct stu
{   char name[10];
    int tel;
    int age;
};
void fun(struct stu * p,int a)
{   printf("%s,%d\n",p->name,a);    }
int main(void)
{   struct stu student[4]={{"ZhangSan",611111111,17},{"liSi",62222222,16},
                           {"WangWu",63333333,19},{"ZhaoLiu",63333333,18}};
    fun(student+1,student[2].age);
    return 0;
}
```

3. 按下面的提示写出对应的代码。

① 声明一个名为 abc 的结构体类型,该类型的成员为:一个含有 5 个元素的整型数组 a 和一个整型 b。 __【1】__

② 定义 abc 结构体类型的变量 x 和整型变量 y。 __【2】__

③ 给变量 x 的成员 a 的第 3 个元素赋一个任意值,并给 y 赋 2。 __【3】__

④ 比较上面两个值,并输出较大者。 __【4】__

4. 假设有如下结构体类型说明:

```
struct aa
{   int a;
    int b;
};
```

根据下面的提示写出对应的代码。

① 定义上述结构体类型变量 x 和整型变量 y。 __【1】__

② 给变量 x 的两个成员 a 和 b 分别赋 1 和 2。 __【2】__

③ 将变量 x 的两个成员之和赋给 y。 __【3】__

④ 输出 y 的值。 __【4】__

5. 编写程序,定义一个结构体类型,含学生的姓名、学号、电话号码和生日,给 5 名学生输入以上信息,并按学号从小到大排序。

6. 编写程序,定义一个结构体类型,含学生的姓名、学号和数学成绩,给 5 名学生输入以上信息,并按数学成绩从高到低排序。

提高部分

7. 判断正误:在名为 aa 的结构体中,成员 x 可以是 bb 结构体类型,但必须保证 bb 结构体中没有名为 x 的成员。

8. 判断正误：在单向链表中可以由任意一个结点向表尾方向找到其后各结点，同样也可以由任意一个结点向表头方向找到其前各结点。

9. 判断正误：假设已有定义和语句"int ＊ p，a；p＝＆a；p＝malloc(int)；"，则执行"＊p＝1；"语句相当于给变量 a 赋值 1。

10. 判断正误：若有定义和初始化"int a，＊ p＝＆a；"，则 free(p) 的功能是释放 p 所指向的存储单元。

11. 已建立如图 8.16 所示的链表结构，指针 p、q 分别指向图中所示的结点，将 q 所指结点从链表中删除并释放该结点的正确的语句组是_____。

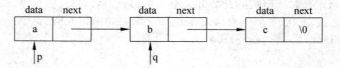

图 8.16　题 13 的链表结构

12. 已建立如图 8.17 所示的链表结构，指针 p、q 分别指向图中所示结点，将 q 所指的结点插入到链表末尾的语句组是_____。

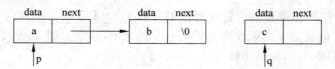

图 8.17　题 14 的链表结构

13. 编写程序，建立一个具有若干个结点的带头结点的单向链表，并给链表数据域（假设为整型）赋值，最后输出第五个结点数据域中的值。

14. 编写程序，建立一个带头结点的具有 6 个结点的单向链表，并给链表数据域输入值，最后将值为偶数的结点输出。

15. 设有如图 8.18 所示的链表结构（LST 类型），编写程序段输出尾结点数据域中的值。

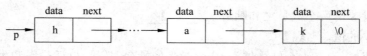

图 8.18　题 15、题 16 的链表结构

16. 设有如图 8.18 所示的链表结构（LST 类型），编写程序段实现将每个结点的数据加 10。

第 9 章 文 件

本章将介绍的内容

　　基础部分：

- 文件的概念。
- 文件操作的方法。
- 贯穿实例的部分程序。

　　提高部分：

- 再论文件的读写操作。
- 文件的定位操作。

各例题的知识要点

　　例 9.1　向文件输出数据：文件指针；打开文件；写文件；关闭文件。

　　例 9.2　从文件读取数据：文件指针；打开文件；读文件(fscanf 函数)；关闭文件。

　　例 9.3　输入多个数据，用 fprintf 函数写文件。

　　例 9.4　用 fscanf 函数，从文件读取所有数据；feof 函数。

　　例 9.5　将学生信息存入文件。

　　例 9.6　从文件读取学生信息后处理。

　　例 9.7　修改文件中的数据。

　　贯穿实例——成绩管理程序(7)。

　　(以下为提高部分例题)

　　例 9.8　用 fputc 函数将字符写入文件中。

　　例 9.9　用 fgetc 函数从文件读取字符。

　　例 9.10　用 fputs 函数将字符串写入文件中。

　　例 9.11　用 fgets 函数从文件读取字符串。

　　例 9.12　用 fwrite 函数将数据写入二进制文件中。

　　例 9.13　用 fread 函数从二进制文件读取数据。

　　例 9.14　文件定位。

9.1 文件的概述

1. 文件的概念

在计算机领域里，文件是一个非常重要的概念。在处理实际问题时，我们会将那些需要保留的信息以文件的形式存放在磁盘上，例如，把一个用 C 语言编写的源程序做成 C 文件保存在磁盘上。因此可以概括地说，"文件"是指存储在外部介质（如磁盘）上的数据的集合。人们又常常从不同的角度将文件进行分类，如果按文件所依附的介质来划分，就有磁盘文件、磁带文件之说；如果按文件的内容来划分，又有源程序文件、数据文件的区分；如果按文件中数据的组织形式，又分为文本文件和二进制文件等。

2. 文本文件和二进制文件

按照数据在磁盘上的存储方式，可将文件分为文本文件和二进制文件。例如，在二进制文件中，定义为 int 类型的整数 432，存放形式如图 9.1 所示，这种存放方式与该值在内存中的存放方式相同，它占两个字节；在一个文本文件中，该值将按字符 4、3、2 的 ASCII 代码值存储到文件中，一个字符占一个字节，因此要占 3 个字节，其存放形式如图 9.2 所示。

| 00000001 | 10110000 |

图 9.1　按二进制文件存储

| 00110100 | 00110011 | 00110010 |

图 9.2　按文本文件存储

又如，一个定义为 double 类型的数据 1.234，在二进制文件中占 8 个字节；在文本文件中，该值则按字符"1""." "2""3""4"5 个字符的 ASCII 码值存入文件，占 5 个字节。

文本文件的内容可以使用 Windows 中的记事本显示在终端屏上，但二进制数据不能直接输出到显示屏上，也不能通过键盘直接输入二进制数据。由于计算机在读写文本文件时需要进行数据格式的转换，通常读写速度比二进制文件要慢。

C 源程序文件是文本文件，我们使用 Windows 中的记事本可以在显示屏上读到它，经过编译、连接产生的 EXE 文件是二进制文件，我们不能使用 Windows 中的记事本在显示屏上读到它的内容。

3. 数据文件

在用计算机解决实际问题时，常常需要反复处理大批量的数据，如果用学习过的输入或赋值的方法就十分不方便，因为不可能每进行一次操作，就在程序运行的过程中通过键盘一一进行输入，也不可能利用初始化事先将大量的数据都写在源程序中。最常用的方法就是预先将这些数据写到一个文件里，再将这个文件存放在磁盘上，需要时再从该文件中读取，我们将这样的文件称为数据文件。数据文件可以按文本格式存放，也可以按二进制格式存放。由于数据文件往往存放在磁盘上，因此又称为磁盘文件。数据文件的特点是：文件中存放的都是数据（不是源程序），这些数据可以长期保留，可以随时存取。

本章将讨论如何对磁盘上的数据文件进行输入输出的操作。基础部分只讨论文本格式的数据文件。

9.2　文件的基本操作

文件操作包含两个方面的内容：一是将数据从内存输出到磁盘文件上，这个过程称为"写"文件；二是从已建立的数据文件中将所要的数据输入到内存，这个过程称为"读"文件。

【例 9.1】　编写程序将字符串"Let's study the C language. "输出到一个文本文件。

【解】　编程点拨：

向文件输出字符串"Let's study the C language. "的操作与用 printf 进行输出十分相似，但是在对文件进行操作时，需要先打开文件，操作完毕还要关闭文件。程序如下：

```
#include <stdio.h>
int main(void)
{   char a[80]="Let's study the C language.";
    FILE * fp=NULL;                //定义一个文件指针 fp
    fp=fopen("a.txt","w");         //用"写"方式打开文本文件 a.txt
    fprintf(fp,"%s",a);            //将数组 a 中的字符串输出到文件中
    fclose(fp);                    //关闭文件
    return 0;
}
```

运行程序后屏幕上无任何显示。

程序说明：

(1) 程序运行后，系统在当前目录下建立了一个名为 a. txt 的文本文件，该文件的内容是"Let's study the C language. "。通过 Windows 中的记事本可以查看。

(2) 程序中"FILE ＊ fp＝NULL;"的作用是定义文件指针 fp，在 C 程序中打开的所有文件都必须由文件指针指向后，才能做读取操作。

(3) 语句"fp＝fopen("a. txt","w");"的作用是用"写"的方式打开一个名为 a. txt 的文本文件，并将该文件与文件指针 fp 建立联系。w 的含义是"写"。

(4) 语句"fprintf(fp,"％s",a);"的作用是将 a 中的字符串"Let's study the C language. "输出到文件指针 fp 所指文件 a. txt 中。

(5) 语句"fclose(fp);"的作用是关闭 fp 所指文件 a. txt，这时该文件与文件指针 fp 脱离联系。

【例 9.2】　编写程序将例 9.1 所建文件 a. txt 中的内容读取出来，并输出到屏幕上。

【解】　编程点拨：

从文件读取数据的操作与用 scanf 进行输入十分相似，但也需要先打开文件，操作完毕后关闭文件。程序如下：

```
#include <stdio.h>
int main(void)
```

```
{   char a[80]="";   FILE * fp=NULL;
    fp=fopen("a.txt","r");              //为"读取"打开文本文件 a.txt
    fscanf(fp,"%s",a);                  //读入字符串,并存放在数组 a 中
    puts(a);                            //屏幕上显示 a 中的字符串
    fclose(fp);                         //关闭文件
    return 0;
}
```

运行结果:

Let's

程序说明:

(1) 语句"fp=fopen("a.txt","r");"中,r 的含义是为了"读"而打开 a.txt 文件。

(2) 语句"fscanf(fp,"%s",a);"的作用是从文件指针 fp 所指文件 a.txt 中读取字符串,由于读字符串时,遇到空格、跳格符、回车符都认为字符串结束,因此输出结果是"Let's",而不是"Let's study the C language.",并将"Let's"存放在数组 a 中。若用 fgets函数读入字符串,则输出结果将是"Let's study the C language."(请参阅 9.4.1 节)。

文件操作的说明:

(1) 定义文件指针。

若在某函数中需要对文件进行操作,必须在该函数的变量定义部分先定义文件指针。定义的方法是:

```
FILE  * 文件指针名;
```

文件指针是一个名为 FILE(必须大写)的结构体类型的指针。FILE 结构体类型的各成员和类型已由系统内定,并在 stdio.h 头文件中做了说明,用户不必了解其中的细节,只需在程序的开头加上一行"#include <stdio.h>"后,直接使用即可。需要注意的是,若同时对多个文件进行操作,则要定义相同个数的文件指针,一个文件指针只能指向一个文件。

(2) 打开文件。

① 对文件进行操作必须先打开。打开文件的含义是将文件指针与磁盘上的文件建立联系,此后对文件的所有操作都将通过文件指针来进行。

② 打开文件的操作是通过调用 fopen 函数实现的,fopen 函数的调用形式如下:

```
fopen(文件名,打开方式)
```

其中文件名是一个字符串,表示将要访问的文件,文件名中应指明文件所在的盘符和路径,如果不指明,则该文件的位置应该在当前目录下。

③ 在"打开方式"中,需明确指出用什么方式打开该文件。如果仅为输出信息打开一个文本文件,应选用"w"(write 的缩写)方式,"w"意为只写。这时,如果指定的位置不存在该文件,那么系统将建立一个新文件;如果已存在该文件,系统则从文件的起始位置重新写入数据,原有内容则被更新。如果仅为读取信息打开一个文本文件,应选用"r"(read

的缩写)方式,"r"意为只读,这时需保证在指定的位置存在该文件,如果不存在,则会出错。请注意,"w"或"r"的双引号不能省。打开文件的方法还有很多(参见表9.1),这里不一一进行介绍。

表 9.1　文件打开方式

打开方式		功　能	说　　　明
文本文件	二进制文件		
"r"	"rb"	仅为读信息 打开已有文件	指定文件不存在时,会出错
"w"	"wb"	仅为写信息 打开文件	文件不存在时,建立新文件 文件已存在时,覆盖原文件
"a"	"ab"	为追加信息 打开文件	文件不存在时,建立新文件 文件已存在时,新数据写在原有内容之后
"r+"	"rb+"	为读写信息 打开已有文件	更换读写操作时不必关闭文件;"r+"读写总是从文件起始位置开始,"rb+"可由位置函数设置读写起始位置
"w+"	"wb+"	为读写信息 打开文件	先建立文件并进行写操作后,"w+"可以从头开始读,"wb+"可由位置函数设置读写起始位置
"a+"	"ab+"	为读写信息 打开文件	先在文件尾部添加新数据后,"a+"可以从头开始读,"ab+"可由位置函数设置开始读的起始位置

④ fopen 函数调用成功,也就是打开文件成功,这时将返回该文件的地址并赋予已定义的文件指针。如果磁盘有问题,坏了或者满了,不能"写"文件或者磁盘上没有要"读"的旧文件,打开文件失败,fopen 函数将返回一个空指针 NULL。为了能及时了解文件操作现状,避免使用空指针,打开文件的操作应按下面程序段的形式书写:

```
fp=fopen("a.txt","r");
if(fp==NULL)
{  printf("Can't open this file");  exit(0);  }
```

以上程序段的作用是:一旦系统不能正常打开指定的文件,fp 的值为 NULL,if 判断结果为真,系统输出文件打开失败的信息,并立即停止执行程序;反之,因 fp 的值不为 NULL,所以 if 判断为假,系统继续执行 if 之后的语句。

可以看出,使用 fopen 函数打开一个文件时,需要通知系统 3 个信息:需打开的文件名、使用文件的方式、指定文件指针。

(3) 标准输入输出函数。

调用 fopen 函数只是向系统表明此次打开文件的目的是"读"或"写",并没有具体的读写操作。在 C 语言中,文件的读写操作是通过调用标准输入输出函数完成的,例如,fscanf 函数与 fprintf 函数。除了这两个可对文件进行读写操作的函数外,C 语言还提供了其他多种形式的标准输入输出函数,这些将在 9.4 节做部分介绍。

（4）关闭文件。

当读写操作完成之后，必须将文件关闭。关闭文件的操作是通过调用 fclose 函数实现的，该函数的调用形式如下：

```
fclose(文件指针)
```

函数调用成功后返回 0 值，否则返回非 0 值。文件关闭的含义是使文件指针与磁盘文件脱离联系。

注意：文件关闭不是可有可无的操作，特别是在进行"写"操作时，正常关闭文件可以避免丢失数据。

【讨论题 9.1】　要将文件 a.txt 中的字符串复制到文件 c.txt 中，需要几个文件指针？两个文件应按什么方式打开？

下面再介绍调用 fscanf 和 fprintf 函数实现读写操作的例题。

【例 9.3】　从键盘输入若干学生的成绩（整型），用 −1 结束，调用 fprintf 函数，按格式将学生的成绩写入文件 D:\b.txt 中。

【解】　程序如下：

```
#include <stdio.h>
#include <stdlib.h>
int main(void)
{   FILE * fp=NULL;   int a=0;
    fp=fopen("d:\\b.txt","w");          //注意,路径的表示方式
    if(fp==NULL)   { printf("Can't open file!\n");   exit(0); }
    scanf("%d",&a);
    while(a!=-1)                        //只要输入的整数不等于-1,循环继续
    {   fprintf(fp,"%4d",a);           //将成绩按指定格式写到fp所指文件中
        scanf("%d",&a);
    }
    fclose(fp);
    return 0;
}
```

程序运行时，通过键盘顺序输入"60 70 90 100 80 60 −1<回车>"，则屏幕上不显示任何信息，但在 d 盘下可以找到 b.txt 文件，且文件中的内容是：

```
60  70  90  100  80  60
```

如果没有 d 盘，则文件打开失败，这时屏幕上显示信息："Can't open file!"，然后结束程序的执行。

程序说明：

（1）该程序运行后建立的磁盘文件名是 d:\b.txt，但在 C 程序中应写成 d:\\b.txt 形式，因为转义字符"\\"表示一个字符"\"。

（2）函数 fprintf(fp,"%4d",a)的作用是根据输入顺序按指定格式将 a 中的值写到 fp 所指文件中。"%4d"中的 4 为写到文件中的数据所占宽度，本例每个数据需占 4 列。

为了避免读取数据出错,应根据题目要求设置该数,通常要足够大。这里也可采用空格的方式,如"%d ",来确定数据的间隔。

(3) 当"写"文件操作结束后,系统会自动在文件尾部加文件结束标志。因此,在对文件进行读取操作时,就可以用这个标志作为读取是否完毕的判断依据。

(4) 可以看出函数 fprintf 与 printf 十分相似,fprintf 函数将内容按格式输出到磁盘文件中,printf 函数则将内容按格式输出到显示屏上。如果将数据写入文件的同时还希望观察数据的准确性,可在 fprintf 下面用 printf 函数将内容输出到显示屏上。

【例 9.4】 调用 fscanf 函数,按格式读取例 9.3 所建文件 d:\b.txt 中的学生成绩,并在终端屏幕上输出最高成绩。

【解】 程序如下:

```
#include <stdio.h>
#include <stdlib.h>
int main(void)
{   FILE * fp=NULL;   int a=0,max=0;
    fp=fopen("d:\\b.txt","r");
    if(fp==NULL)  {  printf("Can't open file!\n");  exit(0);  }
    max=0;                          //将 max 的初值设为最小成绩
    while(feof(fp)==0)              //如果不是文件尾,继续循环
    {   fscanf(fp,"%d",&a);        //从 fp 所指文件中读取值,存到 a 中
        printf("%4d",a);
        if(max<a)  max=a;
    }
    printf("\n");
    printf("max=%d\n",max);
    fclose(fp);
    return 0;
}
```

运行结果:

```
 60  70  90 100  80  60
max=100
```

程序说明:

(1) d:\b.txt 必须是一个已存在的文件,在本例中,该文件已通过例 9.3 建立。

(2) 语句"fscanf(fp,"%d",&a);"的作用是读取 fp 所指文件中的数值,读取从文件的起始位置顺序进行,直至遇到文件结束标志。fscanf 与 scanf 作用相似,fscanf 函数读取的是磁盘文件中的数据,scanf 则从键盘得到数据。

(3) 函数 feof 用来判断文件是否结束,当数据读取到文件尾部时,feof(fp) 的值为 1,否则 feof(fp) 的值为 0。也就是说,在用 feof(fp) 作为 while 循环的判断条件时,如果"feof(fp) == 0"为真,则表示没有到文件尾,应继续执行读取操作;否则,如果"feof(fp) == 0"为假,则表示数据读取已到文件尾,循环结束。

【例 9.5】 假设学生基本情况包括学号和一门课成绩,从键盘输入若干学生的学号和成绩,写入文件 d:\stu01.txt 中,用-1 结束成绩输入。

【解】 编程点拨:

先声明一个结构体类型,其中含学号(字符串)和成绩(整型)两个成员,然后通过该结构体类型的变量向文件输出学生信息。程序如下:

```
#include <stdio.h>
#include <stdlib.h>
struct aaa
{   char num[10];
    int s;
};
int main(void)
{   struct aaa stu={0};   FILE * fp=NULL;
    fp=fopen("d:\\stu01.txt","w");
    if(fp==NULL)  {  printf("Can't open file!\n");  exit(0);  }
    printf("Input data:\n");
    scanf("%s%d",stu.num,&stu.s);
    while(stu.s!=-1)
    {   fprintf(fp,"%10s%4d\n",stu.num,stu.s);      //一行存放一个学生信息
        scanf("%s%d",stu.num,&stu.s);
    }
    fclose(fp);
    return 0;
}
```

程序运行时,在"Input data:"的提示后通过键盘输入以下内容:

```
1001  67
1002  79
1003  99
1004  100
1005  87
1  -1
```

程序运行后,stu01.txt 文件建立在 d 盘下,其中的内容是:

```
1001  67
1002  79
1003  99
1004  100
1005  87      (没把数据 1  -1 存放在文件中)
```

【例 9.6】 编写程序从例 9.5 所建文件 d:\stu01.txt 中读取所有学生数据,输出成绩最高的学生信息。

【解】 编程点拨:

声明一个结构体类型(与例9.5中相同),其中含学号(字符串)和成绩(整型)两个成员。将读取的数据先放在该结构体类型的数组中,找出成绩最高学生的下标后,输出该学生的学号和成绩。程序如下:

```c
#include <stdio.h>
#include <stdlib.h>
#define N 50
struct aaa
{   char num[10];
    int s;
};
int main(void)
{   int k=0,i=0,n=0; FILE * fp=NULL;
    struct aaa stu[N]={0};           //不超过50人

    fp=fopen("d:\\stu01.txt","r");
    if(fp==NULL)  {   printf("Can't open file!\n");  exit(0);   }
    while(feof(fp)==0)
    {   fscanf(fp,"%s%d\n",stu[n].num,&stu[n].s);         //注意,格式中\n
        printf("%10s%4d\n",stu[n].num,stu[n].s);
        n++;                        //用于记录实际学生数
    }
    printf("\n");
    for(i=1; i<n; i++)
        if(stu[k].s<stu[i].s)  k=i;
    printf("max:%10s%4d\n",stu[k].num,stu[k].s);
    fclose(fp);
    return 0;
}
```

运行结果:

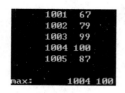

```
    1001  67
    1002  79
    1003  99
    1004 100
    1005  87
max:      1004 100
```

程序说明:

fscanf(fp,"%s%d\n",stu[n].num,&stu[n].s)的作用是从文件d:\stu01.txt中读取学生信息。文件中的数据是通过例9.5中的语句"fprintf(fp,"%10s%4d\n",stu.num,stu.s);"写上的,为了做到一行记录一个学生的信息,该语句的参数"%10s%4d\n"中含有\n,为了准确读取数据,本例的fscanf语句中也应含有\n。

【例9.7】 编写程序修改例9.5所建文件d:\stu01.txt中最后一个学生的信息。

【解】 编程点拨:

声明与例 9.5 中相同的结构体类型。读取数据从第一个学生开始，每读取一个信息就存放到数组中，同时用 n 统计实际学生人数，直至读取操作完毕。通过输入的方式直接修改下标为 n−1 的数组成员的值，也就是修改最后一名学生的信息。最后将修改后的数组值重新写入文件。程序如下：

```c
#include <stdio.h>
#include <stdlib.h>
#define N 50
struct aaa
{   char num[10];
    int s;
};
int main(void)
{   int i=0,n=0;  struct aaa stu[N]={0};
    FILE * fp=NULL;
    fp=fopen("d:\\stu01.txt","r");              //为"读"打开
    if(fp==NULL)  {  printf("Can't open file!\n");  exit(0);  }
    while(feof(fp)==0)
    {   fscanf(fp,"%s%d\n",stu[n].num,&stu[n].s);
        printf("%10s%4d\n",stu[n].num,stu[n].s);
        n++;
    }
    fclose(fp);                                 //关闭文件
    printf("Input data:");
    scanf("%s%d",stu[n-1].num,&stu[n-1].s);     /更改最后一名学生的信息
    fp=fopen("d:\\stu01.txt","w");              //为"写"重新打开文件
    if(fp==NULL)  {  printf("Can't open file!\n");  exit(0);  }
    for(i=0; i<n; i++)
        fprintf(fp,"%10s%4d\n",stu[i].num,stu[i].s); //学生各信息写到文件
    fclose(fp);
    return 0;
}
```

运行结果：

```
    1001   67
    1002   79
    1003   99
    1004  100
    1005   87
Input data:1009 99
```

程序运行后，d 盘下 stu01.txt 文件中的内容是：

```
1001   67
1002   79
1003   99
```

```
1004   100
1009   99
```

程序说明：

（1）本例需两次对 d:\stu01.txt 文件进行操作，由于程序中选用只读方式打开文件，因此读后必须关闭，然后用只写方式再次打开该文件，写后再关闭。在此不能在打开的文件中同时进行读、写操作。

（2）在 C 语言中，读写文件有两种方式：一种是顺序读写方式，另一种是随机读写方式。采用顺序方式，读写操作总是从文件的起始位置开始，向文件尾部顺序进行，直至文件结束标志。就好似有一个读写位置指针，文件一打开，它立即指向文件的开头，每当读写完一个数据，该指针就自动移向下一个数据，直到文件尾部。当前我们所学习的都是顺序读写方式。

顺序读写方式比较容易理解，但文件的读取效率较低。无论用户需要访问哪个记录，都要从该文件的第一个记录开始读取，例如，本例即使要修改最后一个记录，也必须依次访问其前面的所有记录。采用随机读写方式，可以在指定的位置随机进行数据的读写，有关随机读写方式，将在提高部分进行介绍。

9.3　贯穿实例——成绩管理程序（7）

成绩管理程序之七：完善 8.3 节的贯穿实例，即用文件改写该实例。具体函数功能如下：

（1）输入功能。编写程序，从键盘输入若干学生的学号和成绩，并保存在 d 盘 file.txt 文件中。

（2）显示功能。编写程序，将 d 盘 file.txt 文件中的所有学生信息显示在屏幕。

（3）查找功能。编写程序，从键盘输入一个学号，在 d 盘 file.txt 文件中查找该学生，如果找到，则输出该学生信息；否则，输出不存在的信息。

（4）最值功能。编写程序，在 d 盘 file.txt 文件中查找最高成绩并输出该学生的学号和成绩。

（5）插入功能。编写程序，从键盘输入一个插入位置（可用下标值表示），在 d 盘 file.txt 文件的相应位置插入新的学号和成绩。要求新的学号和成绩从键盘输入。

（6）删除功能。编写程序，从键盘输入一个删除位置（可用下标值表示），删除 d 盘 file.txt 文件的相应位置学生的信息。

（7）排序功能。编写程序，对 d 盘 file.txt 文件的学生数据按成绩从高到低的顺序排序。

【解】　编程点拨：

在主函数中不必定义结构体类型数组，而在需要使用的被调函数中定义，因为用文件处理问题时，可以在被调函数中进行打开文件、读或写文件、关闭文件等操作，这样能缩短使用文件的时间，不传递参数，简化操作。程序如下：

```c
#include <stdio.h>
#include <conio.h>
#include <stdlib.h>
#define N 100                           //最多处理 100 个学生的数据
struct st
{   int num;
    int s;
};
void myprint();                         //函数的原型说明
void mycreate();
void mydisplay();
void mysearch();
void mymax();
void myadd();
void mydelete();
void mysort();
int main(void)
{   char choose='\0',yes_no='\0';
    do
    {   myprint();
        printf("          ");
        choose=getch();
        switch(choose)
        {   case '1':mycreate();  break;       //运行程序时不必先执行创建
            case '2':mydisplay();  break;       //不用传递参数
            case '3':mysearch();  break;
            case '4':mymax();  break;
            case '5':myadd();  break;
            case '6':mydelete();  break;
            case '7':mysort();  break;
            case '0':exit(0);
            default :printf("\n      %c 为非法选项！\n",choose);
        }
        printf("\n      要继续选择吗(Y/N)？\n");
        do
        {   yes_no=getch();
        }while(yes_no!='Y' && yes_no!='y'&& yes_no!='N' && yes_no!='n');
    } while(yes_no=='Y' || yes_no=='y');
}
void myprint()                                  //显示菜单
{   system("cls");
    printf("      |~~~~~~~~~~~~~~~~~~~~~~~~~~~~~~|\n");
    printf("      |    请输入选项编号(0~7)：    |\n");
    printf("      |~~~~~~~~~~~~~~~~~~~~~~~~~~~~~~|\n");
```

```c
    printf("        |            1:输入            |\n");
    printf("        |            2:显示            |\n");
    printf("        |            3:查找            |\n");
    printf("        |            4:最值            |\n");
    printf("        |            5:插入            |\n");
    printf("        |            6:删除            |\n");
    printf("        |            7:排序            |\n");
    printf("        |            0:退出            |\n");
    printf("         ~~~~~~~~~~~~~~~~~~~~~~~~~~~ \n");
}
void mycreate()        //从键盘输入若干学号和成绩,并保存在 d:\file.txt 文件中
{   int i=1;
    struct st temp={0};
    FILE * fp=NULL;
    fp=fopen("d:\\file.txt","w");
    if(fp==NULL) { printf("\nError!\n"); exit(0); }
    printf("\n      输入第%d组信息:",i);
    printf("\n      输入学号(以 0 结束):");
    scanf("%d",&temp.num);
    while(temp.num!=0)
    {   printf("    输入成绩:",i);
        scanf("%d",&temp.s);
        fprintf(fp,"%8d%4d\n",temp.num,temp.s);
        i++;
        printf("\n  输入第%d组信息:\n",i);
        printf("    输入学号(以 0 结束):");
        scanf("%d",&temp.num);
    }
    fclose(fp);
}

void mydisplay()                    //从 d:\file.txt 文件中读取数据并输出
{   struct st temp={0};
    FILE * fp=NULL;
    fp=fopen("d:\\file.txt","r");
    if(fp==NULL) { printf("\nError!\n"); exit(0); }
    printf("\n  学号   成绩\n");
    while(feof(fp)==0)
    {   fscanf(fp,"%d%d\n",&temp.num,&temp.s);
        printf("%8d%4d\n",temp.num,temp.s);
    }
    fclose(fp);
}
void mysearch()                //查找
{   int n=0,x=0,i=0;
```

```
    struct st a[N]={0};
    FILE * fp=NULL;
    fp=fopen("d:\\file.txt","r");
    if(fp==NULL) { printf("\nError!\n"); exit(0); }
    while(feof(fp)==0)            //从 d:\file.txt 文件中读取数据并存放在数组中
    {   fscanf(fp,"%d%d\n",&a[n].num,&a[n].s);
        n++;
    }
    fclose(fp);
    printf("\n 输入要查找的学号:");
    scanf("%d",&x);
    for(i=0; i<n; i++)           //查找输入的学号
        if(x==a[i].num)
        break;
    if(i<n)
        printf("学号: %d   成绩: %d\n",a[i].num,a[i].s);
    else
        printf("%d not exist!\n",x);
}
void mymax()                     //求最大值
{   int i=0,k=0,n=0;
    struct st a[N]={0};
    FILE * fp=NULL;
    fp=fopen("d:\\file.txt","r");
    if(fp==NULL) { printf("\nError!\n"); exit(0); }
    while(feof(fp)==0)
    {   fscanf(fp,"%d%d\n",&a[n].num,&a[n].s);
        n++;
    }
    fclose(fp);
    k=0;
    for(i=1; i<n; i++)
        if(a[k].s<a[i].s)
            k=i;
    printf("max:%8d%4d\n",a[k].num,a[k].s);
}
void myadd()                     //插入
{   int i=0,k=0,n=0;
    struct st a[N]={0};
    FILE * fp=NULL;

    fp=fopen("d:\\file.txt","r");
    if(fp==NULL) { printf("\nError!\n"); exit(0); }
    while(feof(fp)==0)
```

```c
    {   fscanf(fp,"%d%d\n",&a[n].num,&a[n].s);
        n++;
    }
    fclose(fp);
    printf("\nPlease input k:");
    scanf("%d",&k);
    for(i=n; i>=k+1; i--)
        a[i]=a[i-1];
    printf("请输入学号和成绩:");
    scanf("%d%d",&a[k].num,&a[k].s);
    fp=fopen("d:\\file.txt","w");
    if(fp==NULL) { printf("\nError!\n"); exit(0); }
    for(i=0; i<n+1; i++)
        fprintf(fp,"%8d%4d\n",a[i].num,a[i].s);
    fclose(fp);
}
void mydelete()                       //删除
{   int i=0,k=0,n=0;
    struct st a[N]={0};
    FILE * fp=NULL;

    fp=fopen("d:\\file.txt","r");
    if(fp==NULL) { printf("\nError!\n"); exit(0); }
    while(feof(fp)==0)
    {   fscanf(fp,"%d%d\n",&a[n].num,&a[n].s);
        n++;
    }
    fclose(fp);
    printf("\nInput k:");
    scanf("%d",&k);
    for(i=k; i<n-1; i++)
        a[i]=a[i+1];
    fp=fopen("d:\\file.txt","w");
    if(fp==NULL) { printf("\nError!\n"); exit(0); }
    for(i=0; i<n-1; i++)
        fprintf(fp,"%8d%4d\n",a[i].num,a[i].s);
    fclose(fp);
}
void mysort()                         //排序
{   int i=0,j=0,k=0,n=0;
    struct st a[N]={0},temp={0};
    FILE * fp=NULL;
    fp=fopen("d:\\file.txt","r");
    if(fp==NULL) { printf("\nError!\n"); exit(0); }
```

```
while(feof(fp)==0)
{   fscanf(fp,"%d%d\n",&a[n].num,&a[n].s);
    n++;
}
fclose(fp);
for(i=0; i<n-1; i++)
{   k=i;
    for(j=k+1; j<n; j++)
        if(a[k].s>a[j].s)
            k=j;
    temp=a[i];
    a[i]=a[k];
    a[k]=temp;
}
fp=fopen("d:\\file.txt","w");
if(fp==NULL) { printf("\nError!\n"); exit(0); }
for(i=0; i<n; i++)
    fprintf(fp,"%8d%4d\n",a[i].num,a[i].s);
fclose(fp);
}
```

程序说明：

（1）在 mycreate 函数中将键盘输入的学生学号和成绩保存在文件中，这样以后运行程序时，无须每次都从键盘输入数据，从而提高了程序运行的效率。同时，通过文件存储数据，也无须在各个函数之间传递参数，从而简化了程序。

（2）在 myadd、mydelete 和 mysort 函数中，由于要对文件中的数据进行修改或处理，所以相应函数中以"读"的方式打开文件读出数据，处理完毕后，又以"写"的方式打开文件，将修改后的数据重新保存在文件中。

（3）学习者可以进一步完善程序，使程序具有较好的健壮性，也可根据需要，在结构体类型中添加其他成员进行处理。

9.4 提 高 部 分

9.4.1 文件读写操作的进一步讨论

C 语言提供多种可对文件进行读写操作的输入输出函数。基础部分已介绍了格式读写函数（fscanf 和 fprintf）。下面将介绍了字符读写函数（fgetc 和 fputc）、字符串读写函数（fgets 和 fputs）以及数据块读写函数（fread 和 fwrite）。

1. 字符读写函数（fgetc、fputc）

【例 9.8】 新建名为 d:\a1.txt 的文本文件。调用 fputc 函数将输入的学生姓名、电话号码写到文件中,输入以♯作为结束标志。

【解】 程序如下:

```
#include <stdio.h>
#include <stdlib.h>
int main(void)
{   FILE * fp=NULL;  char ch='\0';
    fp=fopen("d:\\a1.txt","w");
    if(fp==NULL)  {  printf("Can't open this file!\n"); exit(0);  }
    ch=getchar();
    while(ch!='#')                //ch 中不是字符#,循环继续
    {  fputc(ch,fp);              //向文件写一个字符
       ch=getchar();
    }
    fclose(fp);
    return 0;
}
```

程序运行时,通过键盘顺序输入学生的姓名和电话号码:

```
Ping 6111
Hua 6222
Lei 6333
#
```

程序说明:

fputc 与 putchar 的作用相似,只不过 fputc 函数将字符输出到文件,putchar 则将字符显示在屏幕上。在函数 fputc(ch,fp)的调用中,fp 为指向 d:\a1.txt 文件的指针,ch 表示写到文件中的字符。循环每进行一次,变量 ch 得到一个字符,调用 fputc 函数后,系统将 ch 中的字符存放到 fp 所指向的文件中,直至变量 ch 的值为♯,循环结束。ch 中的字符可以是空格、回车符等有效字符。

【例 9.9】 调用 fgetc 函数,依次读取文件 d:\a1.txt 中的字符,并将它们显示在屏幕上。

【解】 程序如下:

```
#include <stdio.h>
#include <stdlib.h>
int main(void)
{   FILE * fp=NULL;  char ch='\0';
    fp=fopen("d:\\a1.txt","r");
    if(fp==NULL)  {  printf("Can't open this file!\n");  exit(0);  }
    ch=fgetc(fp);                    //从文件指针 fp 所指文件读一个字符给变量 ch
    while(ch!=EOF)                   //只要 ch 不是文件结束标志 EOF,循环继续
    {  putchar(ch);
       ch=fgetc(fp);
```

```
    }
    fclose(fp);
    return 0;
}
```

程序执行后,在显示屏上显示学生的姓名和电话号码:

程序说明:

程序中用 ch 是否等于 EOF 作为循环能否结束的条件。在 C 语言中,EOF 的值为−1。由于文本文件中的字符均以 ASCII 代码形式存放,而 ASCII 代码没有−1 值,因此只要不到文件尾,ch 的值不会为−1,循环将持续;一旦 ch 的值为−1,说明已读取到文件尾,循环结束。fgetc 与 getchar 作用相似,fgetc 函数读取磁盘文件中的一个字符,getchar 则从键盘得到一个字符。

2. 字符串读写函数(fgets、fputs)

【例 9.10】 调用 fputs 函数在 d:\a1.txt 文件的尾部增写若干学生的姓名和电话号码,操作以输入空串作为结束。

【解】 程序如下:

```
#include <stdio.h>
#include <stdlib.h>
#include <string.h>
int main(void)
{   FILE * fp=NULL;  char a[80]="";
    fp=fopen("d:\\a1.txt","a");   //以追加方式打开一个文本文件
    if(fp==NULL)  {   printf("Can't open!\n");  exit(0);   }
    gets(a);
    while(strcmp(a,"")!=0)          //只要输入的字符串不为空串,继续循环
    {   fputs(a,fp);                //将 a 中有效字符写入 fp 所指文件中,注意,不输出\0
        fputs("\n",fp);            //给每次写入的字符串后加\n
        gets(a);
    }
    fclose(fp);
    return 0;
}
```

程序运行时,通过键盘顺序输入以下学生的姓名和电话号码:

Jia 6666

Yi 6777

　　　　(注:此行直接输入回车)

程序运行后,d:\a1.txt 中的内容为:

```
Ping 6111
Hua 6222
Lei 6333
Jia 6666
Yi 6777
```

程序说明:

表达式 fopen("d:\\a1.txt","a")中 a 的含义为追加。如果文件已经存在,则将新输入的字符串接在此文件的尾部;如果文件不存在,则建立新文件。程序每执行一次"fputs(a,fp);"语句,就会将数组 a 中的字符串写到文件中。注意:不包括串尾的\0。执行"fputs("\n",fp);"语句,在每次写入的字符串后都人为地加\n,可使写入文件的字符串各占一行。

【例 9.11】 调用 fgets 函数,读取 d:\a1.txt 文件中的学生信息,并将这些信息输出在显示屏上。

【解】 程序如下:

```
#include <stdio.h>
#include <stdlib.h>
int main(void)
{    FILE * fp=NULL;  char a[80]="";   int i=0,n=0;

     fp=fopen("d:\\a1.txt","r");
     if(fp==NULL)  {  printf("Can't open!\n");  exit(0);  }
     while(feof(fp)==0)
     {  fgets(a,80,fp);              //从 fp 所指文件中读一个字符串到 a 数组中
        n++;                         //统计记录个数,n 的值将比实际记录数多 1
     }
     fclose(fp);
     fp=fopen("d:\\a1.txt","r");
     if(fp==NULL)  {  printf("Can't open!\n");  exit(0);  }
     for(i=1; i<n; i++)              //将 i<n 不能改成 i<=n
     {  fgets(a,80,fp);
        printf("%s",a);
     }
     fclose(fp);
     return 0;
}
```

运行结果:

```
Ping 6111
Hua 6222
Lei 6333
Jia 6666
Yi 6777
```

程序说明：

（1）函数 fgets 需要 3 个参数：第一个参数给出将要存放字符串的存储单元起始地址；第二个参数控制最多能读取字符的个数，例如，80 表示最多能读取 79（一个字节留作存放\0）个字符，为了保证正确读取文件中的字符串，应估计好此参数值；第三个参数指定从哪个文件中读数据。函数 fgets(a，80，fp) 的功能是从 fp 所指文件中，读入一行字符（最多 79 个）放入以 a 为起始地址的内存空间。

（2）本程序中 while 循环的功能是，统计文件中的记录个数。需要注意的是，n 的值将比实际记录数多 1，这是因为在例 9.10 中，每追加一个记录，其后都要紧跟一个\n 用于换行，因此最后一个记录的\n 使文件增加了一个空行。所以，在 for 循环中不能将 i＜n 改成 i≤n。本例中 for 循环的功能是从文件中读取所有记录，并输出到显示屏上。

（3）进入 for 循环之前必须重新打开文件，这样才能保证从第一行开始读取记录。注意，不能打开已被打开了的文件，因此在重新打开文件之前先关闭该文件。

3. 数据块读写函数（fread、fwrite）

【例 9.12】 调用 fwrite 函数，将 5 名学生的姓名和学号写入二进制文件 d:\w. dat 中。

【解】 程序如下：

```
#include <stdio.h>
#include <stdlib.h>
struct student              //声明结构体类型
{   char name[20];
    int num;
};
int main(void)
{   struct student tel[5]={{"Jia",8888},{"Yi",7777},{"Bin",6666},
                          {"Ding",5555},{"Wu",4444}};
    int i=0;   FILE * fp=NULL;
fp=fopen("d:\\w.dat","wb");
    if(fp==NULL)   {   printf("Can't open!\n");   exit(0);   }
    for(i=0; i<5; i++)
        fwrite(tel+i,sizeof(struct student),1,fp);            //一次写一个数据块
    fclose(fp);
    return 0;
}
```

程序运行后，屏幕上无显示，也不能在 Windows 下通过记事本查看其内容。

程序说明：

（1）由于操作对象是一个二进制文件，所以应按 fopen("d:\\w. dat"，"wb") 形式打开文件。

（2）数组 tel 的 5 个元素都是结构体类型，代表 5 个数据块。函数 fwrite 需要 4 个参数：第一个参数表示数据块所在的内存地址，第二个参数表示该数据块所占字节数，第三

个参数给定一次允许写的数据块个数,第四个参数指定将数据块写到哪个文件中。

执行语句"fwrite(tel＋i,sizeof(struct student),1,fp);"后,从文件起始位置起,将数组 tel 中 5 个元素的有关数据一一写到文件中,其中 tel＋i,代表每个数据块所在的内存地址,用表达式 sizeof(struct student)计算该数据块的字节数,本例该值为 22,数字 1 表示每次写 1 个数据块。

【例 9.13】 调用 fread 的函数,按数据块方式从二进制文件 d:\w.dat 中读取数据,然后显示在终端屏幕上。

【解】 程序如下:

```
#include <stdio.h>
#include <stdlib.h>
struct student { char name[20];  int num; };
int main(void)
{   int i=0;   FILE * fp=NULL;   struct student a={0};
    fp=fopen("d:\\w.dat","rb");
    if(fp==NULL)  {   printf("Can't open!\n");  exit(0);   }
    for(i=0; i<5; i++)
    {   fread(&a,sizeof(struct student),1,fp);          //每次循环,读一个数据块
        printf("%s  %d  ",a.name,a.num);
    }
    fclose(fp);
    return 0;
}
```

运行结果:

```
Jia  8888     Yi  7777     Bin  6666     Ding  5555     Wu  4444
```

程序说明:

在函数 fread(＆a, sizeof(struct student), 1, fp)中,第一个参数表示 a 的地址,第二个参数表示一次所读数据块的字节数,第三个参数是数字 1,表示每次读 1 个数据块,第四个参数是文件指针。

本程序通过调用函数 fread,从 fp 所指文件的起始位置,将文件中的信息一一读取给变量 a,注意,变量 a 的类型应该与被读文件中的数据块类型一致,这里也必须是 struct student 结构体类型。fwrite 和 fread 函数一般用于二进制文件。

在 C 语言中,文件的输入输出函数比较丰富,在实际应用中可以根据实际情况选用,但建议读者将相同类型的函数配对使用。例如,用 fprintf 函数写入的文件用 fscanf 函数读出,用 fpuc 写入的文件用 fgetc 读出,等等。

9.4.2 文件的定位操作

前面所介绍的文件读写操作,都是从文件的第一个数据开始向文件尾部顺序进行,即

顺序读写。文件中数据的读写还可以采用定位直接读写方式,也称随机读写方式。这时需要通过调用有关的定位函数,使文件"读写位置指针"直接指向读写位置。这些函数主要有:

- fseek——移动位置指针到指定位置。
- ftell——获得当前位置指针的位置。
- rewind——使位置指针回到文件的开头。

【例9.14】 使用文件定位函数示例。按指定位置读取文件 d:\w.dat 中的信息,然后显示在终端屏幕上,并统计文件的总字节数。

【解】 程序如下:

```
#include <stdio.h>
#include <stdlib.h>
struct student {  char name[20];  int num;  };
int main(void)
{  int i=0;  long n=0;  FILE * fp=NULL;  struct student a={0};
   fp=fopen("d:\\w.dat","rb");
   if(fp==NULL)  {  printf("Can't open!\n");  exit(0);  }
   printf("Record in file d:\\w.dat:\n");
   for(i=1; i<5; i+=2)
   {  fseek(fp,i * sizeof(struct student),SEEK_SET);     //将位置指针定位
      n=ftell(fp);                                //目前指针位置,n 为字节数
      fread(&a,sizeof(struct student),1,fp);  //每循环一次读一个数据块给变量 a
      printf("current:%ldth byte,%dth record:%s   %d\n",n,i+1,a.name,a.num);
   }
   fseek(fp,-3L * sizeof(struct student),2);     //重新定位位置指针
   n=ftell(fp);
   fread(&a,sizeof(struct student),1,fp);
   printf("current:%ldth byte,record is:%s   %d\n",n,a.name,a.num);
   rewind(fp);                                    //位置指针重新指到文件开始
   n=ftell(fp);                                   //文件起始位置字节值,此值为 0
   fread(&a,sizeof(struct student),1,fp);         //读第 1 个记录给变量 a
   printf("current:%ldth byte,first record:%s   %d\n",n,a.name,a.num);
   fseek(fp,-0L * sizeof(struct student),2);      //位置指针重新指到文件尾部
   n=ftell(fp);                                   //n 表示文件的总字节数
   printf("total bytes:%ld\n",n);
   fclose(fp);
   return 0;
}
```

运行结果:

```
Record in file d:\w.dat:
current:24th byte,2th record:Yi   7777
current:72th byte,4th record:Ding   5555
current:48th byte,record is:Bin   6666
current:0th byte,first record:Jia   8888
total bytes:120
```

程序说明：

（1）在语句"fseek(fp,i∗sizeof(struct student),SEEK_SET)；"中，SEEK_SET 表示定位从文件起始位置开始，该参数也可用数字 0 表示，而 i∗sizeof(struct student)表示对起始位置的位移量，位移量以字节为单位，类型为长整型。因本题读取的是二进制文件，位移量又为正数，说明读取操作是从指定位置向文件尾部方向进行；每一个 student 结构体类型的数据占 24 个字节，因此第一次循环中位移量为 24（即 1×24）个字节，表示移动位置指针到第 24 个字节处，第二次为 72（即 3×24）个字节，表示移动位置指针到第 72 个字节处。

（2）在语句"n＝ftell(fp)；"中，调用 ftell 函数返回当前位置值，该值是从文件起始位置至当前位置的字节数，因此第一次 n 的值为 24，第二次为 72。

（3）语句"fseek(fp,－3L∗sizeof(struct student),2)；"又重新定位位置指针。其中 2 表示定位从文件尾部开始，该参数也可用 SEEK_END 表示；"－3L∗sizeof(struct student)"，负值表明位置指针从文件尾部向文件首部方向移动，位移量为 3×22 字节。

（4）执行语句"rewind(fp)；"后，位置指针又返回到文件首部。

（5）最后的 fseek 函数的定位从文件尾部开始，而且位移量为 0，因此此函数将位置指针移到文件尾部，这时 n 的值即为文件的总字节数。

关于文件定位函数：

（1）fseek 函数。

该函数可移动文件位置指针到指定位置，函数的调用形式如下：

```
fseek (fp,位移量, 起点位置)
```

说明：

位移量以字节为单位，长整型值。该值可以是正整数，也可以是负整数。

如果操作对象是二进制文件，位移量又为正整数，则位置指针从指定的起始位置向文件尾部方向移动；位移量若为负整数，位置指针则从指定的起始位置向文件首部方向移动。

如果操作对象是文本文件，位移量必须为 0。例如，fp 已指向一个文本文件，能使位置指针移到文件起始位置的 fseek 函数形式如下：

```
fseek(fp, 0L, SEEK_SET)
```

如果调用出错，函数将返回－1L。

位移量的起点位置可用标识符表示，也可用数字表示，如表 9.2 所示。

表 9.2　位移量的起点位置

标　识　符	代表的数字	代表的起始位置
SEEK_SET	0	文件开始
SEEK_CUR	1	文件当前位置
SEEK_END	2	文件末尾

（2）ftell 函数。

利用此函数可得到当前位置指针的位置。函数的调用形式为：

```
ftell(fp)
```

其中 fp 是文件指针。

利用 fseek 和 ftell 函数求一个文件的长度。方法是：先利用 fseek 函数将位置指针移到文件末尾，再调用 ftell 函数求出总字节数：

```
fseek(fp,0L,SEEK_END);        //把位置指针移到文件末尾
t=ftell(fp);                  //求出文件的总字节数
```

若该文件中数据为结构体类型，还可用总字节数计算数据块的个数：

```
n=t/sizeof(struct st);        //n 为 st 结构体类型数据块的个数
```

（3）rewind 函数。

该函数又称"反绕"函数，能使位置指针回到文件的开头。函数的调用形式为：

```
rewind(fp)
```

其中 fp 是文件指针，此函数没有返回值。

9.5 上机训练

【训练 9.1】 已有定义"int s1[10]＝{1,2,13,4,5,61,7,8,9,10},s2[10];"，编写程序，将 s1 数组中的数值"写"到 d 盘 file.txt 文件中保存；再将 file.txt 文件中的内容读取到 s2 数组中，输出 s2 数组。

1. 目标

（1）学习建立磁盘文件的方法。

（2）学习使用文件指针将信息写到磁盘文件中和从磁盘文件中读取信息的操作。

2. 步骤

（1）定义文件指针。

（2）按题目形式定义两个整型数组和整型变量 i、j。

（3）为"写"在 d 盘建立 file.txt 文件，并将文件指针指向该文件，如果操作有问题，则结束程序。

（4）将 s1 数组中的数值"写"到 d 盘 file.txt 文件中保存。

（5）关闭文件指针。

（6）为"读"重新打开 d 盘 file.txt 文件，并将文件指针指向该文件。

（7）将 file.txt 文件中的数值读取到 s2 数组中。

（8）输出 s2 数组。

3. 提示

（1）要对外部磁盘文件进行操作，首先要定义文件指针，还要告之系统操作文件的地

址、文件名以及操作方式等信息,然后让文件指针指向即将要操作的磁盘文件,有关内容请参考 9.2 节的内容。

(2) 文件的读写操作是通过调用标准输入输出函数完成的,C 语言提供了多种形式的标准输入输出函数,可以根据信息选用不同的函数,请参考 9.4.1 节的内容。常用的有 fscanf 函数与 fprintf 函数,由于本题是针对整型数据,因此在函数中用"%d"格式。

(3) 从文件中读取数据时,由于不知道文件中到底有多少数据,因此通常使用 while 循环调用 feof 函数来判断文件是否结束,当数据读取到文件尾部时,feof(fp)的值为 1;否则 feof(fp)的值为 0。也就是说,在用 feof(fp)作为 while 循环的判断条件时,如果"feof(fp) == 0"为真,则表示没有到文件尾,应继续执行读取操作;如果"feof(fp) == 0"为假,则表示数据读取已到文件尾,循环结束。

(4) 函数 fprintf(fp,"%4d",s1[i]) (参考例 9.3) 的作用是按指定格式将数组元素的值写到 fp 所指文件中。

(5) 函数 fscanf(fp,"%d",&s2[j]) (参考例 9.4) 的作用是读取 fp 所指文件中的数值,并将其存放到数组元素 s2[j]中,读取从文件的起始位置顺序进行。

4. 扩展

已有定义"int s1[10]={1,2,13,4,5,61,7,8,9,10},s2[10];",编写程序,将 s1 数组中的数值"写"到 d 盘 file.txt 文件中保存;再读取 file.txt 文件中的数值,如果是偶数将其存放到 s2 数组中,输出 s2 数组。提示:在进行文件读取操作时,先将读取的数值存放在一个中间变量中,经判断若是偶数再存放到数组中。

【训练 9.2】 已有定义"char str1[80],str2[80];",从键盘输入一个字符串存放到 str1 数组中,输入以"!"结束;将 str1 数组中的字符(不含"!")写到 d 盘 file.txt 文件中保存,将 file.txt 文件中的内容读取到 str2 中,输出 str2 中的字符串。

1. 目标

(1) 学习建立磁盘文件的方法。

(2) 学习使用文件指针将信息写到磁盘文件中和从磁盘文件中读取信息的操作。

2. 步骤

(1) 定义文件指针。

(2) 按题目形式定义两个字符型数组和整型变量 i。

(3) 为"写"在 d 盘建立 file.txt 文件,并将文件指针指向该文件,如果操作有问题,则结束程序。

(4) 向 str1 读入一个字符串,以"!"结束。

(5) 执行 while 循环,判断条件为 str1 串中字符为"!"循环终止。在循环过程中,将 str1 串中的字符通过语句"fprintf(fp,"%c",str1[i]);"依次写到文件中。

(6) 关闭文件指针。

(7) 为"读"打开 d 盘 file.txt 文件,并将文件指针指向该文件。

(8) 通过语句"fscanf(fp,"%s",str2);"将文件中的字串读取到 str2 中。

(9) 输出 str2 字串。

3. 提示

(1) 本题为字符串操作,可以用 gets、puts 等字符串函数。

(2) 题目要求读入的字符串以"!"结束,但不能将"!"写入文件。因此将该串写入文件时,应逐个字符进行,使用 while 循环并以 str1[i]!='!'为循环执行条件。

(3) 因为是对串中字符操作,所以需通过"fprintf(fp,"%c",str1[i]);"按"%c"格式将字符写入文件中。

(4) 从文件中读取数据时,可以通过"fscanf(fp,"%s",str2);"语句,按"%s"格式进行。

4. 扩展

已有定义"char str1[80],str2[80];",从键盘输入一个字符串存放到 str1 数组中,输入以"!"结束,将 str1 数组中的小写字母写到 d 盘 file.txt 文件中保存;再将 file.txt 文件中的内容读取到 str2 中,输出 str2 字串。

思考题 9

1. 如果希望通过同一程序,既能建立一个文本文件,又能读取其中的数据,则对该文件进行什么样的操作?

2. 文本文件可以用记事本或 Word 等编辑器查看吗?二进制文件是否可以用这些编辑器查看?

3. 将数据从内存输入到磁盘文件上,需要进行什么操作?从已建立的数据文件中将所要的数据输入到内存中,需要进行什么操作?

4. 什么文件中的内容可以通过记事本编辑器查看?该文件在程序中是以什么方式打开后写入的?

习题 9

基础部分

1. 根据下面的提示写出对应的代码。

① 定义文件指针 fp。 【1】

② 打开 A 盘根目录下名为 file1.txt 的文件,并使指针 fp 指向该文件。 【2】

③ 将字符串"aBcDe"写到该文件中。 【3】

④ 关闭文件 file1.txt。 【4】

2. 根据下面的提示写出对应的代码。

① 打开上一题中的文件 file1.txt 和需创建的文件 file2.txt,并使文件指针 fp 和 fq 分别指向它们。 【1】

② 读文件 file1. txt 中的字符串,并存放在数组 a 中。 【2】

③ 将该字符串中的小写字母转换成大写字母后,把新的字符串写到 file2. txt 文件中。 【3】

④ 关闭两个文件。 【4】

3. 通过键盘输入 5 个月的生活费(实型),调用 fprintf 函数,将这些信息写入到文本文件 d:\f1. txt 中,调用 fscanf 函数,读取这些信息,并显示到终端屏幕上。

4. 通过键盘输入 3 个月的生活费(实型),并将它们添加到第 3 题所新建的文件 d:\f1. txt 的尾部。方法提示:使用"a"打开方式。用该方式打开文件后,可直接在文件尾部添加新数据(请参考表 9.1)。

5. 声明一个结构体类型,其中含姓名(字符串)和年龄(整型)两个成员。从键盘输入你和家人的姓名和年龄,调用 fprintf 函数,将这些信息写入到文本文件 d:\home1. txt 中,输入年龄为一1 结束,读取文件中的记录,并显示到终端屏幕上。

6. 调用 fscanf 函数,读取文件 d:\home1. txt 中的记录,并显示到终端屏幕上,然后输出年龄最大和最小成员的信息。

提高部分

7. 声明一个结构体类型,其中含姓名和生日两个成员(都是字符串)。从键盘输入 5 位家人的姓名和生日,调用 fwrite 函数,将这些信息写入到二进制文件 d:\home2. dat 中。调用 fread 函数,读取文件中的记录,并显示到终端屏幕上。

8. 修改二进制文件 d:\home2. dat 的第三条记录,再通过 fread 函数读取文件中的所有记录,并显示到终端屏幕上。

9. 通过文本编辑器(例如写字板)在 d:\wen1. txt 文件中写入一串大小写英文字母,调用 fgets 函数,读取 d:\wen1. txt 文件中的记录,并显示到终端屏幕上。

10. 将文本文件 d:\wen1. txt 中所有小写字母转换成大写字母,再通过调用 fgets 函数,读取修改后的文件内容,并显示到终端屏幕上。

第 **10** 章 位 运 算

本章将介绍的内容

基础部分：

- 位运算符$<<$、$>>$、$\&$、$|$、$\hat{}$、$\sim$。

提高部分：

- 位运算的实际应用。

各例题的知识要点

例 10.1 左移运算符和右移运算符。

例 10.2 按位与、按位或、按位异或运算符。

例 10.3 按位与、按位或、按位异或运算符的应用。

例 10.4 利用位运算判断奇偶性。

例 10.5 按位取反运算符。

（以下为提高部分例题）

例 10.6 位运算复合赋值运算符。

例 10.7 利用异或操作实现两数的交换。

例 10.8 负整数的右移操作。

例 10.9 控制两个二极管轮流发光。

从前面的学习我们知道，C 语言具有高级语言的特点。它不同于其他语言，还支持按位运算，即具有低级语言的功能，因此被广泛应用于开发系统软件和应用软件。所谓位运算是指对二进制位进行的运算。位运算只能对整型或字符型进行。

10.1 移位运算符

移位运算符有两个，即$<<$（左移运算符）和$>>$（右移运算符）。

【例 10.1】 编写一个使用移位运算符的程序。

【解】 程序如下：

```c
#include <stdio.h>
int main(void)
{   int a=9,b=-9,x=0,y=0,z=0;
    x=a<<3;              /* 将 a 的值左移 3 位后赋给 x */
    y=a>>1;              /* 将 a 的值右移 1 位后赋给 y */
    z=b>>1;              /* 将 b 的值右移 1 位后赋给 z */
    printf("%d,%d,%d\n",x,y,z);
    return 0;
}
```

运行结果如下：

`72,4,-5`

程序说明：

(1) ＜＜是左移运算符，a＜＜3 的含义是将 a 的二进制值左移 3 位，其值由 9 变为 72：

$$\underset{挤掉3位}{\Leftarrow} \underline{000}0000000001001$$
$$\underline{000}0000000001001\underline{000} \quad 补3个0$$

表 10.1 给出了对 a 中值进行左移 1 位、2 位、3 位后的机内存储形式和相应的值。

表 10.1 对变量 a 的左移情况

移　位	机内存储形式	代表的值	说　明
a＜＜1	0000000000010010	$18(=9\times2^1)$	挤掉左端 1 位，右端补 1 个 0
a＜＜2	0000000000100100	$36(=9\times2^2)$	挤掉左端两位，右端补两个 0
a＜＜3	0000000001001000	$72(=9\times2^3)$	挤掉左端 3 位，右端补 3 个 0

从表中可以看出，当左移 n 位时，a＜＜n 的值为 a 的 2^n 倍。

(2) ＞＞是右移运算符，a＞＞1 的含义是将 a 的值右移 1 位，其值由 9 变为 4：

$$0000000000001001 \Rightarrow$$
$$补1个0 \quad 0000000000000100\underline{1} \quad 挤掉1位$$

表 10.2 给出了对 a 中值进行右移 1 位、2 位、3 位后的机内存储形式和相应的值。

表 10.2 对变量 a 的右移情况

移　位	机内存储形式	代表的值	说　明
a＞＞1	0000000000000100	$4(=9\div2^1)$	挤掉右端 1 位，左端补 1 个 0
a＞＞2	0000000000000010	$2(=9\div2^2)$	挤掉右端两位，左端补两个 0
a＞＞3	0000000000000001	$1(=9\div2^3)$	挤掉右端 3 位，左端补 3 个 0

从表中可以看出，当右移 n 位时，a＞＞n 的值为 a 的 $1/2^n$ 倍。

（3）当进行右移操作时,对于负数左端不补 0,而补 1。其处理过程参见 9.4.1 节。

移位运算可以用来快速实现乘以或除以 2 的操作,由于 $9 \times 2 = 18, 9 \div 2 = 4.5, -9 \div 2 = -4.5$,所以 9<<1 的值为 18,9>>1 的值为 4,-9>>1 的值为 -5(不超过 -4.5 的最大整数)。

10.2 按位与、或、异或运算符

除了移位运算符,C 语言还提供了按位与(&)、或(|)和异或(^)运算符。其真值表见表 10.3。

【例 10.2】 编写一个使用按位与、按位或、按位异或运算符的程序。

【解】 程序如下：

```c
#include <stdio.h>
int main(void)
{   char a=5,b=11,x=0,y=0,z=0;
    x=a&b;                 /* 按位与运算 */
    y=a|b;                 /* 按位或运算 */
    z=a^b;                 /* 按位异或运算 */
    printf("%d,%d,%d\n",x,y,z);
    return 0;
}
```

运行结果：

`1,15,14`

程序说明：

（1）& 是按位与运算符,它将两个操作数从低到高位对齐后进行按位与运算。当两个二进制位都为 1 时,该位按位与运算的结果为 1,否则为 0。例如,5&11 为：

```
      00000101    5
  & 00001011    11
      00000001   结果为 1
```

（2）| 是按位或运算符,当两个二进制位中至少有一个为 1 时,该位按位或运算的结果为 1,否则为 0。例如,5|11 为：

```
      00000101    5
  | 00001011    11
      00001111   结果为 15
```

（3）^ 是按位异或运算符,当两个二进制位不相等时,该位按位异或运算的结果为 1,否则为 0。例如,5^11 为：

```
      00000101    5
  ^ 00001011    11
      00001110   结果为 14
```

【例 10.3】 假设字符型变量 a 中存放的内容为 11000001（二进制值），完成以下各功能。

(1) 要求将 a 的最高位置成 0，其余的位不变。

(2) 要求将 a 的各位置成 0。

(3) 要求将 a 的低两位置 1，其余的位不变。

(4) 要求将 a 的高 4 位不变，低 4 位翻转。

【解】 程序如下：

```c
#include <stdio.h>
int main(void)
{   unsigned char a=193;
    unsigned char a1=0,a2=0,a3=0,a4=0;
    a1=a&127;
    a2=a&0;
    a3=a|3;
    a4=a^15;
    printf("a1: %d\n",a1);
    printf("a2: %d\n",a2);
    printf("a3: %d\n",a3);
    printf("a4: %d\n",a4);
    return 0;
}
```

运行结果：

```
a1: 65
a2: 0
a3: 195
a4: 206
```

程序说明（见表 10.3）：

表 10.3 位运算真值表

x	y	～x	x & y	x ^ y	x | y
1	0	0	0	1	1
1	1	0	1	0	1
0	0	1	0	0	0
0	1	1	0	1	1

(1) 与最高位为 0，其余位均为 1 的数进行按位与运算即可（a&127）：

$$\begin{array}{r} 1\,1\,0\,0\,0\,0\,0\,1 \\ \&\ 0\,1\,1\,1\,1\,1\,1\,1 \\ \hline 0\,1\,0\,0\,0\,0\,0\,1 \end{array}$$ 最高位置 0，其余不变

（2）与各位均为 0 的数进行按位与运算即可（a&0）：

$$
\begin{array}{r}
11000001 \\
\&\ 00000000 \\
\hline
00000000
\end{array}\quad\text{各位变为 0}
$$

（3）与低两位为 1，其余位均为 0 的数进行按位或运算即可（a|3）：

$$
\begin{array}{r}
11000001 \\
|\ 00000011 \\
\hline
11000011
\end{array}\quad\text{低两位置 1，其余不变}
$$

（4）与低 4 位为 1，高 4 位为 0 的数进行按位异或运算即可（a^15）：

$$
\begin{array}{r}
11000001 \\
\wedge\ 00001111 \\
\hline
11001110
\end{array}\quad\text{低 4 位置翻转，高 4 位不变}
$$

在 C 语言中还可以进行按位取反操作，其运算符为～。

【例 10.4】 编写程序判断一个数的奇偶性。

【解】 程序如下：

```c
#include <stdio.h>
int main(void)
{    int x=3;
     if(x & 1==0)
         printf("a 是偶数");
     else
         printf("a 是奇数");
     return 0;
}
```

运行结果：

程序说明：

程序中 x 的值为 3，转换为二进制数是 00000011，即奇数转换为二进制数后，最低位一定是 1，否则，最低位为 0；1 的二进制数是 00000001。与的运算结果如下所示，所以奇数一定是 1，偶数一定是 0。

$$
\begin{array}{r}
00000011 \\
\&\ 00000001 \\
\hline
00000001
\end{array}
$$

10.3　按位取反运算符

【例 10.5】 假设字符型变量 a 中存放的内容为 01000001（二进制值），即为字符'A'，要求将各位上的数字按 1 变为 0，0 变为 1 进行翻转。

【解】 程序如下：

```c
#include <stdio.h>
int main(void)
{   unsigned char a=65,b=0;
    b=~a;
    printf("~a=%d\n",b);
    return 0;
}
```

运行结果：

```
~a=190
```

程序说明：

对 a 进行按位取反运算，即：~a。

说明：

（1）~是按位取反运算符，它可使位上的数字按 1 变为 0,0 变为 1 进行翻转。例如，~a 为：

$$\frac{\sim \quad 0\,1\,0\,0\,0\,0\,0\,1 \qquad 65}{1\,0\,1\,1\,1\,1\,1\,0 \quad \text{结果为 } 190}$$

（2）若要使部分位上数字翻转，不能使用按位取反运算符，这时可用例 10.3(4) 的方法。

按位与(&)、或(|)和异或(^)运算符在程序设计中，能大大提高程序的执行效率。

10.4　提 高 部 分

10.4.1　位运算的复合赋值运算符

【例 10.6】 输出下列位运算复合赋值的运算结果。

【解】 程序如下：

```c
#include <stdio.h>
int main(void)
{   char a=9,b=9,c=9,d=9,e=9;
    a<<=1;              /* 等价于 a=a<<1; */
    b>>=1;              /* 等价于 b=b>>1; */
    c&=5;               /* 等价于 c=c&5; */
    d|=5;               /* 等价于 d=d|5; */
    e^=5;               /* 等价于 e=e^5; */
    printf("%d,%d,%d,%d,%d\n",a,b,c,d,e);
    return 0;
}
```

运行结果：

```
18,4,1,13,12
```

本程序中赋值表达式的处理过程与＋＝、－＝、＊＝、/＝、％＝相同。

【例 10.7】 编写程序实现两个数的交换。

【解】 程序如下：

```
#include <stdio.h>
int main(void)
{   int x=2,y=5;
    x^=y;
    y^=x;
    x^=y;
    printf("x=%d,  y=%d", x, y);
    return 0;
}
```

运行结果：

```
x=5 ,  y=2
```

程序说明：

(1) x^＝y 中，x＝2 的二进制数是 00000010；y＝5 的二进制数是 00000101，x^y 的结果是 00000111，即是本句执行后的 x 的值。

(2) y^＝x 中，x 的值已经变为了 00000111；y 还是原先的 00000101；x^y 的结果是 00000010，既是本句执行后 y 的值，也是原先的 x 的值。

(3) x^＝y 中，x 的值是 00000111；y 的值变为 00000010，x^y 的结果是 00000101，即最开始的 y 的值。

10.4.2 负整型数据的位运算

负整数在机内以补码形式存放，因此对负数进行位运算时，先将原码转换成补码。下面仅以对负数进行右移的操作为例介绍，其他位操作运算类似。

【例 10.8】 编写一个对负整数进行右移的程序。

【解】 程序如下：

```
#include <stdio.h>
int main(void)
{   int a=-9,x=0;
    x=a>>1;
    printf("%d>>:%d\n",a,x);
    return 0;
}
```

运行结果：

`-9>>:-5`

程序说明：

当对负数进行右移操作时，左端补 1 不补 0。－9 右移一位的过程如下：

（1）－9 原码形式：1000000000001001 最高位的 1 表示该数为负（若为正数该位为 0）。

（2）－9 反码形式：1111111111110110 最高位不变，其余各位 0 变为 1，1 变为 0。

（3）－9 补码形式：1111111111110111 对反码加 1 而得（这是机内存储形式）。

（4）右移 1 位－9>>1：1111111111111011 挤掉右端 1 位，左端补 1 个 1（补码形式）。

（5）求－9>>1 的反码：1111111111111010 对补码减 1 而得。

（6）求－9>>1 的原码：1000000000000101 反码最高位不变，其余的 0 变为 1，1 变为 0。

因此，a>>1 的值由－9 变为－5。

10.4.3 无符号整型数据的位运算

无符号整型数据的位运算方法与有符号整型数据的位运算中正数的规则相同。

10.4.4 不同类型数据之间的位运算

若对不同类型的数据进行按位与、按位或、按位异或运算，由于两个数据的二进制位数可能不相等（例如，int 型和 char 型），这时系统将自动按下面的规则进行转换：

（1）两个运算量按低位对齐。

（2）给位数少的运算量左端补 0 或 1：其中正数和无符号型数据补 0，负数补 1。

10.4.5 位运算在单片机控制中的应用

【例 10.9】 编写程序控制两个发光二极管 LED1 和 LED2 轮流发光。

【解】 编程点拨：

在本例中选用 ARM 系列的 S3C2410 芯片来实现该功能，该芯片有 8 组 IO 端口：23 位端口 A；11 位端口 B 和 H；16 位端口 C、D、E 和 G；8 位端口 F。

下面以端口 G 为例，介绍该端口的控制寄存器及其配置，如表 10.4 和表 10.5 所示。

表 10.4　端口 G 控制寄存器

寄 存 器	地　　址	读 写 状 态	复 位 值
GPGCON	0x56000060	R/W	0x0
GPGDAT	0x56000064	R/W	无

表 10.5　端口 G 控制寄存器的配置

GPGDAT 的 Bit	GPGCON	GPGCON 位说明
GPG15	31：30	
GPG14	29：28	
GPG13	27：26	
GPG12	25：24	
GPG11	23：22	
GPG10	21：20	
GPG9	19：18	
GPG8	17：16	
GPG7	15：14	00＝Input
GPG6	13：12	01＝Output
GPG5	11：10	
GPG4	9：8	
GPG3	7：6	
GPG2	5：4	
GPG1	3：2	
GPG0	1：0	

电路设计如图 10.1 所示,将 8 管脚(GPG8)和 9(GPG9)管脚分别接上发光二极管 LED1 和 LED2,并控制两个发光二极管的亮灭。当 8 管脚为低电平时,LED1 发光;当 8 管脚为高电平时,LED1 灭;9 管脚同理。所以控制发光二极管轮流亮灭,就需要设置:8 管脚低电平,9 管脚高电平;8 管脚高电平,9 管脚低电平;循环往复,即可实现发光二极管的轮流发光。

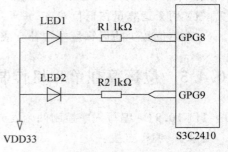

图 10.1　电路设计图

【解】　程序如下:

```
#include <stdio.h>
#define rGPGCON (*(volatile unsigned*)0x56000060) //①端口 G 控制寄存器地址
#define rGPGDAT (*(volatile unsigned*)0x56000064) //②端口 G 数据寄存器地址
int main(void)
{   int flag=0,i=0;
    rGPGCON=rGPGCON&0xFFF5FFFF|0x00050000;   //③向端口 G 控制寄存器写输出
    while(1)
    {   if(flag==0)
```

```
    {   rGPGDAT=rGPGDAT&0xFEFF|0x0200;    //④port8=0,port9=1
        for(i=0; i<1000000; i++)
            ;
        flag=1;
    }
    if(flag==1)
    {   rGPGDAT=rGPGDAT&0xFDFF|0x0100;    //⑤port8=1,port9=0
        for(i=0; i<1000000; i++)
            ;
        flag=0;
    }
}
    return 0;
}
```

程序说明:

(1) 设置 rGPGCON 代表端口 G 控制寄存器的地址。在后续程序中,为 rGPGCON 的赋值就是写入端口 G 控制寄存器中的控制指令。关键字 volatile 要求编译器每次都要重新读该内存地址中的数据。

(2) 设置 rGPGDAT 代表端口 G 数据寄存器的地址。在后续程序中,为 rGPGCON 的赋值就是写入端口 G 数据寄存器中的数据。

(3) 通过位运算,向端口 G 控制寄存器的 16~19 位写 0101;意为要在 8 管脚和 9 管脚进行输出。

```
        XXXXXXXXXXXXXXXXXXXXXXXXXXXXXXXXX
    &   1111111111110101111111111111111 1     0xFFF5FFFF
        XXXXXXXXX0X0XXXXXXXXXXXXXXXXXXXX
    |   00000000000001010000000000000000       0x00050000
        XXXXXXXXX0101XXXXXXXXXXXXXXXXXXX
```

(4) 使 8 管脚灯亮,9 管脚灯灭。通过位运算,向端口 G 数据寄存器的第九位写入低电平 0,第十位写入高电平 1,其他位保持不变。

```
        XXXXXXXXXXXXXXXX
    &   1111111011111111       0xFEFF
        XXXXXX0XXXXXXXXX
    |   0000001000000000       0x0200
        XXXXXX10XXXXXXXX
```

(5) 使 8 管脚灯灭,9 管脚灯亮。通过位运算,向端口 G 数据寄存器的第九位写入高电平 1,第十位写入低电平 0,其他位保持不变。

```
        XXXXXXXXXXXXXXXX
    &   1111110111111111       0xFDFF
        XXXXXX0XXXXXXXXX
    |   0000000100000000       0x0100
        XXXXXX01XXXXXXXX
```

思考题 10

1. C语言提供位运算功能是为了节省存储单元吗?

2. 位运算是指对二进制位进行的运算,位运算能对哪些数据进行? 只能对整型或字符型数据进行吗?

习 题 10

基础部分

1. 判断正误：C语言提供位运算功能是为了节省存储单元。

2. 判断正误：位运算是指对二进制位进行的运算。只能对整型或字符型数据进行位运算。

3. 假设有定义和语句"char a; a=127^110<<3; printf("%d",a);",则运算结果是_____。

4. 假设字符型变量 a 中存放的值为 01010101(二进制值),完成以下各功能。

(1) a 的最低位置成 0,其余位值不变。

(2) 将 a 的每一个位均置为 1。

(3) 将 a 的最高两位置为 1,其余的位值不变。

(4) 将 a 的低 4 位值不变,高 4 位值翻转。

提高部分

5. 整型数 −17 的原码形式是 __【1】__ ,反码形式是 __【2】__ ,补码形式是 __【3】__ 。

6. −21>>1 的运算值为多少? 请用右移的过程验证其结果。

 附录 **A**   # C 语言关键字

auto	break	case	char	const	continue	default	do
double	else	enum	extern	float	for	goto	if
inline	int	long	register	restrict	return	short	signed
sizeof	static	struct	switch	typedef	union	unsigned	void
volatile	while	_bool	_Complex	_Imaginary			

附录 **B** 常用字符与 ASCII 码
对照表

控制字符

控制字符	字 符	ASCII 码值			控制字符	字 符	ASCII 码值			控制字符	字符	ASCII 码值		
		十进制	八进制	十六进制			十进制	八进制	十六进制			十进制	八进制	十六进制
NUL	(null)	0	0	0	VT	(home)	11	13	b	NAK	§	21	25	15
SOH	☺	1	1	1	FF	(form feed)	12	14	c	SYN	—	22	26	16
STX	●	2	2	2	CR	(carriage return)	13	15	d	ETB	↕	23	27	17
ETX	♥	3	3	3	SO	♫	14	16	e	CAN	↑	24	30	18
EOT	♦	4	4	4	SI	☼	15	17	f	EM	↓	25	31	19
END	♣	5	5	5	DLE	▶	16	20	10	SUB	→	26	32	1a
ACK	♠	6	6	6	DC1	◀	17	21	11	ESC	←	27	33	1b
BEL	(beep)	7	7	7	DC2	↕	18	22	12	FS	∟	28	34	1c
BS	▪	8	10	8	DC3	‼	19	23	13	GS	◆	29	35	1d
HT	(tab)	9	11	9	DC4	¶	20	24	14	RS	▲	30	36	1e
LF	(line feed)	10	12	a						US	▼	31	37	1f

非控制字符

字符	ASCII 码值			字符	ASCII 码值			字符	ASCII 码值			字符	ASCII 码值		
	十进制	八进制	十六进制		十进制	八进制	十六进制		十进制	八进制	十六进制		十进制	八进制	十六进制
（space）	32	40	20	8	56	70	38	P	80	120	50	h	104	150	68
!	33	41	21	9	57	71	39	Q	81	121	51	i	105	151	69
"	34	42	22	:	58	72	3a	R	82	122	52	j	106	152	6a
#	35	43	23	;	59	73	3b	S	83	123	53	k	107	153	6b
$	36	44	24	<	60	74	3c	T	84	124	54	l	108	154	6c
%	37	45	25	=	61	75	3d	U	85	125	55	m	109	155	6d
&	38	46	26	>	62	76	3e	V	86	126	56	n	110	156	6e
'	39	47	27	?	63	77	3f	W	87	127	57	o	111	157	6f
(	40	50	28	@	64	100	40	X	88	130	58	p	112	160	70
)	41	51	29	A	65	101	41	Y	89	131	59	q	113	161	71
*	42	52	2a	B	66	102	42	Z	90	132	5a	r	114	162	72
+	43	53	2b	C	67	103	43	[	91	133	5b	s	115	163	73
,	44	54	2c	D	68	104	44	\	92	134	5c	t	116	164	74
—	45	55	2d	E	69	105	45	]	93	135	5d	u	117	165	75
。	46	56	2e	F	70	106	46	∧	94	136	5e	v	118	166	76
/	47	57	2f	G	71	107	47	—	95	137	5f	w	119	167	77
0	48	60	30	H	72	110	48	'	96	140	60	x	120	170	78
1	49	61	31	I	73	111	49	a	97	141	61	y	121	171	79
2	50	62	32	J	74	112	4a	b	98	142	62	z	122	172	7a
3	51	63	33	K	75	113	4b	c	99	143	63	{	123	173	7b
4	52	64	34	L	76	114	4c	d	100	144	64			124	174	7c
5	53	65	35	M	77	115	4d	e	101	145	65	}	125	175	7d
6	54	66	36	N	78	116	4e	f	102	146	66	~	126	176	7e
7	55	67	37	O	79	117	4f	g	103	147	67	△	127	177	7f

附录 **C** 运算符的优先级
和结合方向

运　算　符	优先级	结合方向	含　　义
（　） ［　］ . ―>	最高 1	自左至右	圆括号运算符 下标运算符 结构体成员运算符 指向结构体成员运算符
! ~ ++、-- + - * & （类型名） sizeof	2	自右至左	逻辑非运算符 按位取反运算符 自增1、自减1运算符 求正运算符 求负运算符 间接运算符 求地址运算符 强制类型转换运算符 求所占字节数运算符
*、/、%	3	自左至右	×、÷、求余运算符
+、-	4		+、-运算符
<<、>>	5		左移、右移运算符
<、<=、>、>=	6		<、≤、>、≥运算符
==、!=	7		=、≠运算符
&	8		按位与运算符
^	9		按位异或运算符
|	10		按位或运算符
&&	11		逻辑与运算符
||	12		逻辑或运算符
? :	13	自右至左	条件运算符
= +=、-=、*=、/=、%= &=、^=、|=、<<=、>>=	14		赋值运算符
,	最低 15	自左至右	逗号运算符

　说明：对于相同级别的运算符按它们的结合方向进行。

常用 C 库函数

附录 D

1. 数学函数（要求在源文件中包含的头文件名为 math. h）

函数名	函数原型说明	功　能	返回值	说　　明
abs	int abs(int x);	求 |x|	计算结果	$x \in [-32768, 32767]$
acos	double acos(double x);	求 arccos x	计算结果	$x \in [-1, 1]$
asin	double asin(double x);	求 arcsin x	计算结果	$x \in [-1, 1]$
atan	double atan(double x);	求 arctan x	计算结果	
cos	double cos(double x);	求 cos x	计算结果	x 的单位为弧度
exp	double exp(double x);	求 e^x	计算结果	
fabs	double fabs(double x);	求 |x|	计算结果	
log	double log(double x);	求 ln x	计算结果	x 为正数
log10	double log10(double x);	求 lg x	计算结果	x 为正数
pow	double pow(double x,double y);	求 x^y	计算结果	
sin	double sin(double x);	求 sin x	计算结果	x 的单位为弧度
sqrt	double sqrt(double x);	求 $\sqrt{x}$	计算结果	x 为非负数
tan	double tan(double x);	求 tan x	计算结果	x 的单位为弧度

2. 字符函数（要求在源文件中包含的头文件名为 ctype. h）

函数名	函数原型说明	功　　能	返　回　值
isalnum	int isalnum(int c);	判断 c 是否为字母或数字	是,返回非零值;否则,返回 0
isalpha	int isalpha(int c);	判断 c 是否为字母	是,返回非零值;否则,返回 0
iscntrl	int iscntrl(int c);	判断 c 是否为控制字符	是,返回非零值;否则,返回 0
isdigit	int isdigit(int c);	判断 c 是否为数字	是,返回非零值;否则,返回 0
islower	int islower(int c);	判断 c 是否为小写字母	是,返回非零值;否则,返回 0
isspace	int isspace(int c);	判断 c 是否为空格、制表符或换行符	是,返回非零值;否则,返回 0

函数名	函数原型说明	功　　能	返　回　值
isupper	int isupper(int c);	判断 c 是否为大写字母	是,返回非零值;否则,返回 0
isxdigit	int isxdigit(int c);	判断 c 是否为十六进制数字	是,返回非零值;否则,返回 0
tolower	int tolower(int c;	将 c 中的字母转换成小写字母	返回对应的小写字母
toupper	int toupper(int c);	将 c 中的字母转换成大写字母	返回对应的大写字母

3. 字符串函数（要求在源文件中包含的头文件名为 **string. h**）

函数名	函数原型说明	功　　能	返　回　值
strcat	char * strcat(char * s1,char * s2);	s2 所指字符串接到 s1 后面	s1 所指字符串首地址
strchr	char * strchr(char * s, int c);	在 s 所指字符串中,找出第一次出现字符 c 的位置	找到,返回该位置的地址;否则,返回 NULL
strcmp	char * strcmp(char * s1,char * s2);	对 s1 和 s2 所指字符串进行比较	s1＜s2,返回负数 s1＝＝s2,返回 0 s1＞s2,返回正数
strcpy	char * strcpy(char * s1,char * s2);	将 s2 所指字符串复制到 s1 指向的内存空间	s1 所指内存空间地址
strlen	unsigned strlen(char * s);	求 s 所指字符串的长度	返回有效字符个数
strstr	char * strstr(char * s1,char * s2);	在 s1 所指字符串中,找出 s2 所指字符串第一次出现的位置	找到,返回该位置的地址;否则,返回 NULL

4. 输入输出函数（要求在源文件中包含的头文件名为 **stdio. h**）

函数名	函数原型说明	功　　能	返　回　值
fclose	int fclose(FILE * fp);	关闭 fp 所指的文件,释放文件缓冲区	出错返回非零值;否则,返回 0
feof	int feof(FILE * fp);	判断文件是否结束	遇文件结束返回非零值;否则,返回 0
fgetc	int fgetc(FILE * fp);	从 fp 所指的文件中取得下一个字符	出错返回 EOF;否则,返回所读字符
fgets	char * fgets(char * b, int n, FILE * fp);	从 fp 所指的文件中读取一个长度为 n−1 的字符串,并存入 b 所指存储区	返回 b 所指存储区地址;若遇文件结束或出错返回 NULL
fopen	FILE * fopen(char * filename, char * mode);	以 mode 指定的方式打开名为 filename 的文件	成功,返回文件信息区的起始地址;否则,返回 NULL

函数名	函数原型说明	功　能	返　回　值
fprintf	int fprintf(FILE * fp, 　　char * format, args, …);	把 args,…的值以 format 指定的格式输出到 fp 所指定的文件中	返回实际输出的字符数
fputc	int fputc(char c, FILE * fp);	将 c 中字符输出到 fp 所指文件	成功返回该字符;否则,返回 EOF
fputs	int fputs(char * s, FILE * fp);	s 所指字符串输出到 fp 所指文件	成功返回非 0;否则,返回 0
fread	int fread (char * p, unsigned size, unsigned n, FILE * fp);	从 fp 所指文件读取长度为 size 的 n 个数据块存入 p 所指文件中	返回读取的数据块个数;若遇文件结束或出错返回 0
fscanf	int fscanf(FILE * fp, 　　char * format, args, …);	从 fp 所指定的文件中按 format 指定的格式把输入数据存入到 args,… 所指的内存中	已输入的数据个数;遇文件结束或出错返回 0
fseek	int fseek(FILE * fp, 　　long offer, int base);	移动 fp 所指文件的位置指针	成功返回当前位置;否则,返回－1
ftell	long ftell(FILE * fp);	求出 fp 所指文件当前的读写位置	读写位置
fwrite	int fwrite (char * p, unsigned size, unsigned n, FILE * fp);	把 p 所指向的 n * size 个字节输出到 fp 所指文件中	输出的数据块个数
getchar	int getchar(void);	从标准输入设备读取下一个字符	返回所读字符;若出错或文件结束返回－1
gets	char * gets(char * str);	从标准输入设备读取一个字符串,并存入 str 所指存储区	成功返回 str;否则,返回 NULL
printf	int printf(char * format, args, …);	把"args,…"的值以 format 指定的格式输出到标准输出设备	输出字符的个数
putchar	int putchar(char c);	把 c 输出到标准输出设备	返回输出的字符;若出错,返回 EOF
puts	int puts(char * s);	把 s 所指字符串输出到标准设备,将'\0' 转换成回车换行符	返回换行符;若出错,返回 EOF
rename	int rename(char * oldname, 　　char * newname);	把 oldname 所指文件名改为 newname 所指文件名	成功返回 0;出错返回－1
rewind	void rewind(FILE * fp);	将文件位置指针置于文件开头	无
scanf	int scanf (char * format, args, …);	从标准输入设备按 format 指定的格式把输入数据存入到"args,…"所指的内存中	返回已输入的数据个数;出错返回 0

5. 其他函数(以下函数要求在源文件中包含的头文件名为 **stdlib. h**)

函数名	函数原型说明	功　　能	返　回　值
malloc	void * malloc(unsigned s);	分配一个 s 个字节的存储空间	返回分配内存空间的地址;如不成功返回 0
calloc	void * calloc(unsigned n, unsigned s);	分配 n 个数据项的内存空间, 每数据项占 s 个字节	返回分配内存空间的地址;如不成功返回 0
realloc	void * relloc(void * p, unsigned s);	将 p 所指内存区的大小改为 s 个字节	新分配内存空间的地址; 如不成功返回 0
free	void free(void p);	释放 p 所指的内存区	无
rand	int rand (void);	产生 0~32 767 的随机整数	返回所产生的整数
srand	void srand(unsigned seed);	建立由 rand 产生的序列值的起始点	无
exit	void exit(int statua);	使程序立即正常终止	无

说明: 使用 srand 函数时,在源文件中还要包含头文件 time. h。

附录 **E** 关键字、运算符、库函数 索引

索 引 类 型	索 引 项	功能或含义	参考实例、实验或章节
关键字 按英文字母 顺序排序	break	提前结束本层循环	例 3.11
	case	与 switch 搭配使用	例 3.11
	char	定义字符型变量	例 1.12
	continue	提前结束本次循环	例 4.16
	default	与 switch 搭配使用	例 3.11
	do	实现循环结构	例 4.12
	double	定义双精度型变量	例 1.10
	else	与 if 搭配使用	例 3.8
	float	定义单精度型变量	例 1.10
	for	实现循环结构	例 4.1
	goto	无条件转换	例 4.26
	if	实现双分支结构	例 3.4、例 3.8
	int	定义整型变量	例 1.4
	long	定义长整型变量	1.4.2 节
	return	返回调用	例 7.9
	sizeof	求所占字节数运算符	例 8.12
	static	声明静态变量	例 7.17
	struct	声明结构体	8.1.1 节
	switch	实现多分支结构	例 3.11
	typedef	用户定义类型名	例 8.13
	union	声明共用体	例 8.14
	void	无返回值	7.2.1 节
	while	实现循环结构	例 4.9

索 引 类 型	索 引 项		功能或含义	参考实例、实验或章节
运算符 按优先级 从高到低排序	自左至右	( )	圆括号运算符	表 1.3
		[ ]	下标运算符	例 5.1
		.	结构体成员运算符	例 8.1
		->	指向结构体成员运算符	例 8.2
	自右至左	!	逻辑非运算符	例 3.2
		~	按位取反运算符	例 10.4
		++、--	自增、自减运算符	例 4.1
		*	间接运算符	例 6.1
		&	求地址运算符	例 6.1
		(类型名)	强制类型转换运算符	例 1.14
		sizeof	求所占字节数运算符	例 8.12
	自左至右	*、/、%	×、÷、求余运算符	表 1.3
		+、-	+、-运算符	表 1.3
		<<、>>	左移、右移运算符	例 10.1
		<、<=、>、>=	<、≤、>、≥运算符	例 3.1
		==、!=	=、≠运算符	例 3.1、表 3.1
		&	按位与运算符	例 10.2
		^	按位异或运算符	例 10.2
		|	按位或运算符	例 10.2
		&&	逻辑与运算符	例 3.2
		||	逻辑或运算符	例 3.2
	自右至左	? :	条件运算符	例 3.17
		=、+=、-+、 *=、/+、%=	赋值运算符	1.5.2 节、1.7.1 节
	自左至右	,	逗号运算符	例 1.15
库函数 按头文件分类	math. h	fabs	求绝对值	例 4.11
		pow	求 x^y	例 7.1
		sqrt	求平方根	1.5.1 节
	string. h	strcat	连接两个字符串	例 5.17
		strcmp	比较两个字符串	例 5.18
		strcpy	字符串复制	例 5.16
		strlen	求字符串长度	例 5.15

索 引 类 型	索 引 项		功能或含义	参考实例、实验或章节
库函数 按头文件分类	stdio. h	fclose	关闭文件	例 9.1
		feof	判断文件是否结束	例 9.4
		fgetc	从文件读入字符	例 9.9
		fgets	从文件读入字符串	例 9.11
		fopen	打开文件	例 9.1
		fprintf	按格式向文件写数据	例 9.1
		fputc	将字符输出到文件中	例 9.8
		fputs	将字符串输出到文件中	例 9.10
		fread	从二进制文件读出数据	例 9.13
		fscanf	按格式从文件读数据	例 9.2
		fseek	文件指针定位	例 9.14
		ftell	求出当前的读写位置	例 9.14
		fwrite	向二进制文件写入数据	例 9.12
		getchar	输入字符(需按回车)	例 2.6
		gets	输入字符串	例 5.14
		printf	按指定的格式输出数据	例 1.2
		putchar	输出字符	例 2.6
		puts	输出字符串	例 5.14
		rewind	文件位置定于文件开头	例 9.14
		scanf	按指定的格式输入数据	例 2.2
	stdlib. h	malloc	分配一个存储空间	例 8.12
		free	释放某内存区	例 8.12
		rand	产生随机整数	训练 5.2
		srand	建立随机序列的起始点	训练 5.2
		system	清屏	4.6 节
	conio. h	getch、getche	输入字符(不需按回车)	例 2.11

单号习题参考答案

第1章　C语言基础知识

基础部分

1. 【1】test. exe　　　　　　　【2】编译和连接

3. 【1】②　④　⑤　⑧　⑩　【2】①　③　⑥　⑦　⑨

5. 11,11. 500000

7. c1＝Z－－－90,c2＝a－－－97

9. a/(b+c)

11. 显示一个错误信息：expected '(' to follow 'main',说明缺少括号。

13.

```
#include <stdio.h>
int main(void)
{   printf("  %c\n",'@');
    printf("%c%c%c%c%c\n",'@','@','$','@','@');
    printf("  %c\n",'@');
    return 0;
}
```

15.

```
#include <stdio.h>
int main(void)
{   printf("My telephone number:61234567\n");
    printf("My birthday:1994.10.5\n");
    return 0;
}
```

提高部分

17. a＝15,b＝20

19. 2147483647

21.

```
#include <stdio.h>
```

```
int main(void)
{   printf("    %c\n",'\1');
    printf("%c%c%c%c%c\n",'\1','\1','\3','\1','\1');
    printf("    %c\n",'\1');
    return 0;
}
```

第 2 章　顺序结构程序设计

基础部分

1.

```
#include <stdio.h>
#include <math.h>
int main(void)
{   printf("%lf\n",(sin(30 * 3.14159/180)+sqrt(12.56)));
    return 0;
}
```

3.

```
#include <stdio.h>
int main(void)
{   char a='\0',b='\0';
    int sum=0;
    printf("Input a,b:\n");
    scanf("%c%c",&a,&b);
    sum=(a-'0')+(b-'0');
    printf("%c+%c=%d\n",a,b,sum);
    return 0;
}
```

提高部分

5. |␣123.46|,123␣␣␣␣

7.

```
#include <stdio.h>
#include <conio.h>
int main(void)
{   printf("    %c\n",'@');
    printf("%c%c%c%c%c\n",'@','@','$ ','@','@');
    printf("    %c\n",'@');
    getch();
    printf("    %c\n",'\1');
    printf("%c%c%c%c%c\n",'\1','\1','\3','\1','\1');
    printf("    %c\n",'\1');
```

```
        getch();
        printf("interesting\n");
        return 0;
    }
```

第 3 章   分支结构程序设计

基础部分

1. 2,1

3. BBB

5.

```
#include <stdio.h>
int main(void)
{   double x=0,y=0;
    printf("Input data:\n");
    scanf("%lf",&x);
    if(x<=0)   y=x+10;
    else if(x<=1) y=0;
    else y=x-10;
    printf("x=%lf,y=%lf\n",x,y);
    return 0;
}
```

提高部分

7. Ok

9. n＝2

第 4 章   循环结构程序设计

基础部分

1.

```
#include <stdio.h>
int main(void)
{   int a=0,n=0;
    printf("Input:");   scanf("%d",&a);
    if(a==0)  printf("1 位数");
    else
    {   while(a%10!=0)
        {   n++;
            a=a/10;
        }
        printf("%d 位数",n);
    }
```

```
        printf("\n");
        return 0;
}
```

3. ABABABABC

5. 9

7.

```
#include <stdio.h>
int main(void)
{   int i=0,j=0;
    for(i=2; i<100; i++)
    {   j=i*i;
        if(i==j%10 || i==j%100)   printf("%d   ",i);
    }
    return 0;
}
```

9.

```
#include <stdio.h>
#include <math.h>
int main(void)
{   int sign=1,i=0;   double next=1.0,pi,sum=0.0;
    for(i=3; fabs(next)>=1e-4; i=i+2)
    {   sum=sum+next;
        sign=-sign;
        next=(double)sign/i;
    }
    pi=sum*4;
    printf("pi=%lf\n",pi);
    return 0;
}
```

11. 0、10000、−5、10002、123

13.

```
#include <stdio.h>
int main(void)
{   int n=0,s=0;
    do
    {   n++;
        s=s+n;
    } while(s<1000);
    printf("最大 n 为:%d,其和值为:%d\n",n-1,s-n);
    return 0;
}
```

```
}
```

15. 本题使用穷举法。

```c
#include <stdio.h>
int main(void)
{   int g=0,m=0,x=0,n=0;
    for(g=1; g<=19; g++) //公鸡g最多买19只((100元-3元-0.3元)/5元=19.34只)
        for(m=1; m<=31; m++) //母鸡m最多买31只((100元-5元-0.3元)/3元=31.56只)
        {   x=100-g-m;
            if(x>=1 && 15*g+9*m+x==300)
            {   n++;
                printf("第%d种方案:公鸡%d,母鸡%d,小鸡%d.\n",n,g,m,x);
            }
        }
    return 0;
}
```

17.

```c
#include <stdio.h>
int main(void)
{   int i=0,j=0,n=0;
    printf("请输入行数: ");
    scanf("%d",&n);
    for(i=1; i<=n; i++)
    {   for(j=1; j<=i; j++)
            printf("%c ",'\1');
        printf("\n");
    }
    return 0;
}
```

19.

```c
#include <stdio.h>
#include <math.h>
int main(void)
{   double a=0,x0=0,x1=0;
    printf("请输入a的值(a>0): ");
    scanf("%lf",&a);
    if(a<=0) printf("输入数据错误!\n");
    else
    {   x0=a/2;
        x1=(x0+a/x0)/2;
        do
        {   x0=x1;
```

```
            x1=(x0+a/x0)/2;
        } while(fabs(x0-x1)>1e-5);
        printf("%lf 的平方根为%lf\n",a,x1);
    }
    return 0;
}
```

提高部分

21. 错

23.

```
#include <stdio.h>
int main(void)
{   int i=0,j=0,n=0;
    for(i=2000;i<=2500;i++)
    {   j=0;
        if((i%4==0 && i%100!=0)||(i%400==0))  j=1;
        if(j)
        {   printf("%d  ",i);
            n++;
            if(n%10==0)  printf("\n");
        }
    }
    printf("\n");
    return 0;
}
```

第 5 章　数　　组

基础部分

1.【1】7　【2】8

3. 0

5.

```
#include <stdio.h>
int main(void)
{   int a[10]={1,2,3,4,5,6,7,8,9,10},i=0,t1=0,t2=0;
    printf("\n 移动前:");
    for(i=0; i<10; i++)   printf("%4d",a[i]);
    t1=a[8]; t2=a[9];
    for(i=9; i>=2; i--) a[i]=a[i-2];
    a[0]=t1;   a[1]=t2;
    printf("\n 移动后:");
    for(i=0; i<10; i++)   printf("%4d",a[i]);
    printf("\n");
```

```
    return 0;
}
```

7.

```
#include <stdio.h>
int main(void)
{   int a[10]={0},b[10]={0},i=0,n=0;
    printf("请输入十个整数：\n");
    for(i=0; i<10; i++)
    {   scanf("%d",&a[i]);
        if(a[i]%2==0) { b[n]=a[i]; n++; }
    }
    printf("a 数组中的元素为 :\n");
    for(i=0; i<10; i++)   printf("%4d",a[i]);
    printf("\n");
    printf("b 数组中的元素为 :\n");
    for(i=0; i<n; i++)   printf("%4d",b[i]);
    printf("\n");
    return 0;
}
```

9.

```
#include <stdio.h>
int main(void)
{   int a[20]={0},x=0,i=0,j=0;
    printf("请输入一个正整数:"); scanf("%d",&x);
    printf("十进制正整数%d 转换成二进制数为：",x);
    while(x)
    {   a[i]=x%2; x=x/2; i++;   }
        for(j=i-1; j>=0; j--)   printf("%d ",a[j]);
    printf("\n");
    return 0;
}
```

11.

```
#include <stdio.h>
#include <time.h>
#include <stdlib.h>
#define M 5
#define N 6
int main(void)
{   int a[M][N]={0},b[M]={0},i=0,j=0;
    srand(time(0));
    for(i=0; i<N; i++)
```

```
        for(j=0; j<N; j++)  a[i][j]=rand()%21;
     printf("二维数组 a 中的元素为:\n");
     for(i=0; i<M; i++)
     {   for(j=0; j<N; j++)  printf("%5d",a[i][j]);
         printf("\n");
     }
     printf("\n");
     printf("一维数组 b 中的元素为:\n");
     for(i=0; i<M; i++)
     {   b[i]=a[i][0];
         for(j=1; j<N; j++)
             if(b[i]<a[i][j])  b[i]=a[i][j];
         printf("%5d",b[i]);
     }
     return 0;
}
```

提高部分

13.

```
#include <stdio.h>
#include <time.h>
#include <stdlib.h>
#define N 3
int main(void)
{   int i=0,j=0,k=0,a[N][N]={0},b[N][N]={0},c[N][N]={0};
    srand(time(0));
    for(i=0; i<N; i++)
        for(j=0; j<N; j++)
        {   a[i][j]=rand()%9+1;   b[i][j]=rand()%9+1;   }
    for(i=0; i<N; i++)
        for(j=0; j<N; j++)
            for(k=0; k<N; k++)
                c[i][j]+=a[i][k] * b[k][j];
    for(i=0; i<N; i++)
    {   for(j=0; j<N; j++)   printf("%5d",a[i][j]);
        printf("\n");
    }
    printf("\n");
    for(i=0; i<N; i++)
    {   for(j=0; j<N; j++)   printf("%5d",b[i][j]);
        printf("\n");
    }
    printf("\n");
    for(i=0; i<N; i++)
```

```
    {  for(j=0; j<N; j++)  printf("%5d",c[i][j]);
        printf("\n");
    }
    printf("\n");
    return 0;
}
```

15.

```
#include <stdio.h>
#define N 5
int main(void)
{   int i=0,j=0,a[N][N]={0};
    for(i=0; i<N; i++)
        for(j=0; j<N; j++)
        {   if(i==j)  a[i][j]=j+1;
            if(i+j==N-1)
                if(j>N/2) a[i][j]=N+i+1;
                else if(i!=j) a[i][j]=N+i;
        }
    for(i=0; i<N; i++)
    {   for(j=0; j<N; j++)
            if(i==j || i+j==N-1)  printf("%3d",a[i][j]);
            else  printf("   ");
        printf("\n");
    }
    return 0;
}
```

第6章 指 针

基础部分

1. m,k

3. t=*p；*p=*(p+strlen(p)−1)；*(p+strlen(p)−1)=t；

或 t=*p；*p=*(p+7)；*(p+7)=t；

5. abABC,g

7.

```
#include <stdio.h>
int main(void)
{   int a=0,b=0,c=0,t=0,*p=NULL,*q=NULL,*w=NULL;
    p=&a,q=&b,w=&c;
    printf("Input a,b,c:\n");
    scanf("%d%d%d",p,q,w);
```

```
printf("Before:a=%d,b=%d,c=%d\n", * p, * q, * w);
if( * p< * q)
{   t= * p;   * p= * q;   * q=t;   }
if( * q< * w)
{   t= * q;   * q= * w;   * w=t;   }
if( * p< * q)
{   t= * p;   * p= * q;   * q=t;   }
printf("After:a=%d,b=%d,c=%d\n", * p, * q, * w);
return 0;
}
```

9.

```
#include <stdio.h>
#include <string.h>
int main(void)
{   char a[30]="", * p=NULL, * q=NULL,n=0;
    printf("请输入字符串:");   gets(a);
    printf("输入的字符串为:");   puts(a);
    n=strlen(a);
    q=a;
    for(p=a+1; p-a<n; p++)
        if( * q< * p)   q=p;
    printf("字符串中最大的字符为%c\n", * q);
    return 0;
}
```

提高部分

11. 错

第 7 章   函   数

基础部分

1. a=1,b=2

3.

```
int myinsert(int * a,int n,int k)
{   int i=0,j=0;
    while(a[j]>k&&j<n)   j++;
    for(i=n; i>=j+1; i--)   a[i]=a[i-1];
    a[j]=k;
    n++;
    return n;
}
```

5.

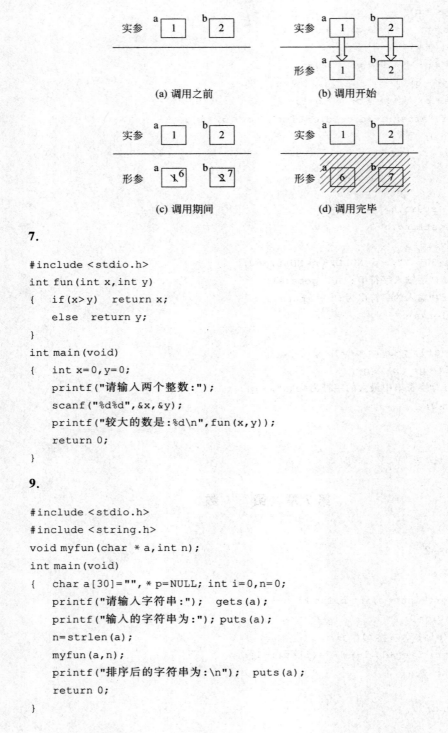

(a) 调用之前   (b) 调用开始

(c) 调用期间   (d) 调用完毕

7.

```c
#include <stdio.h>
int fun(int x,int y)
{   if(x>y)  return x;
    else  return y;
}
int main(void)
{   int x=0,y=0;
    printf("请输入两个整数:");
    scanf("%d%d",&x,&y);
    printf("较大的数是:%d\n",fun(x,y));
    return 0;
}
```

9.

```c
#include <stdio.h>
#include <string.h>
void myfun(char * a,int n);
int main(void)
{   char a[30]="", * p=NULL; int i=0,n=0;
    printf("请输入字符串:");  gets(a);
    printf("输入的字符为:"); puts(a);
    n=strlen(a);
    myfun(a,n);
    printf("排序后的字符串为:\n");  puts(a);
    return 0;
}

void myfun(char * a,int n)
```

```
{   int i=0,j=0,k=0,t=0;
    for(i=0; i<n-1; i++)
    {   k=i;
        for(j=i+1; j<n; j++)
            if(a[j]<a[k])    k=j;
        t=a[i];  a[i]=a[k];    a[k]=t;
    }
}
```

11.

```
#include<stdio.h>
void myfun(char * p);
int main(void)
{   char a[50]="";
    printf("Input data:");   gets(a);
    myfun(a);
    printf("after:");   puts(a);
    return 0;
}

void myfun(char * p)
{   char * q=p,t='\0';
    while(* q!='\0')   q++;
    q--;
    while(p<q)
    {   t=* p;  * p=* q;  * q=t;
        p++; q--;
    }
}
```

13.

```
#include<stdio.h>
#define N 6
void myfun(int a[N][N]);
void myout(int a[N][N]);
int main(void)
{   int a[N][N]={0};

    myfun(a);
    myout(a);
    return 0;
}
void myfun(int a[N][N])
{   int i=0,j=0;
```

```
    for(i=0; i<N; i++)
    {   a[i][0]=1;   a[i][i]=1;   }
    for(i=2; i<N; i++)
        for(j=1; j<i; j++)
            a[i][j]=a[i-1][j-1]+a[i-1][j];
}
void myout(int a[N][N])
{   int i=0,j=0;
    for(i=0; i<N; i++)
    {   for(j=0; j<=i; j++)  printf("%5d",a[i][j]);
        printf("\n");
    }
}
```

提高部分

15. 错

17.

```
#include <stdio.h>
long int myf(int n);
int main(void)
{   int n=0;   long int x=0;
    printf("Input data:");   scanf("%d",&n);
    if(n<=0)  printf("Wrong!\n");
    else  {   x=myf(n);   printf("1 * 1+2 * 2+…+%d * %d=%ld\n",n,n,x);   }
    return 0;
}
long int myf(int n)
{   long int x=0;
    if(n==1)   x=1;
    else   x=n * n+myf(n-1);
    return x;
}
```

19.

```
#include <stdio.h>
void myfun(int a,int n,long * p);
int main(void)
{   int n=0,a=0; long s=0;
    printf("输入 a 和 n 的值: "); scanf("%d%d",&a,&n);
    myfun(a,n,&s);
    printf("%d+%d%d+%d%d%d+...=%ld\n",a,a,a,a,a,a,s);
    return 0;
}
void myfun(int a,int n,long * p)
```

```
{   int i=0; long t=0;
    for(i=1, * p=0,t=0; i<=n; i++)
    {   t=t * 10+a;
        * p= * p+t;
    }
}
```

第 8 章　结构体和其他构造类型

基础部分

1. 【1】 struct ss x；　　【2】 18

3. 【1】 struct abc{ int a[5]；　int b; };

　　【2】 struct abc x；　int y；

　　【3】 x. a[2]＝8；　y＝2；

　　【4】 if(x. a[2]＞y)　printf("％d",x. a[2])；

　　　　else　printf("％d",y)；

5.

```
#include <stdio.h>
#define N 5
struct student
{   char name[10];
    int num;
    char tel[15];
    char bir[10];
};
int main(void)
{   struct student a[N]={0},t=0;
    int i=0,j=0,k=0;
    printf("输入五名学生的姓名、学号、电话号码和生日:\n");
    for(i=0; i<N; i++)
    scanf("%s%d%s%s",a[i].name,&a[i].num,a[i].tel,a[i].bir);
    for(i=0; i<N-1; i++)
    {   k=i;
        for(j=i+1; j<N; j++)
            if(a[k].num>a[j].num)    k=j;
        t=a[k]; a[k]=a[i]; a[i]=t;
    }
    printf("按学号从小到大排序后的结果是:\n");
    for(i=0; i<N; i++)
        printf("%-10s%-10d%-15s%-10s\n",
            a[i].name,a[i].num,a[i].tel,a[i].bir);
    return 0;
}
```

提高部分

7. 错

9. 错

11. (＊p).next＝(＊q).next; free(q); 或 p－＞next＝q－＞next; free(q);

13.

```
#include <stdio.h>
#include <stdlib.h>
typedef struct lst
{   int num; struct lst * next;    } LST;
LST * mycreat()
{   int m=0;
    LST * head=NULL, * p=NULL, * q=NULL;
    head= (LST * )malloc(sizeof (LST));
    q=head;
    printf("建立链表,请输入数值,以-1结束: \n");
    printf("Input m:");   scanf("%d",&m);
    while(m!=-1)
    {   p= (LST * )malloc(sizeof(LST));
        q->next=p;   p->num=m;   q=p;
        printf("Input m:");   scanf("%d",&m);
    }
    q->next=NULL;
    return  head;
}
void myprint(LST * head)
{   LST * p=NULL;   int n=0;

    p=head->next;
    if(p==NULL) printf("链表为空表!\n");
    else
        do
        {   n++;
            if(n==5)
            {   printf("第五个结点数据域中的值为:%d\n",p->num);
                break;
            }
            p=p->next;
        } while(p!=NULL);
    if(n>0 && n<5)   printf("链表中无第五个结点\n");
}
int main(void)
{   LST * head=NULL;
    head=mycreat();
```

```
    myprint(head);
    return 0;
}
```

15.

```
LST * s=NULL;
s=p->next;
do
{   if(s==NULL)
    {   printf("\n 尾结点数据域中的值为:%c\n",p->data);
        break;
    }
    s=s->next;
    p=p->next;
} while(1);
```

第 9 章　文　　件

基础部分

1. 【1】FILE * fp;　　　　　　　　　　【2】fp＝open("A:\\file1.txt","w");
   【3】fprintf("fp",%s,"aBcDe");　　【4】fclose(fp);

3.

```
#include <stdio.h>
#include <stdlib.h>
int main(void)
{   FILE * fp=NULL;   double a=0;   int i=0;
    fp=fopen("d:\\f1.txt","w");
    if(fp==NULL)  {   printf("Can't open file!\n");   exit(0);   }
    printf("\n****** 输入 5 个月生活费,建立 d:\\f1.txt 文件*******\n");
    for(i=1; i<=5; i++)
    {   scanf("%f",&a);
        fprintf(fp,"%10.2f",a);
    }
    fclose(fp);
    printf("\n******读 d:\\f1.txt 文件中 5 个月的生活费 *******\n");
    fp=fopen("d:\\f1.txt","r");
    if(fp==NULL)  {   printf("Can't open file!\n");   exit(0);   }
    while(feof(fp)==0)
    {   fscanf(fp,"%f",&a);
        printf("%10.2f",a);
    }
    printf("\n");
    fclose(fp);
```

```
        return 0;
    }
```

5.

```
#include <stdio.h>
#include <stdlib.h>
struct aaa
{   char name[10];
    int s;
};
int main(void)
{   struct aaa hom={0};   FILE * fp=NULL;
    printf("\n******输入姓名和年龄,建立 d:\\home1.txt 文件****** \n");
    fp=fopen("d:\\home1.txt","w");
    if(fp==NULL)   {   printf("Can't open file!\n");   exit(0);   }
    printf("Input:\n");
    scanf("%s%d",hom.name,&hom.s);
    while(hom.s!=-1)
    {   fprintf(fp,"%10s%4d\n",hom.name,hom.s);
        scanf("%s%d",hom.name,&hom.s);
    }
    fclose(fp);
    printf("\n******读 d:\\home1.txt 文件****** \n");
    fp=fopen("d:\\home1.txt ","r");
    if(fp==NULL)   {   printf("Can't open file!\n");   exit(0);   }
    while(feof(fp)==0)
    {   fscanf(fp,"%s%d\n",hom.name,&hom.s);
        printf("%10s%4d\n",hom.name,hom.s);
    }
    fclose(fp);
    return 0;
}
```

提高部分

7.

```
#include <stdio.h>
#include <stdlib.h>
#define NUM 5
struct aaa
{   char name[20];
    char a[20];
};
int main(void)
{   struct aaa f={0};   int k=0;   FILE * fp=NULL;
```

```
printf("\n****** 写文件 ***************\n");
fp=fopen("d:\\home2.dat","wb");
if(fp==NULL)   {  printf("Can't open!\n");  exit(0);  }
while(k<NUM)
{    scanf("%s%s",f.name,f.a);
     fwrite(&f,sizeof(struct aaa),1,fp);
     k++;
}
fclose(fp);
printf("\n 以下为 d:\\home2.dat 文件中的记录：\n");
fp=fopen("d:\\home2.dat ","rb");
if(fp==NULL)    {  printf("Can't open!\n");  exit(0);  }
for(k=0; k<NUM; k++)
{  fread(&f, sizeof(struct aaa),1,fp);
     printf("%s  %s\n",f.name,f.a);
}
fclose(fp);
return 0;
}
```

9.

```
#include <stdio.h>
#include <stdlib.h>
int main(void)
{  FILE * fp=NULL;   char a[80]="";
   fp=fopen("d:\\wen1.txt","r");
   if(fp==NULL)   {  printf("Can't open!\n");  exit(0);  }
   fgets(a,80,fp);          /* 从 fp 所指文件中读一个字符串到 a 数组中 */
   printf("%s",a);
   fclose(fp);
   return 0;
}
```

第 10 章　位　运　算

基础部分

1. 15

提高部分

3.【1】1000000000010001　【2】1111111111101110　【3】1111111111101111

电子通讯录管理系统

附录 G

题目要求：实现电子通讯录的基本功能，并将通讯录保存至文件。基本功能包含：创建通讯录、显示记录、按学号或者姓名查询记录、修改记录、添加记录、按学号或姓名删除记录、按学号或者姓名排序通讯录。以下是主菜单选择界面，在主菜单选择界面下方输入要实现都的功能选项。任何功能完成后，均回到主菜单界面，选择 0 退出该系统。

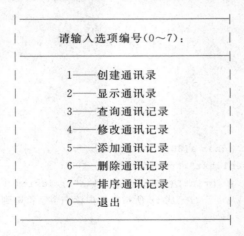

设计及实现步骤：

1. 根据题目要求画功能模块图

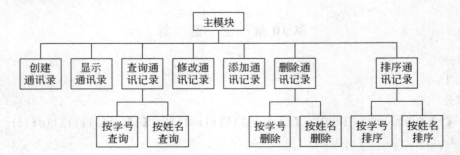

2. 根据具体功能画流程图(这里是主菜单选项流程图,其他功能的流程图请自行设计)

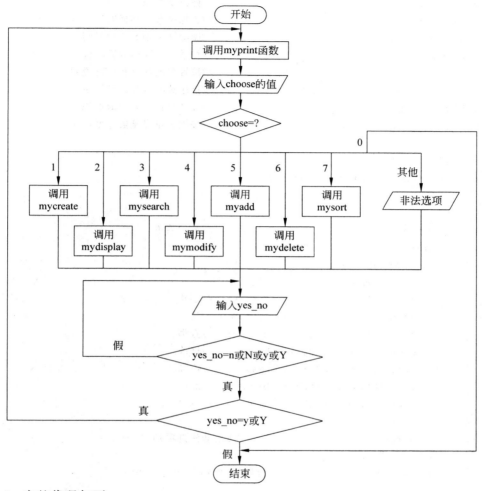

3. 完整代码如下:

```
#include <stdio.h>
#include <string.h>
#include <conio.h>
#include <stdlib.h>
#define N 100

struct student
{   char num[10];   char name[10];   char tel[10];   };
void myprint();                          //菜单函数原型说明
void mycreate();                         //创建函数原型说明
void mydisplay();                        //显示函数原型说明
void mysearch();                         //查询选项函数原型说明
void sch_num();                          //按学号查询函数原型说明
```

```
void sch_name();                        //按姓名查询函数原型说明
void mymodify();                        //修改函数原型说明
void myadd();                           //添加函数原型说明
void mydelete();                        //删除选项函数原型说明
void del_num();                         //按学号删除函数原型说明
void del_name();                        //按姓名删除函数原型说明
void mysort();                          //排序选项函数原型说明
void sort_num();                        //按学号排序函数原型说明
void sort_name();                       //按姓名排序函数原型说明

int main(void)
{   char choose='\0',yes_no='\0';

    do
    {   myprint();                      //显示菜单
        printf("             ");
        choose=getch();
        switch(choose)
        {   case '1': mycreate();   break;   //创建
            case '2': mydisplay();  break;   //显示
            case '3': mysearch();   break;   //查询
            case '4': mymodify();   break;   //修改
            case '5': myadd();      break;   //添加
            case '6': mydelete();   break;   //删除
            case '7': mysort();     break;   //排序
            case '0': exit(0);
            default : printf("\n         %c 为非法选项!\n",choose);
        }
        printf("\n              要继续选择吗(Y/N)? \n");
        do
        {   yes_no=getche();
        }while(yes_no!='Y' && yes_no!='y' && yes_no!='N' && yes_no!='n');
    }while(yes_no=='Y' || yes_no=='y');
    return 0;

}

void myprint()                          //显示菜单界面
{   system("cls");
    printf("    |---------------------------------|\n");
    printf("    |       请输人选项编号(0-7):       |\n");
    printf("    |---------------------------------|\n");
    printf("    |          1--创建通讯录           |\n");
    printf("    |          2--显示通讯录           |\n");
    printf("    |          3--查询通讯记录          |\n");
```

```c
        printf("        |              4--修改通讯记录                    |\n");
        printf("        |              5--添加通讯记录                    |\n");
        printf("        |              6--删除通讯记录                    |\n");
        printf("        |              7--排序通讯记录                    |\n");
        printf("        |              0--退 出                           |\n");
        printf("        |----------------------------|\n");
}


void mycreate()                      //创建
{   int i=1;
    struct student temp={0};
    FILE * fp=NULL;

    fp=fopen("D:\JiLu.dat","w");
    if(fp==NULL)
    {   printf("\n      打开文件失败!\n");   exit(0);    }

    system("cls");
    printf("\n        请输入第 1 个记录:\n");
    printf("        学号(用#结束输入):");
    do
    {   gets(temp.num);
    }while(strcmp(temp.num,"")==0);
    printf("        姓名(用#结束输入):");
    gets(temp.name);
    printf("        电话号码(用#结束输入):");
    gets(temp.tel);
    while(temp.num[0]!='#' && temp.name[0]!='#' && temp.tel[0]!='#')
    {   fprintf(fp,"%23s%15s%15s\n",temp.num,temp.name,temp.tel);
        i++;
        printf("\n        请输入第%d 个记录:\n",i);
        printf("        学号(用#结束输入):");
        do
        { gets(temp.num);
        } while(strcmp(temp.num,"")==0);
        printf("        姓名(用#结束输入):");
        gets(temp.name);
        printf("        电话号码(用#结束输入):");
        gets(temp.tel);
    }
    fclose(fp);
}


void mydisplay()                     //显示
```

```
{   int n=0;
    struct student temp={0};
    FILE * fp=NULL;

    fp=fopen("D:\JiLu.dat","r");
    if(fp==NULL) {   printf("\n        打开文件失败!\n"); exit(0); }
    system("cls");
    printf("                学号              姓名        电话号码\n");
    while(feof(fp)==0)
    {   fscanf(fp,"%23s%15s%15s\n",temp.num,temp.name,temp.tel);
        printf("%23s%15s%15s\n",temp.num,temp.name,temp.tel);
        n++;
    }
    if(n==0)
        printf("\n        文件中无记录!\n");
    else
        printf("\n        文件中共有%d个记录!\n",n);
    fclose(fp);
}


void mysearch()                                 //查询
{   char c='\0';

    printf("\n          按学号查询(h),还是按姓名查询(m)?");   c=getche();
    if(c=='h' || c=='H')  sch_num();              //按学号查询
    else if(c=='m' || c=='M') sch_name();         //按姓名查询
    else   printf("\n              非法字符!\n");
}


void sch_num()                                  //按学号查询
{   int flag=0,n=0; char tempnum[10]="";
    struct student temp={0};
    FILE * fp=NULL;

    fp=fopen("D:\JiLu.dat","r");
    if(fp==NULL)  { printf("\n            打开文件失败!\n");  exit(0); }
    printf("\n            请输入要查询记录的学号:");  gets(tempnum);
    while(feof(fp)==0)
    {   fscanf(fp,"%23s%15s%15s\n",&temp.num,&temp.name,&temp.tel);
        if(strcmp(tempnum,temp.num)==0)
        {   if(flag==0)
                printf("              学号            姓名      电话号码\n");
            printf("%23s%15s%15s\n",temp.num,temp.name,temp.tel);
            flag=1;
```

```
        }
        n++;
    }
    if(n==0)  printf("\n                    文件中无记录!\n");
    else if(flag==0)  printf("\n                        文件中无此人!\n");
    fclose(fp);
}


void sch_name()                                    //按姓名查询
{   int flag=0,n=0;   char tempname[10]="";
    struct student temp={0};
    FILE * fp=NULL;

    fp=fopen("D:\JiLu.dat","r");
    if(fp==NULL)  { printf("\n            打开文件失败!\n");   exit(0); }
    printf("\n        请输入要查询记录的姓名:");   gets(tempname);
    while(feof(fp)==0)
    {   fscanf(fp,"%23s%15s%15s\n",&temp.num,&temp.name,&temp.tel);
        if(strcmp(tempname,temp.name)==0)
        {   if(flag==0)
                printf("            学号            姓名        电话号码\n");
            printf("%23s%15s%15s\n",temp.num,temp.name,temp.tel);
            flag=1;
        }
        n++;
    }
    if(n==0)  printf("\n                    文件中无记录!\n");
    else if(flag==0)  printf("\n                        文件中无此人!\n");
    fclose(fp);
}


void mymodify()                                        //修改
{   char c='\0';   int n=0;
    struct student * find=NULL,temp={0},record[N]={0},* p=NULL;
    FILE * fp=NULL;

    fp=fopen("D:\JiLu.dat","r");
    if(fp==NULL) { printf("\n                打开文件失败!\n"); exit(0); }

    p=record;
    while(feof(fp)==0)
    {   fscanf(fp,"%23s%15s%15s\n",p->num,p->name,p->tel);
        p++;
        n++;
```

```c
    }
    fclose(fp);

    if(n==0)  {  printf("\n          文件中无记录!\n");  return;  }
    printf("\n          请输入要修改记录的学号:");  gets(temp.num);
    for(p=record; p<record+n; p++)
        if(strcmp(temp.num,p->num)==0)
        {  find=p;  break;  }                        //find 记住修改记录的位置
    if(p==record+n)  {  printf("\n          无此人!\n");  return;  }
    do
    {  printf("\n          请输入正确的学号:");
        do
        {  gets(temp.num);
        }while(strcmp(temp.num,"")==0);
        printf("          请输入正确的姓名:");  gets(temp.name);
        printf("          请输入正确的电话号码:");  gets(temp.tel);
        for(p=record; p<record+n; p++)
            if((strcmp(temp.num,p->num)==0) && (p!=find))
            {  printf("\n          学号重复,要重新输入吗(Y/N)?");
                do
                { c=getche();
                }while(c!='Y' && c!='y' && c!='N' && c!='n');
                putchar('\n');
                break;
            }
        if(p==record+n)
        {  * find=temp;                              //find 指向需修改记录的位置
            break;
        }
    }while(c=='y' || c=='Y');

    fp=fopen("D:\JiLu.dat","w");
    if(fp==NULL) { printf("\n          打开文件失败!\n"); exit(0); }

    for(p=record; p<record+n; p++)
        fprintf(fp,"%23s%15s%15s\n",p->num,p->name,p->tel);
    fclose(fp);
}


void myadd()                                        //添加
{  char c='\0';  int n=0;
    struct student temp={0},record[N]={0}, * p=NULL;
    FILE * fp=NULL;
```

```c
        fp=fopen("D:\JiLu.dat","r");
        if(fp==NULL) { printf("\n                打开文件失败!\n"); exit(0); }

        p=record;
        while(feof(fp)==0)
        {   fscanf(fp,"%23s%15s%15s\n",p->num,p->name,p->tel);
            p++;
            n++;
        }
        fclose(fp);

        do
        {   printf("\n                请输入新记录的学号:");
            do
            {   gets(temp.num);
            }while(strcmp(temp.num,"")==0);
            printf("             请输入新记录的姓名:");   gets(temp.name);
            printf("             请输入新记录的电话号码:");  gets(temp.tel);
            for(p=record; p<record+n; p++)
                if(strcmp(temp.num,p->num)==0)
                {   printf("\n                学号重复,要重新输入吗(Y/N)?");
                    do
                    {   c=getche();
                    }while(c!='Y' && c!='y' && c!='N' && c!='n');
                    putchar('\n');
                    break;
                }
            if(p==record+n)    { *p=temp;  break;  }
        }while(c=='y'||c=='Y');

        fp=fopen("D:\JiLu.dat","w");
        if(fp==NULL) { printf("\n                打开文件失败!\n"); exit(0); }

        for(p=record; p<record+n+1; p++)
            fprintf(fp,"%23s%15s%15s\n",p->num,p->name,p->tel);
        fclose(fp);
}

void mydelete()                                //删除
{   char c='\0';

    printf("\n          按学号删除(h),还是按姓名删除(m)?");   c=getche();
    if(c=='h' || c=='H')   del_num();             //按学号删除
    else if(c=='m' || c=='M')   del_name();       //按姓名删除
```

```
        else  printf("\n                非法字符!\n");
}


void del_num()                                  //按学号删除
{   char tempnum[10]="";  int n=0;
    struct student record[N]={0}, * p=NULL, * k=NULL;
    FILE * fp=NULL;

    fp=fopen("D:\JiLu.dat","r");
      if(fp==NULL) { printf("\n        打开文件失败!\n"); exit(0); }

    p=record;
    while(feof(fp)==0)
    {   fscanf(fp,"%23s%15s%15s\n",p->num,p->name,p->tel);
        p++;
        n++;
    }
    fclose(fp);

    printf("\n        请输入要删除记录的学号:");  gets(tempnum);
    for(k=record; k<record+n; k++)
        if(strcmp(tempnum,k->num)==0)  break;
    if(k<record+n)
        for(p=k; p<k+n-1; p++)
            * p= * (p+1);
    else  printf("\n              无此人!\n");

    fp=fopen("D:\JiLu.dat","w");
    if(fp==NULL) { printf("\n                打开文件失败!\n"); exit(0); }

    for(p=record; p<record+n-1; p++)
        fprintf(fp,"%23s%15s%15s\n",p->num,p->name,p->tel);
    fclose(fp);
}


void del_name()                                 //按姓名删除
{   char tempname[10]="";  int n=0;
    struct student record[N]={0}, * p=NULL, * k=NULL;
    FILE * fp=NULL;

    fp=fopen("D:\JiLu.dat","r");
    if(fp==NULL) { printf("\n        打开文件失败!\n"); exit(0); }

    p=record;
```

```c
    while(feof(fp)==0)
    {   fscanf(fp,"%23s%15s%15s\n",p->num,p->name,p->tel);
        p++;
        n++;
    }
    fclose(fp);

    printf("\n              请输入要删除记录的姓名:");  gets(tempname);
    for(k=record; k<record+n; k++)
        if(strcmp(tempname,k->name)==0)   break;
    if(k<record+n)
        for(p=k; p<k+n-1; p++)
            * p= * (p+1);
    else printf("\n          无此人!\n");

    fp=fopen("D:\JiLu.dat","w");
    if(fp==NULL) { printf("\n              打开文件失败!\n"); exit(0); }

    for(p=record; p<record+n-1; p++)
        fprintf(fp,"%23s%15s%15s\n",p->num,p->name,p->tel);
    fclose(fp);
}


void mysort()                                //排序
{   char c='\0';

    printf("\n          按学号排序(h),还是按姓名排序(m)?");  c=getche();
    if(c=='h' || c=='H')   sort_num();            //按学号排序
    else if(c=='m' || c=='M')    sort_name();      //按姓名排序
    else   printf("\n          非法字符!\n");
}

void sort_num()                              //按学号排序
{   int i=0,j=0,k=0,n=0; char c='\0';
    struct student record[N]={0}, * p=NULL,temp={0};
    FILE * fp=NULL;

    fp=fopen("D:\JiLu.dat","r");
    if(fp==NULL) {  printf("\n          打开文件失败!\n"); exit(0); }

    p=record;
    while(feof(fp)==0)
    {   fscanf(fp,"%23s%15s%15s\n",p->num,p->name,p->tel);
        p++;
```

```
            n++;
        }
        fclose(fp);

        p=record;
        printf("\n                    按升序(s),还是降序(j)?");  c=getche();
        if(c=='s' || c=='S')
            for(i=0; i<n-1; i++)
            {   k=i;
                for(j=i+1; j<n; j++)
                    if(strcmp((p+k)->num,(p+j)->num)>0)   k=j;
                temp=*(p+k); *(p+k)=*(p+i); *(p+i)=temp;
            }
        else if(c=='j' || c=='J')
            for(i=0; i<n-1; i++)
          {   k=i;
                for(j=i+1; j<n; j++)
                    if(strcmp((p+k)->num,(p+j)->num)<0)   k=j;
                temp=*(p+k); *(p+k)=*(p+i); *(p+i)=temp;
            }
        else
        {   printf("\n               非法字符!\n");     return;    }

        fp=fopen("D:\JiLu.dat","w");
        if(fp==NULL) { printf("\n                    打开文件失败!\n"); exit(0); }

        for(p=record; p<record+n; p++)
            fprintf(fp,"%23s%15s%15s\n",p->num,p->name,p->tel);
        fclose(fp);
}

void sort_name()                            //按姓名排序
{   int i=0,j=0,k=0,n=0;   char c='\0';
    struct student record[N]={0}, *p=NULL,temp={0};
    FILE *fp=NULL;

    fp=fopen("D:\JiLu.dat","r");
    if(fp==NULL) { printf("\n            打开文件失败!\n"); exit(0); }

    p=record;
    while(feof(fp)==0)
    {   fscanf(fp,"%23s%15s%15s\n",p->num,p->name,p->tel);
        p++;
        n++;
```

```
        }
    fclose(fp);

    p=record;
    printf("\n              按升序(s)还是降序(j)?");   c=getche();
    if(c=='s' || c=='S')
        for(i=0; i<n-1; i++)
        {   k=i;
            for(j=i+1; j<n; j++)
                if(strcmp((p+k)->name,(p+j)->name)>0)   k=j;
            temp= * (p+k);  * (p+k)= * (p+i);  * (p+i)=temp;
        }
    else if(c=='j' || c=='J')
    for(i=0; i<n-1; i++)
        {   k=i;
            for(j=i+1; j<n; j++)
                if(strcmp((p+k)->name,(p+j)->name)<0)   k=j;
            temp= * (p+k);  * (p+k)= * (p+i);  * (p+i)=temp;
        }
    else
    {   printf("\n              非法字符!\n");   return;   }
    fp=fopen("D:\JiLu.dat","w");
    if(fp==NULL) { printf("\n              打开文件失败!\n"); return; }
    for(p=record; p<record+n; p++)
        fprintf(fp,"%23s%15s%15s\n",p->num,p->name,p->tel);
    fclose(fp);

}
```

参 考 文 献

[1] 谭浩强.C 程序设计[M].4 版.北京：清华大学出版社,2010.

[2] 崔武子.C 程序设计教程[M].3 版.北京：清华大学出版社,2012.

平台功能介绍

➡ 如果您是教师，您可以

管理课程

建立课程

发布试卷

管理题库

布置作业

管理问答与话题

➡ 如果您是学生，您可以

发表话题

提出问题

加入课程

下载课程资料

使用优惠码和激活序列号

编辑笔记

➡ 如何加入课程

1 找到教材封底"数字课程入口"

范例

数字课程入口
刮开涂层获取二维码

2 刮开涂层获取二维码，扫码进入课程

范例

GYKET2-01

获取帮助
扫一扫直接进入平台使用指南

获取更多详尽平台使用指导可输入网址
http://www.wqketang.com/course/550
如有疑问，可联系微信客服：DESTUP

🔥 **文泉课堂**
WWW.WQKETANG.COM

清华大学出版社
出品的在线学习平台